发电厂热工故障分析处理与预控措施

（第二辑）

中国自动化学会发电自动化专业委员会　组编／孙长生　主编／朱北恒　主审

中国电力出版社
CHINA ELECTRIC POWER PRESS

内 容 提 要

在各发电集团、电力科学研究院和相关电厂专业人员的支持下,中国自动化学会发电自动化专业委员会组织收集了2017年全国发电企业因热控原因引起或与热控相关的机组故障案例近200起,从中筛选了涉及系统设计配置、安装、检修维护及运行操作等方面的127起典型案例,进行了统计分析和整理、汇编。

发电厂热控专业和专业人员,可通过这些典型案例的分析、提炼和总结,积累故障分析查找工作经验,探讨优化完善控制逻辑、规范制度和加强技术管理,制定提高热控系统可靠性、消除热控系统存在的潜在隐患的预控措施,以进一步改善热控系统的安全健康状况,遏制机组跳闸事件的发生,提高电网运行的可靠性。

图书在版编目(CIP)数据

发电厂热工故障分析处理与预控措施.第二辑/孙长生主编;中国自动化学会发电自动化专委员会组编.—北京:中国电力出版社,2018.12(2018.12 重印)

ISBN 978-7-5198-2718-2

Ⅰ.①发… Ⅱ.①孙…②中… Ⅲ.①发电厂—热控设备—故障处理 Ⅳ.① TM621.4

中国版本图书馆 CIP 数据核字(2018)第 271476 号

出版发行:中国电力出版社
地　　址:北京市东城区北京站西街 19 号(邮政编码 100005)
网　　址:http://www.cepp.sgcc.com.cn
责任编辑:娄雪芳(010-63412375)
责任校对:黄　蓓　郝军燕
装帧设计:左　铭
责任印制:吴　迪

印　　刷:北京雁林吉兆印刷有限公司
版　　次:2018 年 12 月第一版
印　　次:2018 年 12 月北京第二次印刷
开　　本:787 毫米×1092 毫米　16 开本
印　　张:16.25
字　　数:387 千字
定　　价:78.00 元

编　审　单　位

组编单位： 中国自动化学会发电自动化专业委员会。

主编单位： 国网浙江省电力公司电力科学研究院。

参编与编审单位： 浙江省能源集团有限公司、西安热工研究院有限公司、大唐华东电力试验研究院、浙江浙能宁夏枣泉发电有限责任公司、国电科学技术研究院、浙能镇海发电有限责任公司、国家电力投资集团公司、中国华能集团公司、中国华电集团公司、中国大唐集团公司、国家电力投资集团公司东北电力公司、中国神华集团国华电力公司、北京京能集团有限责任公司华电电力科学研究院、广东省粤电集团有限公司、浙江浙能技术研究院有限公司、国网河南省电力公司电力科学研究院、浙江浙能台州第二发电有限责任公司、内蒙古电网电力科学研究院、国网湖南省电力公司电力科学研究院、华润电力控股有限公司、江苏方天电力技术有限公司、贵州电网有限责任公司电力科学研究院、深圳能源集团股份有限公司、浙江大唐乌沙山发电有限责任公司、华能海南发电股份有限公司电力检修分公司、华能长兴发电厂、华电滕州新源热电有限公司、国电投宁夏能源铝业临河发电有限公司、神华国神技术研究院。

参 编 人 员

主　编：孙长生

副主编：范海东　　任志文　　夏克晁　　滕卫明　　陈胜利　　苏　烨

参　编：海　浩　　赵洪健　　张瑞臣　　赵长祥　　金　丰　　罗志浩　　王剑平

　　　　华志刚　　尹　峰　　郑渭建　　张政委　　李国胜　　李　辉　　赵　军

　　　　丁俊宏　　丁永君　　陈　昊　　胡文斌　　姚　峻　　李　冉　　周　力

　　　　关洪亮　　姜肇雨　　董勇卫　　王　鹏　　张国斌　　高志刚　　朱晓星

　　　　王凯阳　　孙坚东　　王　蕙　　宋严强　　杨永存　　何育生　　高爱民

　　　　冯　铭　　赵洪健　　王邦行　　盛　锴　　李　冰　　柏元华　　段彩丽

主　审：朱北恒

前　言

　　发电厂的安全经济运行是一个永久的话题，而热控系统的可靠性在机组的安全经济运行中起着关键作用。热控系统原因引起机组跳闸的案例时有发生，由于缺少交流平台，不同电厂发生了相同的故障案例。

　　为了有效汲取行业内各类热控不安全事件的经验和教训，借鉴反事故措施，避免同类热控不安全事件的发生，中国自动化学会发电自动化专业委员会秘书组，继 2017 年出版了《电力行业火力发电机组 2016 年热控系统故障分析与处理》后，2018 年对 2017 年发电厂热控或与热控相关原因引起的机组跳闸案例进行了收集，在各发电集团、电力科学研究院和电厂专业人员的支持下，收集到 200 多起案例，以从中筛选的来自全国各发电企业生产与基建过程中发生的部分控制系统典型故障 127 例第一手资料为基础，组织国网浙江省电力公司电力科学研究院、西安热工研究院有限公司、浙江省能源集团有限公司、大唐华东电力试验研究院等单位专业人员，进行了提炼、整理、专题研讨，汇总成本书。

　　本书第一章对火力发电设备与控制系统可靠性进行了统计分析；第二～六章分别归纳总结了电源系统故障、控制系统硬件与软件故障、系统干扰故障、就地设备异常故障以及运行、检修、维护不当引发的机组跳闸故障，每例故障按事件过程、事件原因查找与分析、事件处理与防范 3 部分进行编写；第七章在总结前述故障分析处理经验和教训，吸取提炼各案例采取的预控措施基础上，提出提高热控系统可靠性的重点建议，给电力行业同行作为参考和借鉴。

　　在编写整理中，除对一些案例进行实际核对发现错误而进行修改外，尽量对故障分析查找的过程描述保持原汁原味，尽可能多地保留故障处理过程的原始信息，以供读者更好地还原与借鉴。

　　本书编写过程中，得到了各参编单位领导的大力支持，参考了全国电力同行们大量的技术资料、学术论文、研究成果、规程规范和网上素材。与此同时，在各发电集团，一些电厂、研究院和专业人员提供的大量素材中，有相当部分未能提供人员的详细信息，因此书中也未列出素材来源。在此对那些关注热工专业发展、提供素材的幕后专业人员一并表示衷心感谢。

　　最后，鸣谢参与本书策划和幕后的工作人员！若有不足之处，恳请广大读者不吝赐教。

编写组

2018 年 8 月 8 日

目　录

2017 年热控系统故障原因统计分析与预控

随着机组容量的增加，热工自动化系统的可靠性在机组安全经济运行中越来越占据主导地位。但从可靠性来说，随着热控系统监控功能不断增强，监控范围迅速扩大，故障的分散性也随之增大，使得组成热控系统的控制逻辑，保护信号取样及配置方式，控制系统、测量和执行设备、电缆、电源、热控设备的外部环境，及其设计、安装、调试、运行、维护等工作和检修人员的素质等，这中间任何一个环节出现问题，都会引发热控保护系统不必要的误动或机组跳闸，影响机组的经济安全运行。由此可见，电力可靠性离不开热控系统的可靠性支撑，要提高和深化拓展电力可靠性，就需要重视热控系统各个环节的故障处置与预控。

中国自动化学会发电自动化专业委员会在平时收集控制系统故障案例的基础上，于2018 年 2 月启动了进一步收集各集团热控系统运行可靠性、故障原因分析及处理案例调研工作。在各发电集团、电力科学研究院和相关电厂的支持下，至 3 月底共收集了 2017 年全国发电企业因热控原因引起或与热控相关的机组故障案例近 200 例，从中筛选了涉及系统设计配置、安装、检修维护及运行操作等方面的 127 起典型案例，进行了统计分析和整理、汇编，并从中总结提出了提高发电厂热控系统可靠性预控措施，以供专业人员通过这些典型案例的分析、提炼和总结，积累故障分析查找工作经验，拓展案例分析处理技术和进行优化完善控制逻辑预控措施制定时参考。

第一节　2017 年火力发电机组与设备可靠性分析

电力可靠性是国民建设与生产的保证。为加强电力可靠性监督管理，提高电力系统和电力设备可靠性水平，保障电力系统安全稳定运行和电力可靠供应，国家能源局颁布实施《电力可靠性监督管理办法》，每年统一发布年度全国电力可靠性指标和电力可靠性评价结果。2017 年电力可靠性指标发布会，于 2018 年 6 月 22 日由国家能源局和中国电力企业联合会联合在北京召开。会议要求加强可靠性数据准确性等基础工作，深化拓展电力可靠性工作。

目前，我国电力生产仍以火力发电机组为主，因此火力发电机组与设备的可靠性，直接影响着电力可靠性。本书根据中国电力企业联合会统计数据，对 2017 年火力发电机组与设备可靠性进行分析，提供给电厂有关人员参考。

一、 2017 年火力发电总体形势

2017 年，全国发电量 64179 亿 kWh（同比增长 6.5%），其中，火电 45513 亿 kWh（同比增长 5.2%），水电 11945 亿 kWh（同比增长 1.7%），核电 2483 亿 kWh（同比增长 16.5%），风电 3057 亿 kWh（同比增长 26.3%），太阳能发电 1182 亿 kWh（同比增长 75.4%）。

2017 年，全国发电装机容量为 177708 万 kW（比同增长 7.7%），其中，火电为 110495 万 kW（同比增长 4.2%），其中煤电为 98130 万 kW（同比增长 3.7%）；水电为 34358 万 kW（同比增长 3.5%），其中抽水蓄能 2869 万 kW（同比增长 7.5%）；核电为 3582 万 kW（同比增长 6.5%）；风电为 16325 万 kW（同比增长 10.7%）；太阳能发电为 12942 万 kW（同比增长 69.6%），其中分布式光伏发电 2966 万 kW。

概括性总结 2017 年火力发电的总体形势，应该看到，由于受电源结构持续优化调整、节能减排政策和国内部分地区产能过剩的影响、发电运营成本控制压力的影响以及非化石能源发展快速增长的影响，尽管电力生产增速较快，但结构性调整明显，新能源发电增量贡献明显，利用小时数同比增幅较大；火电机组的利用小时数同比有所回升，2017 年全国 6000kW 及以上发电设备利用小时数为 3790h，同比增加 5h；全国火电设备利用小时数为 4219h，同比增加 54h。发电设备历年平均利用小时数见图 1-1，历年火电发电利用小时数（6MW 以上）见图 1-2。

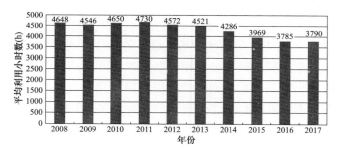

图 1-1　发电设备历年平均利用小时数

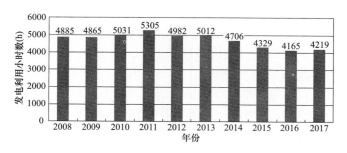

图 1-2　历年火电发电利用小时数（6MW 以上）

2017 年全国总体发电设备发电情况为：

（1）火电装机容量占比逐年降低，2017 年火电装机占总装机容量的 62.18%，比上一年增长的比例 4.15%，连续 4 年降低。火电发电利用小时数增速远低于净增装机容量，

2017 年火电发电利用小时数同比仅增加 1.05%。

（2）水电装机容量达到 34358 万 kW，同比增长 3.5%，完成"十三五"规划目标的 36%。发电量完成 11931 亿 kWh，同比增长 1.6%。水电消纳问题有所缓解，但四川、云南两省弃水电量仍较高。

（3）风电 3 年来首次实现弃风电量和弃风率"双降"。全国弃风电量 419 亿 kWh、同比减少 78 亿 kWh；弃风率 12%，同比下降 5.2 个百分点。宁夏和辽宁地区弃风率降至 10% 以下。

（4）太阳能装机容量达 1.3 亿 kW，超出"十三五"规划目标 30%；太阳能发电工程造价大幅降低 26%，光伏"领跑者"基地中标价最低已达到 0.31 元/kWh。

（5）核电装机容量占发电总装机容量比例较上一年度降低 0.02 个百分点，连续两年没有核准新的核电项目（除示范快堆项目外），核电投资规模也连续两年下降，2017 年核电净增容量仅 218 万 kW。

火电机组发电权重及利用小时数增速下降一方面是仍然反映了装机过剩的现状，另一方面也反映了原来煤电行业以 5500 利用小时数作为盈亏平衡点测算的边界因素也在悄然发生变化，因而应当重新审视机组利用小时数对发电行业盈利能力权重评估的影响。因为，随着"十三五"期间经济结构和电力生产结构的深入调整，未来水电、风电、光伏等非化石能源装机规模和发电量将不断增加，煤电利用小时数将进一步做政策性缩减，为实现风光消纳，煤电机组将逐步由提供电力、电量的主体性电源，向提供可靠电力、调峰调频能力的基础性电源转变。另外，火电未来的盈利方向也会从电量转向"电量＋容量"并重，通过为电力市场提供高效低成本的调频、调峰服务来获取额外收益，届时机组利用小时数低可能就不代表整体盈利水平低。但无论怎样，目前的电力市场和电源供给形势迫使所有的发电公司仍然必须以保证发电设备稳定运行多带负荷、争取提高机组对电网调峰调频适应能力来提升和保证企业盈利能力，因而强化设备维护治理、及时消除设备缺陷、减少机组非计划停运次数仍是发电企业的一项非常重要的工作。

二、 2017 年火电机组可靠性概要

根据国家能源局和中国电力企业联合会发布的数据统计，2017 年纳入可靠性管理的燃煤机组 1756 台，燃气机组 167 台。纳入可靠性统计的机组装机容量占比见图 1-3。

（1）火电 1000MW 以上容量机组为 91 台，同比增加 11 台，等效可用系数 92.7%，同比增加 1.11 个百分点；台平均利用小时数 5007.4h，同比增加 154.8h；强迫停运次数 0.42 次/(台·年)，同比增加 0.09 次/(台·年)。

（2）火电 600MW 以上容量机组 489 台，同比增加 15 台，等效可用系数 92.5%，同比增加 0.7 个百分点（主要是计划停运多）；非计划停运和等效强迫停运率均高于去年同期；发生强迫停运 282 次，同比增加 123 次；停运时间 15461.2h，同比增加 9220.9h。

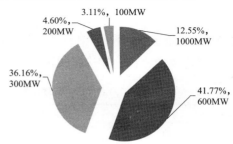

图 1-3　2017 年纳入可靠性统计的全国火电机组装机容量占比

（3）火电 300MW 以上容量机组 825 台，同比增加 6 台，等效可用系数 93.16%，同比

降低 0.7 个百分点；非计划停运和等效强迫停运率与去年同期比增长趋势明显，非计划停运时间同比增加 29.2h/（台·年）。

（4）200MW 容量等级机组 163 台，100MW 容量等级机组 168 台。

2017 年，燃煤机组共发生非计划停运 1124 次，非计划停运总时间为 95925.67h，台·年平均分别为 0.65 次和 52.59h，同比分别增加 0.3 次、34.87h。其中持续时间超过 300h 的非计划停运共 58 次，非计划停运时间 37333.35h，占全部燃煤机组非计划停运总时间的 38.92%。对比情况如表 1-1 所示。

表 1-1   2017 年全国火电机组非计划停运及对比

项目	非停台次（次）	非停时间（h）	平均非停台次[次/（台·年）]	平均非停时间[h/（台·年）]
2017 年	1124	95925.67	0.65	52.59
2016 年	605	34983.32	0.35	17.72
同比	519	60942.35	0.3	34.87

从 2017 年机组可靠性可以看出，2017 年火电机组利用小时同比增加了 1.05%，非计划停运次数同比增加 519 次，随着火电装机容量增加以及季节性发电形势差异，火电机组可靠性呈下降趋势。

2017 年，前三类非计划停运即强迫停运发生 972 次，强迫停运总时间 70148.8h，占全部燃煤机组非计划停运总时间的 73.13%，强迫停运平均 0.57 次/（台·年）和 35.59h/（台·年）。

在锅炉、汽轮机、发电机三大主设备中，锅炉引起的非计划停运台年平均为 0.22 次和 23.71h，占全部燃煤机组非计划停运总时间的 43.4%，为主要的非计划停运的部件。锅炉、汽轮机、发电机三大主设备引发的非计划停运占非计划停运总时间的 57.36%。比重情况如表 1-2 所示。

表 1-2   三大主设备引发非计划停运的比重

序号	主设备	停运次数[次/（台·年）]	停运时间[h/（台·年）]	百分比① （%）
1	锅炉	0.22	23.71	43.4
2	汽轮机	0.09	5.33	9.75
3	发电机	0.05	2.30	4.21

① 百分比：占机组非计划停运时间的百分比。

按照造成发电机组非计划停运的责任原因分析，产品质量不良为最主要因素，占总非计划停运时间的 24.91%，其次为设备老化，占总非计划停运时间的 20.76%，前 5 位主要责任原因造成的非计划停运时间占总数的 82.2%。责任原因统计如表 1-3 所示。

表 1-3   非计划停运的前 5 位责任原因

序号	责任原因	停运次数[次/（台·年）]	停运时间[h/（台·年）]	百分比① （%）
1	产品质量不良	0.18	13.61	24.91
2	设备老化	0.08	11.34	20.76
3	检修质量不良	0.09	7.56	13.84
4	燃料影响	0.06	7.48	13.69
5	施工安装不良	0.06	4.92	9.00

① 百分比：占机组非计划停运时间的百分比。

2017 年按照燃煤机组非计划停运事件持续时间长短划分为 5 类，停运次数最多的是小于 10h 的非计划停运事件，并且大部分是强迫停运事件，占燃煤机组总非计划停运次数的 36.92％，其次在 10～100h 的区间内，占燃煤机组总非计划停运次数的 36.83％。持续时间划分统计如表 1-4 所示。

表 1-4　　　　　　　　　　　非计划停运事件按持续时间划分表

火电机组非计划停运时间（h）	停运总次数（次）	占停运次数百分比（％）
<10	215	36.92
10～100	214	36.83
100～500	268	23.84
500～1000	19	1.69
1000	8	0.71

注　各分级数值范围中，下限值包含，上限值为不包含。

三、 2017 年机组主要辅助设备可靠性概要

2017 年磨煤机非计划停运的主要技术原因排在前五位的分别是漏粉、堵塞、磨损（机械磨损）、振动大和损坏（设备零件破损）。造成设备频繁故障的主要设备部件前五位的是双进双出低速钢球磨、磨煤机电动机冷却器、双进双出低速钢球磨本体螺旋筒、辊-环式（PMS）中速磨本体、辊-碗式（HP）中速磨本体出口管。主要责任原因是设备老化、燃料影响、产品质量不良、检修质量不良及管理不当等。

2017 年给水泵非计划停运的主要技术原因排在前五位的分别是漏水、断裂、机械磨损、振动大和脱落。统计数据显示，造成设备频繁故障的主要设备部件前五位的是给水泵本体尾盖故障、给水泵本体叶轮损坏、给水泵电动机风扇、给水泵液力耦合器泵轮及给水泵本体损坏。主要责任原因是设备老化、产品质量不良、检修不良、运行不当和管理不当等。

2017 年送风机非计划停运的主要技术原因排在前五位的是断裂、松动、磨损（机械磨损）、保护停用和漏水。统计数据显示，造成设备频繁故障的主要设备部件前五位的是动叶可调轴流送风机本体轴承、动叶调节油站故障、离心式风机本体入口风箱、动叶可调轴流冷却水系统以及送风机电动机保护装置等。主要责任原因是设备老化、产品质量、规划设计不周、检修质量不良和管理不当等。

2017 年引风机非计划停运的主要技术原因排在前五位的分别是松动、失灵、卡涩、断裂以及裂纹（开裂）。统计数据显示，造成设备频繁故障的主要设备部件前五位的是离心引风机本体轴承、动叶调节轴流引风机本体动叶片、静叶调节轴流引风机本体故障、静叶调节轴流引风机本体调节机构和动叶调节轴流引风机本体轴承座等。主要责任原因是产品质量不良、运行不当、设备老化、规划设计不周、检修质量不良等。

2017 年高压加热器非计划停运的主要技术原因排在前五位的分别是漏水、腐蚀、磨损爆（泄）漏、漏汽和开焊。统计数据显示，造成设备频繁故障的主要设备部件前五位的是高压加热器 U 形管、高压加热器管板、疏水管道、高压加热器筒体以及高压加热器汽侧安全门阀体等。主要责任原因是设备老化、产品质量不良、管理不当、检修质量不良、施工安装不良等。

四、 近五年火电机组主要辅助设备可靠性概要

2013—2017 年 200MW 及以上容量火电机组主要辅助设备（磨煤机、给水泵组、送风机、引风机和高压加热器）运行可靠性情况见表 1-5。

表 1-5　　　　　　　　近五年火电机组主要辅机设备运行可靠性指标分布

辅助设备分类		统计台数（台）	运行系数（%）	可用系数（%）	计划停运系数（%）	非计划停运系数（%）	非计划停运率（%）
磨煤机	2013	5242	65.10	92.45	7.41	0.13	0.20
	2014	5509	60.61	92.68	7.78	0.02	0.13
	2015	5830	56.11	93.71	6.23	0.05	0.09
	2016	6211	53.73	92.94	7.01	0.05	0.09
	2017	6700	55.15	93.73	6.23	0.05	0.09
给水泵组	2013	3036	53.25	93.23	6.71	0.06	0.12
	2014	3110	51.62	93.29	6.36	0.02	0.09
	2015	3332	48.14	94.29	5.68	0.03	0.06
	2016	3495	46.31	93.99	5.97	0.04	0.08
	2017	3727	46.42	94.29	5.67	0.03	0.07
送风机	2013	2184	79.16	93.14	6.85	0.01	0.01
	2014	2244	75.23	93.22	6.60	0.01	0.01
	2015	2388	70.71	94.10	5.89	0.01	0.01
	2016	2511	66.69	93.50	6.50	0.01	0.00
	2017	2669	67.72	94.18	5.82	0.00	0.01
引风机	2012	2112	78.91	94.86	5.10	0.03	0.03
	2013	2174	78.86	93.17	6.80	0.03	0.03
	2014	2257	75.12	93.17	6.54	0.03	0.03
	2015	2418	70.20	94.30	5.93	0.03	0.05
	2016	2556	66.73	93.60	6.39	0.02	0.00
	2017	2734	67.58	94.06	5.92	0.03	0.04
高压加热器	2013	3278	78.95	93.16	6.73	0.11	0.14
	2014	2423	75.17	93.13	6.81	0.17	0.10
	2015	3626	69.97	94.22	5.73	0.05	0.07
	2016	3854	66.37	93.82	6.13	0.05	0.07
	2017	4121	67.44	94.13	5.83	0.04	0.06

图 1-4 反映出 2017 年 5 种辅助设备的可用系数与同期比有所提高，设备可靠性能得到控制。但 5 大设备平均可靠性指标均低于 95%，且 5 大设备之间的可靠性指标差异较大，其中磨煤机的可用系数指标最不理想，只达到了 93.7%，是 5 种辅机中可用系数最低的附属设备，发生故障概率较大，停运时间也较多。说明主要辅机的管理与维护仍存在一定的问题。

图 1-5 反映出近几年来 5 种辅助设备中，引风机、送风机及高压加热器的运行系数呈下降态势，在 2017 年达到最低值；磨煤机和给水泵的运行系数同比有所升高，但与历史最优值之间仍存在较大差距。

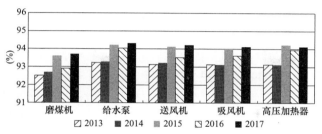

图 1-4　2013—2017 年 5 种辅助设备的可用系数

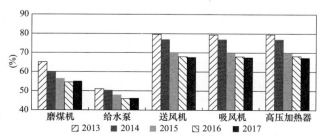

图 1-5　2013—2017 年 5 种辅助设备的运行系数

图 1-6 反映出五大辅机中，引风机、给水泵和高压加热器的非停率逐年降低。近年来虽然磨煤机发生非计划停运率高于其他辅机，但 2015 年以来总体趋势持平；2017 年引风机的非计划停运率较同期比升高 0.04 个百分点。给水泵和高压加热器的非计划停运率与同期比呈下降趋势。

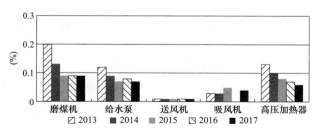

图 1-6　2013—2017 年 5 种辅助设备的非计划停运率

五、"防治" 结合降低火电机组非计划停运

发电厂机组非计划停运是发电企业生产运营的管控重点之一，直接影响机组的经济效益，也是评价机组可靠性的重要指标之一，电网在《发电厂并网运行管理实施细则》中也重点考核该项指标。

非停原因分为人为失误、维护管理失职、设计安装缺陷、设备缺陷等方面。人为失误又可分为运行误操作和在线检修失误；维护管理失职分为管理流程不完善、制度不健全、定期工作不规范、三票三制执行不严格等；设计安装缺陷分为系统功能设计不完善、控制保护逻辑设计不严谨、可靠性设计不高、安装工艺缺陷、违反技术标准的缺陷（装置性违章）；设备缺陷分为材料选用不合格、性能指标不达标、元器件质量不合格等。分类的目的是为了划分管理责任、归纳总结共性原因，从而为管理制度、检修维护标准、作业流程等提供优化或改进的依据，举一反三，根据机组或设备的特性逐步提高设备整体可靠性，直至机组的整体可靠性。

设备故障的非停处理原则有两个方向：一是提高设备的可靠性，二是提升系统的抵御能力。

设备故障是必然的，即设备都是有寿命的，这是可靠性管理的一个前提。一个设备的全寿命期分为三个阶段：早期故障阶段，因设计、制造、安装故障以及运行维护人员不熟悉设备特性造成的故障，属于高发期；中期偶发故障阶段；后期损耗故障期，因为设备局部部件老化、疲劳、磨损进入故障频发期。早期和后期阶段属于系统性故障，中期属于偶然性故障。

从设备特点上分，汽轮机、锅炉的设备故障通常有明显的先兆，疲劳、磨损特点较多，有明显的故障特征；热控、电气的设备电子元件较多，受热、潮湿和振动、电磁场等影响，具有偶发性、隐蔽性特点，且故障后会自恢复、无痕迹，这类特点与汽轮机、锅炉有本质差异，因此主要依靠定期轮换、定期校验、定期更换、定期试验等措施来发现治理。

综上所述，设备选型和设计首先要保证可靠性寿命，对于热控系统来说，要满足电子产品的标准要求，同时在系统冗余性、容错性设计时应遵循"热控设备故障不导致机组非停"的原则，提高热控设备的抗风险能力。其次要合理分配人机责任，在自动化技术未达到智能化的某些工况下，还要强调"人机互补"的原则，确保机组不发生非停。

第二节　2017年热控系统故障原因统计分析与预控

2017年火电机组热控设备可靠性情况，可以从中国自动化学会发电自动化专业委员会组织收集的涉及国内各主要发电集团热控相关故障案例中做出定性分析。2017年全国火电机组由于热控设备（系统）原因导致机组非计划停运（根据典型案例统计）的主要原因分布是现场设备故障（42起，占33%）、检修运行维护不当（35起，27.6%）、控制系统软硬件故障（33起，占25%）、电源系统故障（10起，占7.9%）、现场干扰故障（7起，占5.5%）。本节对各类故障原因进行了分类统计，并通过对这些典型案例的统计，对故障趋势特点进行了分析，提出应引起关注的相关建议和应重点关注的问题，如设备中劣化分析和更新升级、重视自动系统品质维护、制度的规范和执行、加强技术管理和培训等相关措施和建议，以进一步消除热控系统的故障隐患，提高热控系统的可靠性。

一、 2017年热控系统故障原因统计分析

127起热控系统典型故障，引起机组异常事件的原因分类见图1-7。

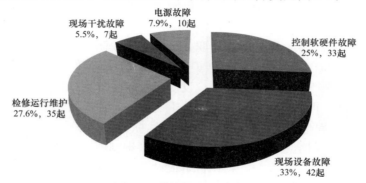

图1-7　热控系统故障分类

由图 1-7 可见，现场设备及检修运行维护在故障分类里排前两位，其次是控制系统硬软件故障，与 2016 年不同的是 2017 年收集的案例中没有取压管路故障的事件。

（一）控制系统电源故障

收集统计的 10 起电源系统原因，引起机组跳闸的故障统计分类见表 1-6。

表 1-6　　　　　　　　　　　　　　电源系统故障原因统计分类

故障原因	次数	备 注
UPS 电源故障	2	UPS 故障导致给水泵汽轮机电磁阀失电、UPS 故障导致 AST 电磁阀失电
附件故障	2	除灰 PLC 程控柜风扇着火、伴热带绝缘不好
失电	2	热工配电箱电源 A 相缺相、ETS 柜内 PLC 两路电源失去
电源切换装置	2	电源切换装置故障、ETS 电源切换装置异常
隔离器	1	隔离器损坏使给煤机控制信号突降为 0
网络交换机	1	网络交换机异常造成控制电源监视信号通信故障

在 10 起电源故障案例中，6 例属于电源装置硬件故障，4 例属于设备电源故障，反映出电源在设计配置、安装、维护和检修中都还存在或多或少的安全隐患，通过分析、探讨、总结和提炼，得出主动完善、优化电源系统的有效策略和相应的预控措施，以通过加强维护消除电源系统存在的隐患。

（二）控制系统硬件软件故障统计分析

收集统计的 DCS 硬件软件故障中，选择典型的 33 起，分类统计见表 1-7。

表 1-7　　　　　　　　　　　　　控制系统硬件软件故障统计分类

故障原因	次数	备 注
控制系统设计	5	二次风量信号瞬间丧失＋延时设置不当导致机组跳闸、密封风机逻辑不完善导致机组跳闸、增压风机油泵逻辑设计不完善导致机组跳闸、引风机控制逻辑不完善，变频切工频过程机组跳闸、汽包水位计算逻辑不完善导致机组跳闸
模件通道	4	定子冷却水断水保护误动导致机组跳闸、模件故障引起凝结水泵变频给定指令变零导致机组跳闸、DCS 模件因基座短路失电导致机组跳闸、DI 通道翻转导致机组跳闸
控制器	4	DCS 系统主控制器异常导致机组跳闸、控制器故障导致单侧风机及油泵工作异常、TGC 控制器跳闸导致机组跳闸、DCS 控制器下装过程导致锅炉 MFT 事件
网络通信	6	远程站通信故障导致机组跳闸、CI840 通信卡切换异常和逻辑设计缺陷导致机组跳闸、DCS 系统通信模块老化故障致机组跳闸、精处理程控通信模件死机、锅炉交换机故障导致机组出力过程跳闸。总线故障造成 FGD 跳闸保护动作跳闸机组
DCS 软件和逻辑	7	逻辑设计不完善防喘放气阀故障导致机组跳闸、6kV 母线失电后逻辑问题、逻辑扫描周期与顺序设置不当导致机组 RB 时异常、逻辑设计不周全造成引风机抢风时导致锅炉跳闸、锅炉汽包水位低保护计算逻辑设计不全、超超临界机组高压缸切缸事件、RB 动作过程参数设置不合理
DEH/MEH 控制系统	7	功能块执行步序不合理导致机组锅炉超温超压问题、轴封减温水系统逻辑不完善导致汽轮机大轴抱死事件、MEH 模件故障导致机组跳闸、DEH 控制器冗余切换故障导致机组跳闸、DEH 模件故障导致机组跳闸、DEH 阀门流量特性差导致 RB 后功率振荡故障、阀门流量函数拐点引发机组功率低频振荡事件

由表 1-7 可见，软件/逻辑组态和 DEH/MEH 问题占首位，其次影响 DCS 系统安全运

行的因素是网络通信故障和控制系统设计不完善。

2017 年度涉及 DCS 硬件、软件故障事件，比 2016 年的 11 起增加 22 起，应引起重视。这些故障，表现的具有足够的分散性，很多案例具有代表性，特别是软件组态的逻辑问题和优化方案，可以作为参考案例，供同行进行防范措施时借鉴。

（三）干扰

收集统计的 7 起干扰故障，统计分类见表 1-8。

表 1-8　　　　　　　　　　　　　干扰故障统计分类

故障原因	次数	备　　注
雷击	1	雷电天气引发发电机油断路器误发信号导致
电磁干扰	2	信号干扰导致汽轮机瓦振大、信号干扰导致汽轮机轴振大
强感应电压串入	1	测点分配不当强电串入干扰液位信号
屏蔽干扰	1	因接地不规范信号干扰引起温度测点跳变
"正常与"逻辑	2	轴承振动信号异常跳变至零"正常与"逻辑

上述 7 起干扰案例，作用对象有油断路器、振动、液位、温度信号等，说明干扰信号的不确定性。需特别注意的是对 TSI 信号的干扰，尤其是 TSI（本特利系统）组态选项中，隐藏设置了"正常与"保护逻辑（运行中若发生两个及以上传感器同时故障情况下，触发跳机信号），将会导致机组振动二次保护受干扰信号误动跳闸。应慎重考虑此功能的应用，从防误动角度考虑宜取消为妥。

（四）现场设备故障

现场设备是保障机组安全稳定运行的耳、眼、鼻和手、脚，现场设备的灵敏度、准确性以及可靠性直接决定了机组运行的质量和安全。2017 年收集了 42 起现场设备故障，与 2016 年相比增加较多，具体分类统计如下。

（1）9 起执行设备故障统计分类见表 1-9。

表 1-9　　　　　　　　　　　　9 起执行设备故障统计分类

故障原因	次数	备　　注
保位阀、定位器	2	主给水调节阀保位阀故障、定位器损坏造成锅炉排料偏少
阀门、行程开关卡涩	2	一次调频信号频繁动作时电磁阀卡涩、中压主汽门行程开关故障
电动门、执行器	2	前置泵进口电动门故障、主给水调节阀执行机构故障
变频、扇形板调节装置、危急遮断模块	3	引风机变频故障、扇形板调节装置失控造成空气预热器停转、危急遮断模块故障

（2）14 起测量仪表与独立装置故障统计分类见表 1-10。

表 1-10　　　　　　　　　　　　测量仪表与独立装置故障统计分类

故障原因	次数	备　　注
LVDT	2	中压调节阀 LVDT 线圈故障、给水泵汽轮机低压主汽门快速关闭
温度测量	1	高压旁路阀后温度测量元件故障
差压测量	1	发电机定子冷却水差压开关故障
TSI 探头	2	高温造成轴瓦振动传感器故障、振动传感器故障

续表

故障原因	次数	备注
转速探头	5	MEH 转速测量故障、转速传感器故障超速保护动作、汽轮机"超速保护"误动作导致、TSI 振动大保护二点信号同时误动作、TSI 振动单点信号误动
接触器	2	冷却风机接触器触点异常、高压加热器入口三通阀控制单元故障
层火焰检测	1	层火焰检测失去跳磨煤机

（3）7 起管路异常引起机组故障统计分类见表 1-11。

表 1-11　　　　　　　　　　7 起管路异常引起机组故障统计分类

故障原因	次数	备注
压力表部件漏水	2	给水流量差压变送器平衡阀芯泄漏、压力表部件漏水
取样管泄漏	2	润滑油压开关接头漏油、变送器垫片老化泄漏
取样管堵塞	3	二次风量瞬时堵塞、取样管堵塞、真空取样管 U 形弯积水

（4）12 起因线缆异常引起机组故障统计分类见表 1-12。

表 1-12　　　　　　　　　　12 起因线缆异常引起机组故障统计分类

故障原因	次数	备注
接头接触不良	2	给水泵汽轮机切换阀航空接头接触不良、排汽装置真空开关接头松动
电缆破损	3	发电机断水保护信号电缆破损、高压加热器出口门控制电缆短路、轴向位移电缆线芯绝缘磨损
接触点氧化	2	电缆线芯中间接头氧化、接线连接点氧化造成给水泵液力耦合器控制电源同时失去机组跳闸
引出线不规范	2	多股线头误碰引起燃气轮机组低压 CO_2 气体灭火系统误喷、高压缸温度测量元件引出线故障
接线松动	3	轴振探头接线端子松动、TA 端子连片松动引起全炉膛无火、循环水泵蝶阀电源线松动

　　就地设备往往处于比较恶劣的环境，容易受到各种不利因素的影响，就地设备的状态也很难全面地被监控。因此很容易由于就地设备的异常引起机组的故障。上述统计的 42 起就地设备事故案例，涵盖了设备自身故障诱发机组故障、运行对设备异常处理不当造成事故扩大化、测点保护考虑不全面、就地环境突变时引发设备异常等，其中一些故障都重复性发生，应引起专业人员的重视。

　　（五）检修维护运行故障

　　收集的 35 起检修维护运行故障案例，检修维护引起的 21 起，运行操作不当引起的 10 起，检修试验引起的 4 起。具体分类统计如下。

　　（1）21 起检修维护引起的异常故障统计分类见表 1-13。

表 1-13　　　　　　　　　　检修维护故障统计分类

故障原因	次数	备注
接线错误	1	交换机接线错误导致机组跳闸
误操作	8	旁路故障消缺过程误操作导致机组跳闸、误切 2QS2 开关造成机组功率输出坏点而导致机组跳闸、检修一次风变送器时强制错误、错误强制 A 一次风机停信号、解除保护时误操作导致机组跳闸、传动试验时误操作、保护功能块输出强制错误、检修操作错误导致机组跳闸

故障原因	次数	备　　注
组态参数设置	3	组态修改错误造成空气预热器全停信号误发导致机组跳闸、组态存在残余点造成MFT指令误发导致机组跳闸、机组"胀差大"定值设置错误导致机组跳闸
误碰	4	施工误碰就地循环水泵D出口阀控制柜电源、消缺过程高压排汽通风阀反馈消失、循环水泵出口液控蝶阀进水导致机组真空低跳闸、高压调节阀故障处理导致机组跳闸
安装、检修	5	防喘放气阀位置开关安装脱落导致机组降负荷、给水勺管执行器连杆脱落导致机组跳闸、除氧器上水主调节阀阀杆脱落故障导致机组跳闸、因高压调节门行程开关螺母松动引起的非停事件、一次风机动调头反馈轴末端轴承固定螺母松脱导致机组跳闸

（2）10 起运行操作不当引起的故障统计分类见表 1-14。

表 1-14　　　　　　　　　　运行操作不当故障统计分类

故障原因	次数	备　　注
操作不当	5	控制逻辑隐患与监控不及时、引风机跳闸后处理不当、凝汽器水位高时手动确认智能保护动作、压缩空气管断裂与运行处理不当、磨煤机跳闸后运行方式不当
误操作	4	人为误停 AST 电磁阀电源导致机组跳闸、跳磨温度投切开关误操作、误开真空弹簧管压力表3一次阀门导致机组跳闸、运行中保洁人员清扫过程误碰氢温控制阀
未操作	1	真空低开关一次门未开导致机组跳闸

（3）4 起检修试验引起的异常故障统计分类见表 1-15。

表 1-15　　　　　　　　　　检修试验故障统计分类

故障原因	次数	备　　注
误操作	2	传动试验时误操作、直接拆除主蒸汽压力 2/3 中 2 点
信号强制错误	1	信号强制错误造成 PM1 伺服阀指令与反馈偏差
参数设置	1	汽轮机 ATT 试验时参数设置不当

本节统计案例，都是检修、维护、运行试验中操作不当引发机组故障的典型案例，维护消缺过程中操作因素引起故障排第一位，其次是运行操作不当引起的故障。案例主要集中在人员误操作、涉及试验的规范性、检修操作的规范性和保护投退的规范性等方面。其中维护过程中问题主要集中在组态修改、检修规范性和电缆防护等方面；运行过程中的问题主要集中在人员误操作，其中大多数案例是可以通过平时的严格要求、故障演练、严格的制度执行、规范的检修维护来避免，因此通过案例的分析、探讨、总结和提炼，以提高运行、检修和维护操作的规范性和预控能力。

二、 2017 年热控系统故障趋势特点与典型案例思考

通过对 2017 年因热控因素导致机组故障案例原因统计分析的总结与思考，可以从选编的事件总结报告中发现一些有代表性问题。从各集团和电厂总结的报告中选择了一些具有代表性的案例，这些案例的分析为电厂的结论，有一些问题尚未取得最终的结论，有些尚在初步诊断过程。我们可以针对这些问题展开探讨，研究工作中应注意的事项，结合本厂的情况制定相应的措施并落实，有效提高热控系统可靠性。

（一）控制系统的辅助设备老化问题日益突出

I/O 模件、I/O 通道、I/O 信号隔离器、通信模块、网络交换机、火焰检测柜电源、

吹灰、程控柜风扇均纷纷出现老化故障问题，以下案例都非常典型。

1. I/O 模件

DEH 系统 1 号 DPU 1 号站 9 号模件上（DI 卡）部分测点有随机误发信号现象，其中"中主门 1"和"中主门 2"信号同时误发关闭信号 1s，引起挂闸信号消失，将所有调节阀（6 个高压调节阀、2 个中压调节阀、2 个主汽门）关闭，引发"发电机逆功率保护"动作，汽轮机跳闸。

端子板外观无异常，模件上电源指示灯、工作状态灯都正常。更换 DI 端子板后还是显示不正常，然后更换了模件，所有测点显示正常。

引起本次事件的 DCS 现场运行 11 年，模件存在老化趋势，将论证 DCS 改造的必要性，为解决模件老化造成的跳机风险上升趋势，尽快进行 DCS 改造。

2. I/O 通道

1 月 22 日，编号（1-8-7）DI 模件 DI7 通道翻转，造成信号 MFT RELAY M2 NOT ENERGIZED 消失触发 MFT 继电器动作（无首出），机组跳闸。

1 月 23 日—2 月 6 日，搭建监视回路监视该对应通道，监视到了 69 次翻转。且可能由于彻底老化，此通道在 2 月 6 日时彻底损坏（即使在端子板上短接此信号，模件信号仍为 0）。

DI 模件自 2 号机组投运以来就没有更换过，保守估计已使用 25 年以上。控制系统使用年限过长，模件老化不可避免，安排计划进行改造。

3. I/O 信号隔离器

DCS 模拟量控制系统 21 号控制柜所有模件显示紫色，MCS21 模件柜所有模件停止工作，机组跳闸，MFT 首出故障信号为"所有燃料丧失"。

模拟量控制柜内有部分信号（真空、再热蒸汽温度、主蒸汽温度等）通过隔离器送电子屏显示，隔离器的正极连接到 MCS21 柜的 +48V DC 的母线排，负极连接到 MCS21 柜 +24V DC 母线排，隔离器电容老化击穿短路，将 MCS21 模件柜控制电源拉垮失电，所有给煤机指令中断停运。

经过 10 多年的运行，电子元件老化，电源滤波电容被击穿。因此，为隔离器分别配置了独立的 24V DC 开关电源，定期红外线测温仪测量电源线路和电源开关温度。

4. 通信模块

DCS 系统 CP4002（机组 MCS、FSSS 系统）通信模块故障，造成所有操作员站死机，所有设备自动调整功能及监视功能失灵，运行人员手动 MFT。

该 DCS 系统已经运行 16 年，通信模块未更换过，因老化故障引起机组跳闸。下一步将进行机组改造升级可靠性论证。

5. 网络交换机

交换机由 A 切 B 过程中未能及时切换，造成 DPU 通信中断，给水泵汽轮机 A、B 调节阀同时突然关闭、丧失出力，给水流量大幅下降，锅炉 MFT 动作。

在 A 交换机通信阻塞、切换至 B 交换机成功后 DPU 通信才得以恢复，切换时间长达 8s。

DCS 系统已服役 11 年，部件老化故障率升高。因此，针对运行年限长的控制设备，及时更换备品备件。

6. 火焰检测柜电源

电源切换装置故障，一路电源跳闸后，自动切换不成功引起"炉膛火焰丧失跳闸"。

两路电源通过双电源切换继电器进行切换，检查切换试验记录，有 2016 年 2 月 23 日和 6 月 26 日的定期切换试验记录，试验结果正常。

投运 10 年以上，系统硬件老化，可靠性降低，致使双电源切换装置及空气断路器偶发故障。将火焰检测控制柜列入"服役 8 年以上设备统计表"，准备进行技改。

7. 吹灰程控柜风扇

风扇电动机绕组绝缘老化，阻值下降起火，造成风扇电源接线短路，致使 UPS 负载短路保护动作，造成失电。已运行 9 年，散热风扇出现老化现象，应及时更换。

（二）自动系统缺乏试验和维护导致事故扩大

自动系统调节品质在运行中缺少维护，自动控制功能在基建移交或 A 级检修后未能规范完成性能试验，都为机组异常时事故扩大埋下隐患。

1. 轴封自动问题致大轴抱死

汽机房运转层着火，值长下令破坏真空紧急停机，惰走盘车过程中，轴封减温水自动调节滞后，轴封供汽温度高反复切除轴封，致汽轮机大轴抱死。

轴封减温水调节阀的温度控制点为 350℃，而轴封供汽温度高保护动作值也是 350℃，自动系统无法有效控制轴封供汽温度。

2. 减温水调节阀故障致水位失控跳机

过热器一级减温水调节阀压缩空气管断裂自行全开，减温水流量从 55.58t/h 升至 95.73t/h，给水流量波动，汽包水位高 MFT。

之前夜班值班员发现锅炉在低负荷（前置泵 A/B 进水总流量小于 1000t/h）稳定工况时，给水量波动幅度达 100t/h 以上，结合近期发生的若干起汽包水位波动情况，反映汽包水位自动调节存在过调问题。将认真做好热控自动回路的定期检查和试验工作。

3. 辅机故障减负荷（RUN BACK，RB）时运行侧出力不足机组跳闸

一次风机跳闸，机组 RB 保护动作，运行侧风机超电流保护设置过低，一次风母管压力低 MFT。机组仅在锅炉通风状态下进行过 RB 的冷态试验，未进行过实际带负荷的动态试验，因此，无法保证 RB 功能在机组带负荷期间是否能成功。

4. RB 时运行侧过流跳闸 MFT

乙引风机变频器故障跳闸，甲引风机变频器超载运行后跳闸，锅炉 MFT 动作。将依据挡板门开度及变频器输出电流，优化变频器运行限制。

5. RB 时运行侧自动过调 MFT

1B 引风机电动机轴瓦高保护动作跳闸，触发 RB 动作，在增加 1A 引风机出力，减少一次风机、送风机出力过程中过量调整造成炉膛负压 -2489Pa，锅炉 MFT。将优化 RB 逻辑，根据炉膛压力情况，通过逻辑判断控制风机出力，避免过调现象。

（三）就地独立控制装置出现故障高发趋势

2017 年，由于设备老化或维护不力引发的就地或外围独立控制装置故障出现了高发趋势，足以引起对这类设备的进一步关注。

1. 火焰检测系统故障

火焰检测冷却风机交流接触器辅助触点接触不良误发信号，导致冷却风机全停保护动作引起机组跳闸。

磨煤机 C、E、F，以及备用的 D 磨煤机和油层火焰检测模拟量信号在 15 时 49 分 43

秒同时变为坏质量（位于同一火焰检测管理系统通信链路），40s 后 A、B 磨煤机因火焰检测无火跳闸，锅炉 MFT。

火焰检测控制柜电源切换装置故障导致机组跳闸。

2. ETS 无首出跳闸

因 ETS 柜内两路电源失去或 PLC 的通信异常均可能导致发生 ETS 无首出跳闸。

3. TSI 系统故障

振动前置器故障导致振动信号发生跳变超过保护动作值机组跳闸。TSI 探头老化故障振动大保护动作导致机组跳闸。汽轮机"超速保护"误动作导致机组跳闸。"轴承振动大动作"，联跳发电机。

4. TSI 探头

一些探头使用超过 5 年，因为没有出现异常，所以未能考虑到老化而提前更换探头。将重点监视、巡检，并建立专门档案重点管理。

5. 其他独立装置故障

引风机变频故障导致机组跳闸、扇形板调节装置失控造成空气预热器停转导致机组跳闸，循环水泵出口液控蝶阀进水导致机组真空低跳闸。

（四）典型故障继续重复发生

部分 2016 年发生过的典型故障，在 2017 年又以惊人的相似度继续重复发生，暴露出了习惯性隐患的顽固性，也反映出了不断跟踪故障强化反措的持久性需求。

1. 高压调节阀空行程振荡至 EH 油压低保护动作

2016 年：5 号高调节阀指令与反馈偏差大于 20％超过 15s，由顺序阀自动切单阀运行，汽轮机主控指令小幅变化（98.5％～100％），6 个高压调节阀在 45％～100％开度之间反复波动，1min 内波动了 32 次，EH 油压快速下降至跳闸值，触发汽轮机跳闸。

2017 年：机组 DEH 单阀方式，由于一次调频信号的叠加，实际阀位输出指令由 100％瞬间降到 99.6％，然后快速返回到 100％，GV1～GV4 指令和反馈频繁波动（68％～100％），EH 油压波动扩大，降至 9.31MPa，EH 油压低保护动作，汽轮机跳闸。

2. 保护试验误操相邻运行机组

2016 年：热控人员进行 2 号机组"FGD 请求锅炉 MFT"信号传动试验，误登录相邻运行的 1 号机组 DPU，引起 1 号机组"FGD 请求锅炉 MFT"（三取二）保护动作，1 号机组跳闸。

2017 年：在组态工程师权限下，通过后台控制操作 1 号机主汽门指令清零，操作人员精力不集中，误将 2 号机组主汽门关闭，导致 2 号机组跳闸。

3. 直接强制触发机组保护信号

2016 年：空气预热器出口热一次风量测点跳变，拟对热一次风量测点取样管路进行吹扫，需强制总风量低低 MFT 保护条件，操作中误将炉"炉膛总风量低低"信号强制为"TRUE"，锅炉总风量低低保护动作 MFT。

2017 年：通知热控值班人员切除 5 号锅炉给水流量低保护，在强制过程中将 IN08（保护启动输入）看成应该强制点 C08，故此将 IN08 强制为 1，造成 5 号机组给水流量低保护无延时直接启动跳机。

要求将空气预热器一次风管道出口挡板"允许关"条件强制为 1，而"允许关"条件直接引用"A 一次风机停运"信号，热控人员在执行该项操作时，直接将"A 一次风机停运"信号强制为 1，造成 RB 触发，并因四抽止回门不严给水泵汽轮机全停 MFT。

三、 需引起关注的相关建议

通过对 2017 年因热控因素导致机组故障案例原因统计分析的总结与思考，可以从中发现一些有代表性问题。针对这些问题展开探讨，对需引起关注的问题提出以下建议。

（1）电源系统是保持热控系统长期、稳定工作的基础。但电源模块由于电容等电子元器件使用寿命限制原因易故障，且电容的失效有时候不容易从电源技术特性中发现，但会造成运行时抗扰能力下降影响系统稳定工作，为预控其故障导致控制系统运行异常、主/辅设备损坏甚至机组跳闸事故发生，电源模块宜定期（5～8 年）进行更换。

（2）控制系统辅助设备寿命同样需引起关注，及时更换备品备件。当一套 DCS 整体运行超过 10 年后，应与厂家一起讨论后续的升级改造方案，应鼓励用户单位开展 DCS 模件劣化统计与分析工作。

（3）新建机组的控制性能试验应规范开展，避免因急于投产而削减热态试验项目，在运机组应重视自动系统的品质维护与定期试验，确保机组在复杂工况下依旧能平稳运行。

（4）就地设备故障通常不直接影响机组安全运行但易与逻辑或工艺系统设计不当等因素共同作用造成机组非停。独立装置故障率升高应引起高度重视，在系统升级时应尽可能采用可靠性高的一体化方案。

（5）本年度统计的案例中，有一些是由于人员保护强制、逻辑修改、逻辑检查验收等人为责任事故，需要在工作中加强管理，提高人员技能水平和责任意识，确保 DCS 控制系统安全运行。人是生产现场最不可控的因素，往往与专业技术能力、工作状态、思想意识等多方面有关，防止人员误操作有规程、制度、奖惩等多种方法和手段，需要结合实际综合使用。人也是现场最关键的因素，控制人的不安全行为是保证人为事故最根本的保证，在这方面需要管理人员多思考如何加强管控。此外，工作中往往工作最积极的人员，出错的风险和概率会超过平均水平，领导和管理层除应着眼于制定规范的工作程序、加强事前预想和处理过程监督外，还应制定有利专业人员发展的奖励机制，以鼓励他们积极工作。

（6）提高人员素质、培养良好习惯是一项持之以恒的工作，应给予专业人员培训和外出学习机会，鼓励专业人员积极收集更多的典型故障案例，组织对典型故障案例的发生、查找与处理过程的分析讨论，通过积极探讨然后去制定适合本厂的预控措施。

热工自动化专业工作质量对保证火电机组安全稳定经济运行至关重要，特别是机组深度调峰、机组灵活性提升、超低排放以及节能改造等关键技术直接影响机组的经济效益。在当前发电运营模式与形势下，增强机组调峰能力、缩短机组启停时间、提升机组爬坡速度，增强燃料灵活性、实现热电解耦运行及解决新能源消纳难题、减少不合理弃风弃光弃水等方面，仍是热控专业需要探讨与研究的重要课题，许多关键技术亟待突破，特别是在如何提高热控设备与系统可靠性方面，还有许多工作要做，因为这是直接关系到能否有效拓展火电机组运行经营绩效的基础保证问题。

第二章

电源系统故障分析处理与防范

电源系统是保持热控系统长期、稳定工作的基础，在整个机组生产周期过程，不但需要夜以继日不停地连续运行，还要经受复杂环境条件变化的考验（如供电、负载、雷电浪涌冲击等）。一旦控制系统发生失电故障，机组运行就将被中断，引发电网波动或主、辅设备损坏的严重事故。这一切都使得电源系统的可靠性、电源故障的处理和预防变得十分重要。

热控电源系统按供电性质，可划分为供电电源、动力电源、控制电源、检修电源。其中，控制电源包括分散控制系统、DEH、火焰检测装置、TSI、ETS 等电源。供电电源通常有 UPS 电源、保安电源、厂用段电源等。热控系统供电，要求有独立的二路电源，目前在线运行的供电方式有以下几种组合：①一路 UPS 电源，一路厂用保安电源；②两台机组各一路 UPS 电源，两台机组的 UPS 电源互为备用；③两路 UPS 电源。

近年来，火电机组由于控制系统失电故障引起机组运行异常的案例虽有所减少，但仍屡有发生。由于电源以及与机组安全相关的设备配置不合理，而造成机组非计划停运或设备损坏的案例也没有完全避免。本章收集的 2017 年全国发电厂发生的电源典型故障案例（电源装置硬件系统故障案例 6 例，电源系统故障案例 4 例），表明了火电机组控制系统电源在设计配置、安装、维护和检修中都还存在或多或少的安全隐患，希望借助这些案例的分析、探讨、总结和提炼，得出主动完善、优化电源系统的有效策略和相应的预控措施，通过落实和一系列技术改进，消除电源系统存在的安全隐患，提高电源系统运行可靠性，从而为控制系统与机组的安全运行保驾护航。

第一节 电源装置硬件故障分析处理与防范

本节收集了电源装置硬件原因引起机组跳闸的故障案例 6 起，分别为电源切换装置故障、网络交换机异常造成控制电源监视信号通信故障、ETS 电源切换装置异常、UPS 故障导致给水泵汽轮机电磁阀失电、UPS 故障导致 AST 电磁阀失电、隔离器损坏使给煤机控制信号突降为 0 引起机组跳闸。

通过对这些跳闸案例的统计分析，可以得出两条基本的结论，即在机组设计和安装阶段，应足够重视电源装置的可靠性；同时在运行维护中，应定期进行电源设备（系统）可靠性的评估、检修与试验。

一、 电源切换装置故障导致机组跳闸

2017 年 2 月 8 日，某电厂 2 号机组电负荷 268MW，供热蒸汽流量 60t/h，A、C、D、E 磨煤机运行，总煤量为 123t/h，蒸汽流量为 833t/h，两台汽动给水泵运行正常，汽包水位正常，各风机运行正常，主蒸汽压力为 15.86MPa，主蒸汽温度为 538℃，再热蒸汽温度为 532℃。

（一）事件过程

22 时 4 分 35 秒 C、D、E 煤层 1～4 号角火焰检测器故障，煤层 C、D、E 和燃油 BC、DE 层火焰检测器全无火。

22 时 4 分 36 秒 A 煤层 1～4 号角火焰检测器故障，煤层 A、E 层和燃油 AA 层火焰检测器全无火。

22 时 4 分 37 秒 "MFT 停机" 报警，2 号机组跳闸；首出故障信号 "炉膛火焰丧失跳闸"。

22 时 5 分 2 号机组跳闸，首出："炉膛火焰丧失跳闸"，机组大联锁动作正常。

运行人员联系热控值班人员检查、分析机组跳闸原因，进行事件处理，3h 后事件处理完毕，恢复系统及接线、标识。准备机组重新启动。

2 月 9 日 11 时 40 分，2 号机组并网。

（二）事件原因查找与分析

1. 事件后检查与试验

热控值班人员检查 2 号炉火焰检测器控制柜电源时，发现柜内火焰检测器放大器全部失电。分别测量控制柜两路电源进线，发现 UPS 进线电源正常；另外一路备用电源开关进线端失电。进一步检查发现热控 220V 仪表电源柜 2 号柜 5 号负载空气断路器已跳开，处于失电状态，该负载为 2 号炉火焰检测器控制柜备用进线电源，检测备用电源电缆正常后，合上备用电源 5 号负载空气断路器，2 号炉火焰检测器控制柜得电。但为确保可靠，热控人员还是更换了 5 号负载空气断路器。

对 2 号炉火焰检测器控制柜进行电源切换试验，发现断开备用电源后 2 炉火焰检测器控制柜失电。热控人员拆除 2 号炉火焰检测器控制柜双电源切换装置，将 1 号炉火焰检测器控制柜双电源切换装置更换至 2 号炉。更换工作完毕后，进行 2 号炉火焰检测器控制柜双电源切换试验，试验结果正常。对拆下的原 2 号炉火焰检测器控制柜双电源切换装置装在 1 号机（停运）上进行试验，进行双电源切换也正常（通过钳形表测电线电流检测），所以判断为原 2 号炉火焰检测器控制柜双电源切换装置并非永久性故障。

随后，热控专业人员对 2 号机组其他双电源切换装置进行逐一试验，包括 DCS、DEH、TSI、220V 热控电源柜、热控阀门控制柜，试验结果全部正常。

2. 原因分析

（1）2 号炉 "炉膛火焰丧失跳闸" MFT 的原因，为电源切换装置故障，一路电源跳闸的情况下，自动切换不成功，引起 "炉膛火焰丧失跳闸"。

（2）2 号炉火焰检测器控制柜为双路电源供电，其中主电源为 UPS 电源，直接来从 UPS 馈线柜；另一路为备用电源，来自热控 220V 仪表电源柜 2 号柜。两路电源通过双电源切换继电器（见图 2-1）进行切换，正常工作时由主电源供电。事故发生时，检查 UPS

主路电源上进线正常，但断开备用电源后，火焰检测器控制柜即失电，说明 UPS 主路电源经双电源切换装置后不能正常工作，双电源切换装置出现故障（检查 2 号炉火焰检测器控制柜双电源切换装置切换试验记录，有 2016 年 2 月 23 日和 6 月 26 日的定期切换试验记录，试验结果正常）。

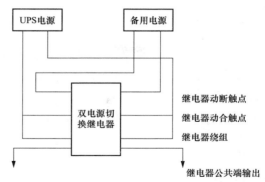

图 2-1　2 号炉火焰检测器控制柜双电源切换继电器原理简图

（3）2 号炉火焰检测器控制柜主电源因双电源切换装置故障失电后，备用电源空气断路器跳闸，造成火焰检测器控制柜失电。检查备用电源电缆，测量绝缘均正常，事故发生前 2号炉火焰检测器控制柜及相关信号没有任何报警，判断为空气断路器误跳闸，更换空气断路器。

（4）拆除 2 号炉火焰检测器控制柜双电源切换装置后进行试验，发现该装置切换及输出均正常（通过钳形表测电线电流检测），未再出现故障情况。

综合以上分析，导致 2 号机组跳闸的直接原因是：为 2 号炉火焰检测器控制柜电源切换装置故障，一路电源跳闸的情况下，自动切换不成功，引起"炉膛火焰丧失跳闸"。

3. 本次事件暴露出的问题与不足

（1）2 号炉火焰检测器控制柜双电源切换装置及热控 220V 仪表电源柜于 2007 年 10 月投运，使用时间较长，系统硬件老化，可靠性降低，致使双电源切换装置及空气断路器偶发故障。

（2）2 号炉火焰检测器控制柜电源失电报警信号未引接至 DCS，控制柜内也无相关报警指示，主电源实际不带负载时不能及时发现。

（3）重要设备双电源定期切换试验规定在机组检修时执行，没有在每次机组启动前执行。

（4）未将火焰检测器控制柜列入"服役 8 年以上设备统计表"，准备进行技改。

（三）事件处理与防范

更换 5 号负载空气断路器和 2 号炉火焰检测器控制柜双电源切换装置后，恢复系统运行，同时采取以下防范措施：

（1）评估 2 号炉火焰检测器控制柜双电源切换装置及热控 220V 仪表电源柜等设备寿命及健康情况，推动技术改造。

（2）将 2 号炉火焰检测器控制柜电源失电报警信号引接至 DCS，梳理排查其他相关双电源装置情况，逐步将其他双电源失电报警信号均引接至 DCS 系统。

（3）修改热控主辅设备切换试验要求，在机组启动前全面做切换试验。从新梳理热控专业"服役 8 年以上设备统计表"，查漏补缺，推进老旧设备技术改造。

二、　网络交换机异常造成控制电源监视信号通信故障导致机组跳闸

2017 年 6 月 29 日，某燃气轮机电厂 2 号机组（3 号燃气轮机、4 号汽轮机）正常运行中，因控制盘内网络交换机发生软故障，造成 PPDA 电源卡电源监测与 MarkVIe 控制盘之间通信故障，引发非计划停机事件。

（一）事件过程

2 号机组在 6 月 29 日停机前，AGC 投入，其中 3 号燃气轮机负荷 100MW，排气温度 550℃，4 号汽轮机负荷为 42MW，抽汽供热流量为 69t/h。

12 时 24 分 31 秒，3 号燃气轮机报警界面发出模件通信故障（L30COMM ＿ IOIO PACK COMMUNICATIONS FAULT）、直流电压低（L27DZ ＿ ALM）、直流电压低触发自动停机（L94BLN ＿ ALM）等报警，同时 3 号燃气轮机自动停机程序异常触发，3 号燃气轮机开始降负荷。

12 时 25 分 25 秒，3 号燃气轮机发电机-变压器组有功到 0，3 号燃气轮机发电机-变压器组解列。

12 时 26 分 17 秒，4 号汽轮机打闸发电机-变压器组解列停机。

12 时 33 分 21 秒，3 号燃气轮机熄火。

（二）事件原因查找与分析

1. 直接原因分析

经检查报警列表信息和相关控制逻辑发现：触发 3 号燃气轮机自动停机程序的直接原因是直流电压低触发自动停机信号（L94BLN ＿ ALM）的触发。

3 号燃气轮机自动停机逻辑的中一条设计为："当 MARKVIe 控制盘 125V DC 电压低于 90V DC 时，触发 L27DZ ＿ ALM 信号报警，延时 3s 触发 L94BLN ＿ ALM 信号报警的同时触发自动停机程序"。

经查阅历史曲线（如图 2-2 所示），发现燃气轮机 MarkVIe 控制盘电压在 12 时 24 分 31 秒开始下降，12 时 24 分 37 秒恢复正常，持续时间 6.2s，期间电压值最低下降至 0V DC。

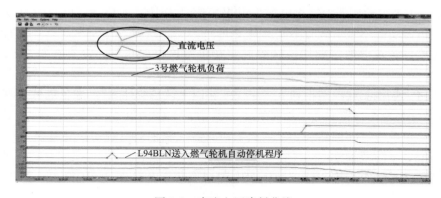

图 2-2 直流电压降低曲线

2. 根本原因分析

经过对 MarkVIe 控制盘报警信息、PPDA 电源卡报警日志、现场控制设备的检查和停机后相关验证性试验分析，认为是 3 号燃气轮机的 PPDA 电源卡电源监测与 MarkVIe 控制盘之间通信出现故障，导致了 3 号燃气轮机机组自动停机，从五个方面具体分析如下。

（1）由直流供电的现场设备动作情况分析。由电气侧直流电源接地报警信息、停机过程中由直流供电的现场设备动作情况分析，此次直流电压降低并非为真实信号。因为停机后检查 MarkVIe 控制盘电源电气直流屏，并未发生直流电压低报警，因此排除直流接地引起的可能。

从停机过程分析，若直流电压真实降低，则相应直流供电的电磁阀（如速比阀电磁阀、燃料阀电磁阀等）应立即失电动作，在此情况下直流电压降低的同时应导致燃气轮机立即切断燃料熄火。而由图 2-3 所示的历史曲线可知，从直流电压降低到燃气轮机实际熄火共计 8 分 50 秒，负荷变化和转速变化均属于自动停机过程，与直流电压的真实降低不符。

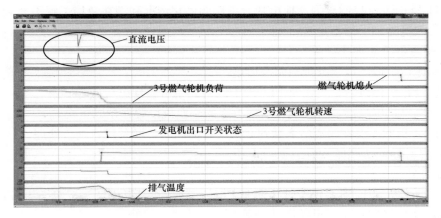

图 2-3　3 号燃气轮机自动停机降负荷曲线

（2）报警信号分析。从 MarkVIe 控制盘报警列表看，自动停机前按照时间先后顺序的报警信息分别为：

12 时 24 分 31 秒，MarkVIe 控制盘 IO 卡通信故障报警（L30COMM _ IO）。

12 时 24 分 31 秒，MarkVIe 控制盘直流电压低报警（L27DC _ ALM）。

12 时 24 分 34 秒，控制盘直流电压低自动停机报警。

由上可见发生通信故障报警在前，自动停机信号在后，且同时多块其他模件也发出通信报警。

（3）PPDA 电源卡的报警日志文件分析。查看 PPDA 电源卡的报警日志文件，发现在发出模件通信故障（L30COMM _ IO）报警的同时，PPDA 电源卡发生离线报警，持续时间为 6.2s，检查发现其他有诊断报警的控制模件也曾发生离线，且离线时间与 PPDA 离线时间相同。

（4）网线热插拔试验分析。1 号机组停机后，对 1 号燃气轮机 PPDA 电源模件进行网线热插拔试验，模拟 PPDA 电源卡通信故障状态，发现 MARKVIe 控制盘直流电压直接变为 0V DC，并显示电压坏质量，且 MarkVIe 控制盘报警信息、电源模件报警日志信息与 3 号燃气轮机自动停机前触发的报警完全一致。

（5）网络连接情况分析。现场检查发生通信故障报警的 19 块模件的网络连接情况，发现 PPDA 电源卡等发生报警的 13 块模件均连接至 R-SW2 网络交换机，PAIC 等 6 块模件连接至 R-SW3 网络交换机，而 R-SW3 是先连接至 R-SW2，由 R-SW2 连接至 R-SW1，最后由 R-SW1 连接至控制器，因此认为发生网络故障的交换机可能性最大的为 R-SW2。

综合以上情况，判断导致本次故障的原因为：控制盘内网络交换机发生软故障，引发 L30COMM _ IO 模件通信故障，导致 3 号燃气轮机的 PPDA 电源卡电源监测与 MarkVIe 控制盘之间通信故障，控制器内接收到的直流电压信号变为 0V DC 且时间超过 3s，触发 L94BLN _ ALM 信号报警，使 3 号燃气轮机执行自动停机程序。

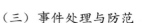

（三）事件处理与防范

1. 暴露的问题

本次非计划停机事件暴露出以下问题：

（1）PPDA 电源卡网络为单网络运行，没有实现双重冗余。

（2）对 MarkVIe 控制盘内交换机的设备性能劣化情况和潜在缺陷了解不充分，对可能出现的异常状况处理手段不足。

2. 采取的处理与防范措施

针对问题，采取了以下处理与防范措施：

（1）燃气轮机停机后，再次对 PPDA 卡网络冗余可靠性进行试验。

（2）燃气轮机停机后，检查确认出现故障的交换机位置并予以更换。

（3）针对 PPDA 模件的通信未做到冗余配置的问题，联系厂家进行处理。

三、 ETS 电源切换装置异常导致机组跳闸

某电厂 2 号机组 ETS 系统设计为两套 PLC 控制器冗余组成。2017 年 8 月 14 日，2 号机组正常运行中突然跳闸，MFT 首出故障信号为汽轮机跳闸。

（一）事件过程

0 时 40 分 44 秒，某电厂 2 号机组运行中突然跳闸。

0 时 40 分 50 秒，SOE 记录显示 MFT 首出故障信号为"汽轮机跳闸"，机侧首发信号为主汽门关闭导致锅炉 MFT，发电机逆功率保护动作，汽轮机跳闸。

0 时 41 分 34 秒，ETS 才触发首出锅炉 MFT（主燃料跳闸）信号，同时 ASP2 断路器动作。

（二）事件原因查找与分析

1. 事件后，对现场相关设备进行全面检查

（1）检查机组跳闸模件以及 AST 电磁阀，均未发现异常。查询继保保护屏直流报警信息，未发现有 AST 直流电源接地报警，AST 电磁阀电气回路工作正常；对 2 号机组进行打闸挂闸试验，AST 电磁阀动作、EH 油压和 ASP 油压显示均正常。

（2）通过对汽轮机前轴承箱进行拆盖内部检查，未发现低压保安油管道断裂和漏油情况，排油正常；进行汽轮机远方及就地挂闸、打闸试验，试验过程未发现异常，隔膜阀上部安全油压显示正常；由此排除低压油管路问题引起的可能。

（3）检查危急遮断器滑阀、主油泵、高备泵、隔膜阀、低压保安油供油管节流孔，均未发现问题。

（4）8 月 25 日机组停运检修后，进行机炉大联锁试验，试验记录显示，14 时 55 分 57 秒 213 锅炉 MFT 停机输出，14 时 55 分 57 秒 268 汽轮机跳闸，14 时 55 分 57 秒 384 ASP2 动作报警。证明锅炉跳闸后，炉跳机、ASP2 及时发出，基本无延时，SOE 记录正常。

（5）分析机组非停时 SOE 事故记录（见图 2-4），0 时 40 分 50 秒，锅炉 MFT 首出汽轮机跳闸，发电机首出程序跳逆功率动作；而 0 时 41 分 34 秒，ETS 才触发首出锅炉 MFT，同时 ASP2 断路器动作。通过 SOE 记录发现以下问题：

1）主汽门关闭后形成汽轮机跳闸信号送到 MFT，MFT 动作锅炉跳闸发出联跳汽轮机信号与 ETS 采集到 MFT 跳闸首出信号的时间相差 44s。

2）汽轮机跳闸主汽门关闭后，电气程跳逆功率保护动作并送到 ETS 跳闸回路，通过

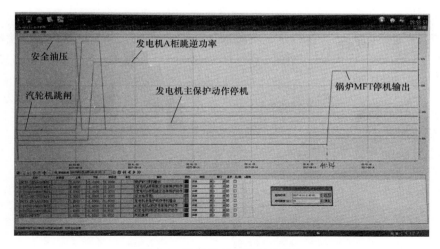

图 2-4　跳机前后事件记录趋势

查看历史记录，发电机保护屏已发出跳闸信号，信号时长 75ms，但是 ETS 没有检测到这个信号。

3）ASP2 油压断路器动作信号相对于安全油断路器动作延时 44s（机组停机后试验时，AST 开关与 ASP2 断路器动作同步，且 ASP2 断路器校验合格）。

4）对 PLC 进行停送电试验，发现 PLC 系统恢复正常工作状态时间为 44s，与 ETS 首出、ASP2 报警信号的延时 44s 触发时间吻合。

2. 原因分析

ETS 系统 PLC 为两套冗余设计，单套运行仍能保证机组正常运行，因此判断 2 台 PLC 系统因异常原因同时发生了初始化，再导致 AST 跳闸动断触点断开，AST 电磁阀失电动作卸去高压安全油造成主汽门关闭；同时 PLC 在初始化自检过程中，也无法接受到发电机主保护动作停机的 75ms 脉冲信号及 MFT 信号。而同时导致两套 PLC 系统初始化的原因只有 PLC 电源故障。

ETS 系统电源采用供伊顿 Pulsar STS16 双路电源切换装置，UPS 电源为主电源，保安段电源为备用电源。ETS 系统有多路电源失电报警，分别为两路输入交流 220V AC 电源监视，两路直流 220V DC 电源监视，两路直流 24V DC 电源监视报警，报警信号不经过 PLC 而直接通过继电器触点输出，检查跳机时历史记录未发现电源报警信息，因此排除双电源丧失导致 PLC 跳机的可能。

对 ETS 进行降电压试验，PLC 初始化后至正常工作时间需要 44s，与机组跳机后 44s 发出炉跳机首出及 ASP2 信号时间吻合。在缓慢降低电压及瞬间降低电压过程中，PLC 均能正常工作，当电源降低到 202V AC 时，双电源装置由 UPS 电源切到保安段电源，PLC 运行正常。当电源降到 192V AC 时 PLC 初始化，动断触点失电断开，4 个 AST 电磁阀阀失电机组跳闸。经降电压试验，电源继电器失电报警电压值为 105V AC，机组跳闸前后 UPS 电源并没有切换，试验结果排除 UPS 电源进线电压波动导致 PLC 初始化可能。

机组停运后对电源切换装置反复进行切换试验，并对输出电压（无失电监视）进行录波。记录显示试验过程中切换装置切换时间为 12ms 左右，不符合 DL/T 774—2015《火力发电厂热工自动化系统检修运行维护规程》中第 6.1.1.2.5（d）要求通过示波器进行观察，其切换时间应满足设计要求，UPS 电源系统的切换时间应不大于 5ms。

对电源切换装置进行干扰试验，采用电动工器具、对讲机等干扰源进行干扰测试，电源切换装置出现自动进行切换，用示波器记录当时切换器出口电压最低降至 186V AC，频率最低降至 25Hz，见图 2-5。

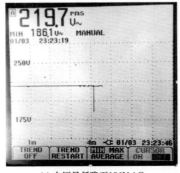

(a) 电压最低降至 186V AC   (b) 频率最低降至 25Hz

图 2-5　对讲机射频干扰实验

通过上述试验，判断双电源切换装置工作不稳定，输出电源电压波动导致 PLC 重启，与机组跳机情况吻合。咨询哈尔滨汽轮机厂（ETS 系统成套供货），确认 2013—2015 年 ETS 系统中伊顿品牌双电源切换装置内置电子元器件品质较差，曾在多个电厂出现电源切换装置输出异常导致 PLC 重启，最终造成跳机的问题。

因此，本次机组跳闸的原因为 ETS 电源切换装置工作异常，输出电压瞬时降低导致 PLC 初始化，造成跳闸动断触点动作后 AST 电磁阀失电，汽轮机跳闸后触发锅炉 MFT。事件暴露出以下两个问题：

（1）ETS 双电源切换装置性能不佳，不能满足汽轮机安全运行的需要。

（2）ETS 重要信号报警监视不完善，无双路电源切换后电源电压监视、无表征 PLC 工作状态的监视报警等信号，对机组异常分析不能提供可靠的数据依据。

（三）事件处理与防范

经技术部门组织研究，决定对 ETS 供电系统进行改造，改造后采用两套双电源切换装置，分别给两路 PLC 供电，实现双重冗余配置，保证机组安全稳定运行，同时采取以下防范措施：

（1）完善 DCS 报警系统，重要监视信号不通过 PLC 系统，直接引至 DCS 系统。

（2）利用机组停机检修或调停机会，定期进行电源系统降压切换试验，确保机组运行中电源异常时，冗余切换可靠。

（3）加强设备管理，开展热控电源系统隐患排查，确保类似事件不再发生。

（4）与厂家及设计院沟通，研究 ETS 实现与 DCS 或 DEH 一体化。

四、 UPS 故障导致给水泵汽轮机电磁阀失电导致机组跳闸

2017 年 4 月 4 日，某电厂 1 号机组负荷 182MW，1B、1D、1E、1F 磨煤机运行，1A、1B 引风机运行，1A、1B 送风机运行，1A、1B 一次风机运行，1A、1B 给水泵汽轮机运行，电动给水泵投入备用，给水流量 619t/h，UPS 主路运行。

（一）事件过程

10时43分49秒，1A、1B给水泵汽轮机转速、给水流量快速下降。

10时43分51秒，电动给水泵联启正常。

10时44分1秒，给水流量降至300t/h。

10时44分6秒，电动给水泵启动成功，流量显示140t/h。

10时44分16秒，锅炉MFT保护动作（给水流量低低300t/h延时15s），1号机组跳闸。

（二）事件原因查找与分析

机组跳闸后，专业人员检查电气UPS电源柜，发现UPS面板显示主电源异常、电池低压关闭、电池低电压逆变器关闭、整流器关闭、电源系统异常五个报警信号；进一步检查发现UPS整流器控制板有放电痕迹，直流蓄电池负极熔断器熔断。对UPS上级电源及所带负荷和电缆夹层进行全部检查，发现UPS主路电源跳闸。

DCS记录检查显示，10时43分48秒1号机组UPS整流控制板故障，导致触发脉冲异常，造成整流器短路，UPS母线电流由71.56A升至289.06A，母线电压由219.11V下降至156.02V，导致UPS主路电源进线开关跳闸，UPS直流熔断器熔断并切至自动旁路运行，同时UPS电源供1号机组汽轮机控制电源短暂失电。

由于热控电源切换装置低电压切换值为85%（187V），复位值为90%（198V），电磁阀正常工作电压为187～230V，当电压降低至187V时给水泵汽轮机METS电磁阀瞬间失电打开泄油，同时电源切换装置动作。10时43分48秒，1A、1B给水泵汽轮机EH油压建立信号消失，MEH发出指令关闭给水泵汽轮机主汽门和调节汽门，给水泵汽轮机转速下降，此时电动给水泵联锁启动，勺管指令自动跟踪为57%，10时44分2秒锅炉给水流量低低，延时15s，10时44分17秒锅炉MFT动作，汽轮机跳闸，发电机解列。

热工双电源切换装置所带设备如下：汽轮机TSI、汽轮机ETS、A、B给水泵汽轮机TSI和METS，所有设备电源均为双路交流220V转直流24V供电，汽轮机电磁阀电源为直流110V供电与此系统无关；给水泵汽轮机电磁阀为交流220V经双电源切换后直接供电，回路中没有电容等储能元件，其他回路均有电容，躲过了故障时间，所以在UPS故障时，给水泵汽轮机电磁阀失电而其他电源运行正常。

综合上述分析，本次故障原因是UPS因整流控制板故障，自动切至旁路电源运行过程，导致给水泵汽轮机电磁阀失电引起。

（三）事件处理与防范

机组停机时，对UPS系统整流器模组、逆变器模组、静态开关模组、整流器控制板、逆变器驱动板进行清扫检查、UPS切换试验，对发现可能存在问题的配件进行更换，同时采取以下措施：

（1）对所有双电源切换装置进行全面排查，重新设定电源切换电压值，将热工机、炉DCS双电源切换装置切换电压定值改为210V，返回值215V。

（2）利用机组停机机会，将A、B给水泵汽轮机电磁阀分开供电，每台给水泵汽轮机有独立的电源切换装置。

（3）加强技术管理，利用停机机会对给水泵汽轮机、汽轮机AST电磁阀进行动作电压、失磁返回电压动作值试验，确认电磁阀的工作电压范围。

五、 UPS 故障导致 AST 电磁阀失电导致机组跳闸

2017 年 8 月 4 日，某电厂 4 号机组负荷 279MW 稳定运行，UPS 装置无异常报警，系统无任何操作情况下，机组跳闸。

（一）事件过程

当时主蒸汽压力为 14.6MPa，4A、4B、4C 3 台磨煤机运行，总煤量为 140t，机组在 AGC 方式，UPS 装置处于正常运行方式，18 时 59 分 16 秒 CRT 显示电气"UPS 故障"报警，ETS 动作，机组跳闸。

（二）事件原因查找与分析

4 号机组 UPS 装置额定容量 60kVA，为厦门（美国）PROTEK 生产的 AHR-60K-1-DC250 型产品，2017 年 6 月 30 日完成更换并投入运行。该 UPS 装置共有 3 路输入电源：

（1）400V 保安段为正常工作电源。

（2）当正常电源或整流器故障时切换至直流 250V 供电。

（3）当逆变器故障时切换到 4C 400V PC 旁路电源供电。

汽轮机紧急跳闸（AST）电磁阀的工作电源取自 UPS。

停机后，电气检修人员检查 4 号机电气系统室 UPS 电源，确认已切至旁路，由 4C 400V PC 供电，4 号保安段电源、直流 250V 电源处于备用状态且电压正常，UPS 输出电压正常，4 号 AC 110V UPS 母线电压正常，UPS 报警显示为"逆变器关机状态"，对 UPS 及旁路进行全面检查未发现异常。检查机组 SOE 显示：

1）18 时 59 分 16 秒 852 毫秒 AST POWER LOSS。

2）18 时 59 分 16 秒 912 毫秒 AST POWER RECOVER。

据上述分析认为，本次事件原因，是 UPS 装置在切至旁路电源过程中瞬时断电，机组事件顺序记录（Sequence of Event，SOE）显示 60ms，导致 AST 电磁阀失电引起机组跳闸。

（三）事件处理与防范

事件后，对 UPS 装置进行了带负荷切换试验和录波，但未发现 UPS 与旁路互相切换异常。但分析认为，负荷切换试验结果不能完全代表 UPS 在逆变器故障时引起的切换结果，因为与切换时的电源电压、负载、切换时间等参数有关，需要停机时，根据这些参数进行多种状态下试验，尤其要确认其切换时间应不大于 5ms，同时应做好以下防范措施：

（1）应利用机组停机机会，定期进行 UPS 电源降电压切换试验，并建立试验档案对比。

（2）加强技术交流，提高专业人员设备性能掌握和风险辨识能力。

（3）加强设备更新改造管理，提高对新设备技术细节的把握。

（4）加强专业人员系统性培训，提高人员设备验收、设备评估以及应急处置能力。

六、 隔离器损坏使给煤机控制信号突降为 0， 引起机组跳闸

2017 年 7 月 5 日，某电厂机组带正常负荷运行中，画面参数显示无异常，无运行人员操作和报警显示，机组跳闸。

（一）事件过程

10 时 53 分机组跳闸，MFT 首出故障信号为"所有燃料丧失"；查看画面，发现部分

模拟量数据变紫；模件报警画面中，DCS 模拟量控制系统 21 号控制柜所有模件显示紫色，MCS21 模件柜所有模件停止工作。

（二）事件原因查找与分析

事件后，万用表检查 21 号机柜 24V DC 电源电压为零。检查模拟量控制柜，发现部分信号（真空、再热蒸汽温度、主蒸汽温度等）通过隔离器送电子屏显示。检查该隔离器的电源，由 MCS21 柜信号电源提供。将信号隔离器解体检查，发现其中一个隔离器有一个电容烧脱落，旁边的塑料盖有烧焦的痕迹。分析认为，当隔离器老化接地短路时，会直接导致 MCS21 柜的相关信号电源保护动作，切断信号电源，停止控制模件工作，从而使给煤机控制信号全部突降为 0，导致机组"所有燃料丧失"保护动作触发 MFT。据此判断，本次事件的主要原因是隔离器老化短路，但也暴露出电源设计存在以下问题：

（1）隔离器的供电方式不正确，21 号机柜隔离器为基建时安装，工作电源是 24V DC 由 DCS 提供。但是，隔离器的正极连接到 MCS21 柜的＋48V DC 的母线排，负极连接到 MCS21 柜＋24V DC 母线排。经过 10 多年的运行的隔离器，其内部电子元件老化，电源滤波电容被击穿，使＋48V DC 与＋24V DC 之间短接，将 MCS21 模件柜控制电源拉垮，造成模拟量控制柜内控制器及所有 I/O 模件全部停止工作，引起 MCS 柜发送给给煤机的给煤量指令瞬间降为零，所有给煤机停运，最终导致"所有燃料丧失"的 MFT 条件成立。

（2）隔离器未配置过流、过压保护装置。

（三）事件处理与防范

事件后更换了隔离器，为隔离器分别配置了独立的 24V DC 开关电源，同时采取了以下防范措施：

（1）核定隔离器的最大功率，按行业规范，正确配置开关及熔丝。

（2）禁止外接设备连接到 DCS 机柜母线排，防止意外事件再次发生。

（3）定期使用红外线测温仪测量电源线路和电源开关温度，以便提前发现电源过载。

第二节 设备电源故障分析处理与防范

本节收集了电源装置硬件原因引起机组跳闸的故障案例 4 起，分别为热工配电箱电源 A 相缺相导致机组 MFT 事件、ETS 柜内 PLC 两路电源失去导致汽轮机跳闸但无首出信号、除灰 PLC 程控柜风扇着火导致降负荷事件、伴热带绝缘不好导致机组跳闸事件。

通过对这些跳闸案例的统计分析，可以得出两条基本的结论，即在机组设计和安装阶段，应足够重视电源装置的可靠性；同时在运行维护中，应定期进行电源设备（系统）可靠性的评估、检修与试验。

一、 热工配电箱电源 A 相缺相导致机组 MFT 事件

2017 年 7 月 5 日，某电厂 1 号机组运行正常，因热控电源配电箱电源（一）A 相缺相，导致减温水系统调节阀均未全关且主再热汽温急速下降，最终因"汽包水位高三值"导致机组跳闸。

（一）事件过程

8 时 30 分，某电厂 1 号机组运行交班检查时，发现主再热蒸汽温度急速下降且减温水

系统调节阀均未全关，立即告之交班人员关闭减温水各电动门及调节门，稳定蒸汽温度。

8点32分，主蒸汽温度为497℃，再热蒸汽温度为525℃，蒸汽温度回升，此时A一次风机开度反馈到0且运行人员无法操作。

8点33分，减温水电动门及各风门挡板反馈均变为0且减温水电动门也无法操作，主、再热蒸汽温度开始快速上升，锅炉主值人员立即安排巡检人员去就地摇开再热器减温水门及过热器减温水门，此时再热蒸汽温度达到540℃且仍在继续上升。

8点34分，运行人员开始逐步切除E、D层火嘴，以控制蒸汽温度上升。同时值长下令退出AGC，1号机组开始快减负荷。

8点37分48秒，负荷减至227MW，主蒸汽压力稳定在15.8MPa左右，主蒸汽温度达到558.9℃、再热蒸汽温度550℃，趋于稳定。

8点38分20秒，汽包水位高一值发出，运行人员检查给水自动处于正常状态，且给水泵处于降转速的状态，此时主蒸汽温度为557.7℃。

8点39分，运行人员继续调整燃烧，机组负荷稳定于200MW，主蒸汽温度开始缓慢下降。

8点40分，锅炉MFT，首出故障信号为"汽包水位高三值"，汽轮机跳闸、机组解列。

（二）事件原因查找与分析

1. 停机后现场检查

经热控同电气专业共同检查发现：1号炉热控电源配电箱电源（一）A相缺相，AC相电压只有220V AC，引起锅炉侧所有电动门禁操、电动调节门反馈到0且无法操作。

对进线电源（一）开关检查，接线无松动，接触器触点动作正常，外观良好，触点吸合后，线路检查正常，实测三相电源进出线回路阻值0.1Ω；将电源开关抽出后，摇A/B/C三相电缆绝缘无穷大，绝缘正常。插入电源开关，检测时发现电源开关AC相电压为220V，BC相电压为380V，目测电源柜母排A相静触头有放电痕迹，判断A相动静触头接触不良。

经了解，该厂启动备用变压器和高压厂用变压器不在同一个电网，为防止非同期合环，电动门备用电源开关处于冷备用方式，故电源异常时，无法实现自动切换。

2. 跳机原因分析

（1）机组跳闸的起因，是1号机组炉侧电动执行机构电源缺相后，各级减温水电动门及烟气、风门挡板均不可控，反馈到零或大幅摆动，阀门保位禁操，运行人员无法用正常手段控制主、再热蒸汽参数，被迫执行大幅减弱燃烧以及减负荷操作，故障时DCS画面报警频发，大大增加了运行调整和监控难度。

（2）汽包水位高三值信号发出的间接原因：由于电动执行机构缺相，事故放水门无法开启，以至于当电接点的"汽包水位高Ⅱ值"开关量信号和汽包水位三取中模拟量信号"高于150mm三者相或，延时3s联开事故放水门"保护无法正常执行引起。

（3）由于电动执行机构电源缺相，汽包给水自动控制异常，在主蒸汽压力稳定、机组降负荷率仅为20MW/min的前提下，仍无法自动跟踪调节汽包水位，是导致机组跳闸的主要原因。

（4）因1号机组主、再热汽温波动较大，运行人员将各级减温水电动调节阀关闭，此时发生炉侧电动执行机构电源缺相故障，导致各电动调节阀无法开启，为控制汽温上升，锅炉运行人员切除部分火嘴，降低运行负荷。此时运行人员持续关注主蒸汽温度变化，未安排专人对汽包水位监控致使汽包水位高三值，是机组跳闸的间接原因。

3. 事件反映的主要问题

（1）故障热控电源配电箱电源质量存在问题。热控专业对低压电源开关检修、测试存在盲区，对开关故障预判能力不够。由于该厂启动备用变压器和高压厂用变压器不在同一个电网，为防止非同期合环，电动门备用电源开关处于冷备用方式，热控人员对电源异常时无法实现自动切换的特殊性认识不足。

（2）锅炉给水控制系统不完善，在减负荷过程中不能有效调节。

（3）运行人员在事故情况下应急处置经验与能力存在不足。

（三）事件处理与防范

本事件查明原因，是1号炉热工配电箱电源（一）A相缺相造成各电动门风门挡板反馈到0引起。将电源（一）退出，转为热工配电箱电源（二）连接后，各电动门及风门恢复正常。

针对上述问题，提出以下防范措施：

（1）加强热控电源开关检修、测试力度，提前发现问题，防患于未然。

（2）改造热控电源配电箱，取消内部接触器，减少故障点。

（3）对给水控制系统进行优化，保障汽包给水控制的准确性和稳定性。

（4）加强运行管理，各运行值明确监盘人员的职责分工，在进行异常处理时，安排专人监视和调整汽包水位。

（5）加强培训与反事故演练，提高运行人员事故状态下的应急处置能力。

二、 ETS柜内PLC两路电源失去导致汽轮机跳闸但无首出信号

（一）事件过程

2017年2月11日某电厂2机组汽轮机跳闸，但ETS无跳闸首出。电气跳闸首出原因"程跳逆功率保护动作"，锅炉灭火首出原因"汽轮机跳闸"。机组跳闸后，2号机组6kV厂用电切换正常，交流润滑油泵、高压启动油泵联启正常，汽轮机高中压主汽门、调节阀，各抽汽止回门供热快关阀联关正常。

（二）事件原因查找与分析

事件发生后，经专业人员检查和试验，确认：

（1）汽轮机跳闸后ETS"跳闸阀油压低"报警信号正常发出，各调节汽阀、主汽门均关闭，因此排除机械方面原因导致跳机和保护误动作跳机的可能，初步判断为AST电磁阀动作引起的无首出跳机。

（2）ETS系统直流电源、交流电源均正常，端子紧固；查看模件、PLC底板无异常；PLC输出预制电缆、输出分配器正常。

（3）对ETS系统PLC和PLC电源进行切换测试，试验结果正常；AST跳闸电磁阀回路电缆绝缘和跳闸电磁阀线圈阻值，测量正常；对跳闸继电器进行多次带电试验，均工作异常。

（4）进一步检查发现，PLC的CPU、I/O板两路电源失去的情况下，ETS均会发生无首出跳闸且跳闸后DCS无"跳闸阀油压低"信号记录，直到电源恢复后该信号会发出2～5s后消失，同时对应系统在无操作员挂闸指令的情况下挂闸，AST油压建立，与2月11日发生的现象一致。因此PLC的通信异常或I/O板两路电源失去，导致系统无首出跳闸，具备最大可能性。

综合上述分析，专业人员认为，2月11日事件原因，是2号机组因ETS柜内PLC的

CPU、I/O 板两路电源失去或 PLC 的通信异常导致 ETS 无首出跳闸。

（三）事件处理与防范

（1）该机组 ETS 已投运 11 年，同时 ETS 的 PLC 电源模块通过背板向系统供电，无法进一步查找原因或进行局部更换，应对 ETS 系统进行升级改造，实现 ETS 与 DCS、DEH 一体化。

（2）现有 ETS 不具有历史记忆功能，无法排查故障发生的直接原因。应及时追加装置实现 ETS 的历史记忆功能。

（3）加强热工设备巡视，建立设备台账，定期检查设备运行曲线，利用停机机会对劣化设备进行试验及更换。

三、除灰 PLC 程控柜风扇着火导致降负荷事件

（一）事件过程

2017 年 11 月 8 日 0 时 45 分 59 秒，集控室自动消防报警系统报 0001 火警（除灰楼 10.8m 层吹灰电子设备间 3 号烟感）。经检查 2 号程控柜内散热风扇烧损，程控电源柜内供 PLC 电源断路器开关失电，导致主、副 PLC 系统失电，程控信号全部消失。经确认，UPS 不间断电源装置负载短路保护功能动作，直接关闭 UPS 电源输出，导致程控全部失电。

重启 UPS 电源，1 时 30 分系统电源恢复，设备运行正常。

（二）事件原因查找分析与问题

经检查，事件直接原因，是 2 号程控柜内风扇电机线圈绝缘老化，阻值下降引起起火；灭火过程造成风扇电源接线短路，致使 UPS 负载短路保护动作，直接关闭电源输出，造成 PLC 程控失电。

对事件进行分析，PLC 程控柜内风扇、照明电源回路及监控系统电源回路，不满足《防止电力生产事故的二十五项重点要求》相关条文，暴露出以下问题：

（1）不满足条文 9.2.1.5 规定，即监控系统上位机应采用专用的、冗余配置的不间断电源供电，不应与其他设备合用电源，且应具备无扰自动切换功能，交流供电电源应采用两路独立电源供电。

（2）不满足条文 9.2.1.6 规定，即现场控制单元及其自动化设备应采用冗余配置的不间断电源供电。具备双电源模块的装置，两个电源模块应由不同电源供电且应具备无扰自动切换功能。

（3）系统不间断电源严禁接入非监控系统用电设备。

（三）事件处理与防范

（1）除灰程控系统已运行 9 年，散热风扇出现老化现象，机组检修时应及时更换。

（2）每季度进行控制柜防尘罩、滤网清洗工作，保证柜内清洁，通风无阻。

（3）为防止同类事件再次发生和降低作业风险，利用 1 号机组或 2 号机组检修机会，且未检修机组低负荷时停止输灰，严格按照《防止电力生产事故的二十五项重点要求》9.2.1.5 及 9.2.1.6 条款规定进行除灰程控系统电源回路的整改。

（4）引以为戒，热控人员对其他辅控程控电源回路进行核实，对不符合《防止电力生产事故的二十五项重点要求》9.2.1.5 及 9.2.1.6 条款规定的缺陷及隐患，及时进行排查整改。

四、 伴热带绝缘不好导致机组跳闸事件

（一）事件过程

2017 年 10 月 20 日某电厂 9 号机负荷 240MW，脱硫浆液循环泵 A、B 运行，浆液循环泵 C 停止。9 号机组 3409 断路器跳闸，灭磁断路器 MK 跳闸，MFT 首出 FGD 主保护动作（脱硫系统跳闸联跳机组）。9 点 4 分，机组跳闸，CRT 显示 380V 脱硫吸收塔 MCC 段 1 号工作电源 9T351 开关跳闸。

（二）事件原因查找与分析

1. 就地检查

确认 380V 脱硫吸收塔 MCC 段 1 号工作电源 9T351 断路器跳闸，无保护动作信号；380V 脱硫吸收塔 MCC 段内双电源自动转换开关工作在 2 号电源位置；380V 脱硫吸收塔 MCC 段内负荷热控保温控制箱电源操作把手在合闸位置，绿灯亮，判断其已跳闸；就地检查，热控保温控制箱内伴热带断路器跳闸，测其绝缘对地 0MΩ，将其停电。

检查热控保温控制箱内伴热带断路器（型号：iINT125，32A，10In）跳闸、热控保温控制箱断路器（型号：TM30H-63/3200，32A，10In）跳闸、380V 脱硫吸收塔 MCC 段内双电源自动转换开关（型号：TQ30D-800/800A，3HS）动作时间设定为 4s；380V 脱硫吸收塔 MCC 段 1 号工作电源 9T351 断路器（型号：TW30-2000/630A 配 TW30-H 型智能脱扣器）接地保护退出，零序继电器（型号：JL-8GB/11）定值 3A，TA：100/1；浆液循环泵无跳闸联锁。

对 9 号机组故障录波装置、SOE 记录、保护装置动作记录等进行检查，发现热控保温控制箱为单相负荷，可以判断脱硫吸收塔 MCC 段内负荷热控保温控制箱电源发生接地短路，脱硫吸收塔 MCC 段 1 号工作电源零序保护越级动作，而脱硫吸收塔 MCC 段备用电源切换装置动作时间过长（大于 5s，未能与热工逻辑配合），使两台浆液循环泵入口门电源同时失电 5s，造成浆液循环泵停止 5s，从而引起机组 FGD 保护动作，锅炉 MFT，机组解列。

2. 原因分析

380V 脱硫吸收塔 MCC 段所带负荷中，就地伴热带绝缘不好发生接地短路，导致 380V 脱硫吸收塔 MCC 段 1 号工作电源 9T351 断路器外接零序保护误动作跳闸。

由于 380V 脱硫吸收塔 MCC 段内双电源自动转换开关动作整定值为 4s，加上其固有动作时间，其实际动作时间大于 5s。导致在脱硫吸收塔 MCC 段 1 号工作电源零序保护越级动作后，取自于 380V 脱硫吸收塔 MCC 段的两台浆液循环泵入口门电源同时失电 5s。

由于热控保护逻辑为"浆液循环泵入口门开反馈消失，延时 5s 联锁停止浆液循环泵"，因此在电源切换过程中两台运行的浆液循环泵联锁停止，满足锅炉 MFT 保护条件，机组跳闸。

3. 暴露的问题

（1）400V 脱硫吸收塔 MCC 段电源进线保护配置不正确。配置了外接零序继电器作为 400V 接地保护，但未配置时间继电器，动作时间 0s。在负荷发生接地故障时，发生保护越级动作。其他 PC 段、MCC 段也存在相同问题。

（2）400V 脱硫吸收塔 MCC 段备用电源自动投入装置与 DCS 逻辑未配合。400V 脱硫

吸收塔 MCC 段备用电源自动投入装置切换时间过长（大于 5s），DCS 判别两台脱硫浆液循环泵停运时间也为 5s，这造成在备用电源切换成功前，DCS 联锁停运了两台脱硫浆液循环泵。

（三）事件处理与防范

重新整定双电源自动切换装置，整定时间改为 1s，同时采取以下防范措施：

（1）退出 380V 脱硫吸收塔 MCC 段 1 号工作电源 9T351 断路器外接零序保护，同时退出其他 PC 段、MCC 段的外接零序保护，排查所有负荷保护配置，按需要投停。

（2）将脱硫浆液循环泵入口门开反馈消失联锁停止浆液循环泵保护，修改为"开反馈消失且关反馈触发"。

（3）投入 400V 脱硫吸收塔 MCC 段 1 号工作电源 9T351 断路器本体自带智能脱扣器接地保护，同时也投入其他 PC 段、MCC 段的智能脱扣器接地保护，定值重新整定，增加接地保护延时。

第三章

控制系统故障分析处理与防范

发电厂 DCS 控制系统已经扩展到传统 DCS 控制、DEH、脱硫、脱硝、水处理、电气以及煤场控制。DCS 的可靠性程度直接影响机组运行稳定性以及发电效率。因此控制系统的软硬件设置，需全面考虑各种可能发生的工况，特别是完善软件组态，保证各种故障情况下，专业人员干预更容易。2017 年度涉及控制系统硬件、软件故障事件 32 例，比 2016 年的 11 例增加 22 例，希望本书统计的案例分析处理报告，可为专业人员提供教训与借鉴经验。

机组的控制系统，按照软件系统可划分为软件系统设置、组态逻辑设置和控制参数设置等；按照硬件系统可划分为控制器组件、I/O 模件和网络通信设备等；按照功能设置可划分为 DCS 控制系统、DEH 控制系统和外围辅助控制系统等。总体来说，控制系统的配置、组态合理性和控制参数整定的品质是影响可靠性的主要因素。

近年来由于控制系统故障和设置不合理带来的机组故障停机事件屡有发生，本章从控制系统软件本身设置故障、模件控制器及通信设备故障、逻辑组态不合理、控制参数整定不完全等方面，就发生的系统异常案例进行介绍，并专门就快速控制的 DEH 控制系统相关案例进行分析。希望借助本章节案例的分析、探讨、总结和提炼，供专业人员在提高机组控制系统设计、组态、运行和维护过程中的安全控制能力方面参考。

第一节　控制系统设计配置故障分析处理与防范

本节收集了因控制系统设计配置不当引起机组故障 5 起，分别为二次风量信号瞬间丧失，因延时设置不当导致机组跳闸、密封风机逻辑不完善导致机组跳闸、增压风机油泵逻辑设计不完善导致机组跳闸、引风机控制逻辑不完善，变频切工频过程机组跳闸、汽包水位计算逻辑不完善导致机组跳闸。

这些案例有的是由于 DCS 控制系统软件参数配置不当，有的是由于控制逻辑不够完善。在控制系统的设计和调试过程中，规范的设置控制参数、完整的考虑控制逻辑是提高控制系统可靠性的基本保证。

一、 二次风量信号瞬间丧失， 因延时设置不当导致机组跳闸

（一）事件过程

2017 年 7 月 24 日，某厂 2 号 330MW 机组，事件发生前实发功率为 265MW。18 时 47

分 33 秒，锅炉左右两侧二次风量全部瞬间突降至 0，MFT 保护动作，首出信号为"总风量低于 30%"。

2 号机组于 2016 年 11 月进行了 DCS 系统升级改造，在此之前，原 DCS 已运行 11 年，从未发生过总风量低保护误动事件。

（二）事件原因查找与分析

MFT 发生的直接原因是左右两侧二次风量全部瞬间突降至 0，锅炉专业人员检查确认 MFT 前送风机、所有相关挡板以及风压参数均正常，确认总风量低保护动作属于误动。

1. 二次风量全部瞬间突降的原因分析

从热工专业角度分析，所有二次风量几乎同时突降为 0，而二次风量变送器分别安装在锅炉两侧，无共同的端子箱、电缆等公用设备，且二次风量变送器信号所在的 2 号 DPU 控制机柜内其他所有同类型的 AI 模拟量信号全部正常，因此排除风量变送器故障和 DCS 机柜内部故障导致所有二次风量同时突变的可能。

查阅 MFT 发生过程中的二次风量历史趋势图（见图 3-1），发现二次风量从突降为 0 到恢复正常值，时间仅有 2s，且 2s 后二次风量又迅速上升。

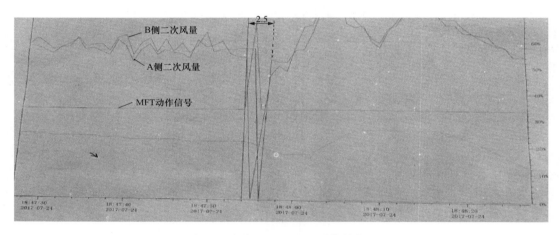

图 3-1　二次风量、MFT 动作趋势图

从热力系统分析，当炉膛发生掉焦或局部爆燃后，由于二次风道内压力梯度瞬时消失，会出现二次风量突降为 0 并快速恢复的现象，以往其他电厂也发生过类似案例。在与锅炉专业沟通分析后，推断机组本次二次风量突然降低，是由炉膛局部掉焦或局部爆燃引起。

2. 未避开风量瞬时波动原因的分析

在检查对比 2 号机组 DCS 升级改造前后的总风量低保护逻辑发现，改造前 DCS 组态中二次风量采样通道设置了 3s 滤波时间；而升级后的总风量低保护逻辑组态中，二次风量采样通道滤波时间未设置。

本次机组掉焦引起的风量瞬间扰动也就 2s，若滤波时间设置正确，总风量低保护误动应可以避免。

（三）事件处理与防范

炉膛小范围的掉焦，是一种正常的现象，应采取适当措施避免风量低保护动作：

（1）由锅炉专业与设备制造厂家沟通，对二次风量低保护逻辑增加 3～4s 的延时，以避开炉膛掉焦冲击波对二次风量信号的影响。

（2）对于二次风量测量信号增加适当的滤波环节，设定时间宜 3s 左右。

（3）仔细排查对比 DCS 升级前后的控制组态中的参数，避免因组态设置不完善对机组安全运行造成不利影响。

二、 密封风机逻辑不完善导致机组跳闸

（一）事件过程

2017 年 1 月 4 日，某厂 2 号机组密封风机出口母管压力正常，运行人员 19 时 54 分开始逐步手动关小 A 密封风机入口电动调节阀，之后在密封风机投联锁切备用的过程中，密封风风压低联锁跳闸磨煤机，机组减负荷转湿态过程中，因溢流管路电动门打不开，储水罐水位高高保护动作，锅炉 MFT。

（二）事件原因查找与分析

1. 检查 DCS 历史记录

事件后，热控人员经查 DCS 历史记录，显示如下：

19 时 54 分，运行人员开始逐步手动将 A 密封风机入口电动调节阀由 100％关至 20％。

19 时 55 分 32 秒，投入密封风机联锁备用，同时停止 A 密封风机，密封风母管压力由 15.7kPa 降低至 10.2kPa。

19 时 56 分 16 秒和 19 时 57 分 10 秒，B 磨煤机和 D、E 磨煤机因磨煤机密封差压低相继跳闸，此后 A 磨煤机煤量为 40t/h，维持锅炉运行。

19 时 57 分 35 秒，运行人员发现 B 密封风机入口调整挡板开度在 24％，手动开启 B 密封风机入口调整挡板至 80％。磨煤机跳闸后，机组负荷下降至 120MW，锅炉转湿态。

20 时 7 分，溢流管路电动门打不开，储水罐水位高高保护动作，锅炉 MFT。

2. 检查控制逻辑

热控人员检查 A、B 密封风机联锁逻辑中，设计有"当投入联锁后，备用风机入口电动调节阀指令跟踪运行风机的入口电动调节阀开度反馈"的逻辑，该逻辑是为了保证备用风机投入后出力快速跟踪的作用，但未考虑当两台风机同时运行的工况。

因此本次事件中当投入联锁备用后，B 密封风机的入口电动调节阀指令跟踪 A 密封风机的入口电动调节阀开度反馈（由 100％关至 20％），A 密封风机的入口电动调节阀指令跟踪 B 密封风机的入口电动调节阀开度反馈（由 20％开至 100％），停止 A 密封风机后 B 密封风机入口电动调节阀指令为 24％，导致密封风母管压力降低。继而造成 B、D、E 磨煤机磨密差压低保护动作相继跳闸。

3 台磨煤机跳闸后，A 磨煤机能维持锅炉燃烧情况下，锅炉转态后因启动溢流管路电动门前后压差大，造成电动门力矩保护动作打不开，储水罐水位高高保护动作，锅炉 MFT。

由上查找分析可知，本次机组 MFT 事件，是因密封风机出口母管压力低联锁备用风机的定值设置不当，密封风机联锁逻辑不完善导致。

（三）事件处理与防范

针对本次事件的原因，专业人员经分析讨论后，采取了以下处理与防范措施：

（1）针对本次事件中，停运 A 密封风机后，密封风压低未联锁启动 A 密封风机问题，根据现场实际运行工况，修改了密封风机出口母管压力低联锁备用风机的设定值。

（2）修改密封风机联锁备用逻辑为"两台密封风机同时运行时，禁止联锁备用投入"。

（3）在逻辑未修改前，运行人员应制定密封风机切换和运行的防范措施，并严格执行。

（4）根据溢流管路电动门的力矩要求，订购更大力矩的执行器，待停机时更换。

三、 增压风机油泵逻辑设计不完善导致机组跳闸

2017 年 4 月 13 日，某机组正常运行，因增压风机电机油站 A 滤网差压高，就地进行切换滤网操作时，增压风机跳闸，锅炉 MFT 导致发电机解列。

（一）事件过程

9 时 51 分，运行巡检发现 4 号增压风机电动机油站 A 滤网差压高，汇报值班人员后，就地进行切换滤网操作（就地切换手柄进行滤网切换，以前切换时就地润滑油压力表有瞬时降低的情况，但 DCS 没有采集到压力低信号）。

10 时 14 分 56 秒，因润滑油压力低低联锁启动电动机 A 备用润滑油泵，增压风机跳闸，锅炉 MFT（首出原因为"增压风机跳闸"），汽轮机跳闸，发电机解列。

（二）事件原因查找与分析

事件后，热控人员检查控制系统中的电动机油压低跳闸增压风机的保护逻辑，发现判断润滑油泵停运的信号只考虑了 A 泵停运信号，未考虑 B 泵停运信号。因此，在切换滤网时润滑油压低低瞬间发出，且控制系统判断两台泵均停，增压风机发生跳闸，锅炉 MFT。

另外，上位机系统因扫描周期过长，未能检测到润滑油压低信号，但由于 A 泵自动联启，发出增压风机电动机油系统出口压力低低信号，被控制器检测到后，触发了 MFT。

根据上述检查，认为本次事件是由于增压风机油泵逻辑条件考虑不周、设计不完善引起。

（三）事件处理与防范

事件后，对增压风机电动机润滑油压低跳闸逻辑进行完善优化，采取以下防范措施：

（1）在保护逻辑中增加 B 润滑油泵停运信号，并将原保护逻辑优化为"润滑油压低低延时 3s 或两台泵全停延时 3s"；与增压风机厂家沟通后增加适当的延时时间，防止两台油泵切换过程中发生油压低误跳增压风机的问题。

（2）提高电动机润滑油压低低跳增压风机保护的可靠性。增加增压风机电动机润滑油压力测点为 3 个，实现保护逻辑三取二方式。

（3）加强技术管理和技术监督，完善联锁保护试验管理规范。制定并完善联锁保护试验卡，并严格按照规程进行联锁保护传动试验。

（4）对重要联锁保护逻辑进行认真梳理、排查热工逻辑存在的漏洞。

四、 引风机控制逻辑不完善， 变频切工频过程机组跳闸

2017 年 7 月 18 日，某机组 A、B 引风机变频器"重故障"信号发出，切工频运行时炉膛压力急速下降至保护动作值，锅炉 MFT 动作，首出"炉膛压力低低"。

（一）事件过程

21 时 8 分 41 秒，某机组 A、B 引风机变频器"重故障"信号发出，切工频运行后炉膛

压力急速下降。

21时9分26秒，炉膛压力下降至－2000Pa，锅炉MFT动作，首出"炉膛压力低低"（－2000Pa）。

21时9分26秒，炉膛压力下降至－3000Pa，引风机跳闸，联跳一、二次风机。

21时9分50秒，运行人员将机组切至功率回路控制，快速降负荷。

21时11分29秒，运行人员解除给水自动，手动调整汽包水位，汽包压力下降过快，出现虚假水位。

21时29分22秒，汽包水位低于－230mm，机组跳闸。

（二）事件原因查找与分析

事件后，专业人员就A、B引风机变频器出现"重故障"原因，引风机变频切工频后炉膛负压快速降低导致锅炉MFT动作原因、汽包水位过低导致机组跳闸原因进行了检查和分析：

1. A、B引风机变频器出现"重故障"原因分析

经检查，A、B引风机电源分别接至6kV VA、VB段母线，该两段母线通过电源进线断路器并接于5号高压厂用变压器低压侧。查阅厂用故障录波器波形，21时8分36秒，6kV VA、VB段A、C相电压出现2.5ms波形畸变，C相电压最高值达到3.89kV，造成A、B引风机变频器同时过电压，查阅报警历史记录，故障前模块直流电压约为1000V，故障时多个模块直流电压超过1200V，造成A、B引风机高压变频器重故障信号发出。过压保护动作导致变频器切工频运行。

2. 6kV VA、VB段A、C相电压畸变原因分析

经检查，输煤系统A1细碎机开关（反转，正常运行）C相、A2细碎机开关（正转，停运）A相的熔断器熔断，21时8分36秒，三期输煤系统A1细碎机开关运行中跳闸（与电压波动同时发生）。对其电动机、电缆绝缘进行耐压试验，合格；对A2细碎机开关A相真空包进行耐压试验，不合格（试验电压升至20kV时击穿，耐压标准是33.6kV），是造成6kV A、C相瞬间闪络、6kV电压波形畸变的原因。

3. 引风机变频切工频后，炉膛负压快速降低导致锅炉MFT动作原因分析

引风机随超低排放改造进行增容，引风机出力增大，但引风机变频控制切工频控制时，进口挡板门自动开逻辑未进行相应优化更改。原控制逻辑设计为"当机组负荷大于100MW时，开度对应100％；机组负荷小于100WM时，开度对应50％"；事件发生时机组负荷为104MW，引风机进口挡板门为全开状态，导致引风机变频切工频时，引风机出力大大增大，炉膛压力快速下降，锅炉MFT动作。

4. 汽包水位过低导致机组跳闸的原因

锅炉MFT后，机组快减负荷速率慢，导致汽包压力快速下降，造成汽包虚假水位。发生虚假水位后，运行人员仅根据汽包水位高减小给水流量，未对照蒸汽流量进行调整，当汽包水位高于110mm时，锅炉停止上水，造成锅炉实际缺水。一次风机启动后，床料流化、床温回升，汽包水位升高至154mm后快速下降，运行人员及时增加了给水量，但给水流量低于主蒸汽流量，给水流量不足。当汽包水位降至－150mm，再加大给水量，大量未饱和水进入汽包，汽包水位快速下降，造成汽包水位低保护动作，机组跳闸。

（三）事件处理与防范

（1）加强检修技术管理，结合外围设备轮修计划，重点对6kV断路器进行耐压试验，

提高设备健康水平。加强 6kV 断路器检修的质量监督和验收，消除因设备绝缘降低给系统带来的隐患。

（2）加强变频器保护定值管理，排查全厂变频器保护配置合理性，完善技术台账，会同变频器厂家确定过压保护定值完善方案。

（3）完善引风机变频切工频后，引风机出口挡板自动开度的函数优化，如表 3-1 所示。

表 3-1 引风机入口挡板折线函数

锅炉蒸发量（t/h）	275	300	330	360	400	440
引风机挡板（%）	23	24	28	32	37	45

（4）运行人员针对汽包压力快速下降过程的汽包水位的调整应制定完善的技术措施，并进行宣贯、学习和落实。

五、 汽包水位计算逻辑不完善导致机组跳闸

2017 年 9 月 11 日，某厂 3 号机组运行人员，按照调度要求进行减负荷操作过程中，由于汽包水位控制逻辑不完善，导致汽包水位超过保护定值，触发锅炉 MFT 保护动作。

（一）事件过程

事件发生前，3 号机组负荷为 317.85MW，主蒸汽压力为 15.13MPa，主蒸汽温度为 543.4℃，主蒸汽流量为 1296t/h，总煤量为 129.6t/h，A/C/D 磨煤机运行，给水流量 1368t/h。按照省调要求，运行人员进行降负荷操作，同时结合检修需要，停运、走空 3C 磨煤机，并进行 3B 磨煤机暖磨，准备升负荷后切换为维修后的 B 磨运行。

3 时 9 分 12 秒，将燃料主控切手动，汽轮机主控自动切为手动，协调方式切为基本方式。

3 时 31 分 51 秒，汽包水位显示值瞬间变为 262mm。

3 时 32 分 0 秒，因汽包水位大于 250mm 且延时 10s 后，触发锅炉 MFT 保护动作。

（二）事件原因查找与分析

1. 锅炉汽包水位计算值突变的原因

汽包水位计算逻辑中，汽包水位 3 个测量模拟量信号取均值后，经过汽包压力修正作为汽包水位计算值信号。当 3 个水位信号出现偏差大于 80mm 时将偏差点剔除，若 3 个信号两两偏差均大于 80mm，则汽包水位计算值保持偏差大前的值不变。汽包水位计算值作为给水泵调节和锅炉 MFT 的调节保护信号。因此，在此次降负荷事件过程中，在 3 时 31 分 33 秒至 3 时 31 分 51 秒之间，汽包水位因虚假水位出现 3 个信号两两偏差大，汽包水位保持偏差大前的均值，导致汽包水位计算值显示失真，运行人员无法实时掌握汽包水位变化趋势和真实水位，且给水系统无法自动调整。当 3 个水位恢复之间偏差恢复到 80mm 以内时，汽包水位计算值突变至 262mm，10s 后，锅炉 MFT 动作。

2. 锅炉汽包水位出现虚假水位的原因

3 号机组在低氮燃烧器改造后，当负荷达 280MW 以上时，锅炉屏式过热器、高温过热器金属壁温存在较多超温点。运行人员在降负荷时为了控制超温，将机组协调方式切为基本方式，采用功率回路方式降负荷，同时手动减燃料降主蒸汽压力。由于协调方式退出，无法按照滑压曲线自动进行锅炉降压，导致降压过程中蒸汽压力变化率过大，容易导致汽

包汽化，产生虚假水位。另外，由于运行人员在锅炉处于降负荷过程，同时进行启、停磨煤机等多个操作，造成炉膛温度降低、蒸汽压力下降，也容易导致汽包出现虚假水位。

根据上述分析，本次事件原因为汽包水位计算逻辑设计不完善、运行人员操作方式不当引起。

（三）事件处理与防范

（1）完善汽包水位计算逻辑及报警功能。优化汽包水位"三取均"为"三取中"的逻辑，并增加汽包水位偏差大"剔除"报警。组织开展 3 号机组汽包水位逻辑优化及机组控制逻辑的排查整改工作。

（2）运行部应加强运行人员操作技能培训，制定汽包水位异常的技术防范措施，加强对人机画面 3 个修正前汽包水位模拟量值的监视，以便及时掌握汽包水位的趋势变化，尤其是强化锅炉燃烧调整以及锅炉汽包虚假水位等重要知识点的掌握，提高事故处理能力。

（3）针对 3 号炉在低氮燃烧器改造后的超温问题，采购煤粉管可调缩孔，联系电科院研究燃烧配风方式，探讨进一步优化的可能性。

第二节　模件故障分析处理与防范

本节收集了因模件通道故障引发的机组故障 5 起，分别为定子冷却水断水保护误动导致机组跳闸、模件故障引起凝结水泵变频给定指令变零导致机组跳闸、DCS 模件因基座短路失电导致机组跳闸、DI 通道翻转导致机组跳闸。这些案例中有些是控制系统模件自身硬件故障、有些则是外部原因导致的控制系统模件损坏，还有些则是维护过程中对控制系统模件的安全措施不足。控制系统模件故障，尤其是关键系统的模件故障极易引发机组跳闸事故，应给予足够的重视。

一、模件通信故障造成定子冷却水断水保护误动导致机组跳闸

2017 年 7 月 29 日，某厂 2 号机组，正常运行中突发汽轮机跳闸，首出信号为"发电机解列"，锅炉 MFT。

（一）事件过程

当时额定负荷 600MW 正常运行，各项参数与设备状态诊断显示无异常。

22 点 25 分 44 秒，DCS "模件通信错"报警。

22 点 25 分 54 秒，发电机-变压器组 E 柜断水保护动作报警，汽轮机跳闸。

22 点 26 分 14 秒，锅炉 MFT 动作，首出故障信号为"发电机解列"。

（二）事件原因查找与分析

机组跳闸后，热控专业人员立即检查 2 号机组电子间出入记录、DCS 中保护输入信号的变化未发现异常；测量 DCS 保护输出信号线相间和对地绝缘电阻，进行保护传动试验动作均正常。

检查发电机定子断水保护逻辑，DCS 输出两路信号至发电机-变压器组 E 柜组成二取二逻辑；查阅 DCS 系统自诊断事件记录，发现：

（1）22 时 25 分 44 秒至 22 时 27 分 18 秒，28 号 DPU 控制柜中 D5 开关量模件多次发出"模件通信错"的报警，且在机组跳闸时同时出现 28 号 DPU 综合故障报警和 D5 模件

故障报警。

（2）调取该输出模件控制启停的其他几个信号相关设备的状态历史，发现 2 号定子冷却水泵、密封油箱真空泵在发电机-变压器组保护动作的同一时刻均由运行状态变为停止状态。

（3）利用对讲机抗射频干扰试验，28 号 DPU 及模件状态未见异常。

根据上述检查可推断本次事件的主要原因：

（1）28 号 DPU 控制柜中 D5 模件通信故障，导致保护输出信号误发引起。

（2）发电机定子断水保护未按"三冗余"原则设计，采用的二取二逻辑，任一路信号触发都会造成发电机保护动作，增加了误动作的概率。

（三）事件处理与防范

（1）更换 28 号 DPU 控制柜中主 DPU、D5 模件及底座、4 号继电器柜内 D5 模件及 J13 继电器。

（2）优化配置发电机断水保护实现方案。在 DCS 侧将原有的 2 块 DO 模件各发送 1 路保护信号优化为由 3 块 DO 模件各发送 2 路保护信号，3 根独立信号电缆传输，在电气侧用硬回路实现"三取二"逻辑判断。

（3）利用停机机会，对 1 号机组发电机断水保护进行同样的改进。

（4）定期检查 DCS 自诊断信号，及时发现各种模件的通信故障并采取防御措施。

二、 模件故障引起凝结水泵变频给定指令变零导致机组跳闸

某厂 3 号机组因 B 凝结水泵变频指令归零，导致凝结水量不能满足汽动给水泵密封水量的需求，发生汽动给水泵跳闸、机组跳闸事件。

（一）事件过程

2017 年 11 月 15 日，当时机组负荷为 250MW、主蒸汽温度为 564℃、主蒸汽压力为 19.68MPa、给水压力为 26.6MPa、背压为 14.6kPa、再热压力为 2.72MPa、再热温度为 562℃，A、B、D、E 4 台磨煤机和 A、B 汽动给水泵及 B 凝结水泵运行。

19 时 31 分，B 凝结水泵频率至零，变频器电流随之降至零，运行人员在手动加 B 凝结水泵频率过程中，两台汽动给水泵跳闸，电动给水泵联启。

19 时 33 分，锅炉 MFT（首出故障信号为"给水流量低"），发电机和汽轮机跳闸。

（二）事件原因查找与分析

经查阅 SOE 和历史趋势，锅炉 MFT 动作的直接原因是两台汽动给水泵跳闸，电动给水泵虽然联锁启动，但总体出力过小，导致给水流量急速下降至保护动作值，其中：

1. 汽动给水泵跳闸原因

经查 SOE（事故追忆）和历史曲线显示，19 时 31 分 34 秒 B 凝结水泵变频频率给定信号由 76.63 瞬间回零，致使凝结水泵出口母管压力下降。

两台汽动给水泵密封水由凝结水泵出口母管提供，当凝结水压力降低到一定程度，凝结水量不能满足汽动给水泵密封水量的需求时，汽动给水泵密封水进、出水压差小于 30kPa 和密封水排水温度大于 90℃时，延时 10s，汽动给水泵跳闸。

2. B 凝结水泵变频指令归零原因

经热工专业检查，B 凝结水泵变频指令归零的原因为控制系统模件故障所致。

（三）事件处理与防范

更换 B 凝结水泵变频指令所在模件，经试验正常后，恢复机组运行。同时制定以下防范措施：

（1）梳理和完善 DCS 硬件报警画面，使 DCS 硬件故障时能准确地提供报警。

（2）加强专业技术管理，结合此次非停教训，排查类似设备隐患。

（3）改善热工设备电子设备运行环境，加强对电子间的检查巡视，发现问题及时处理。

三、DCS 模件因基座短路失电导致机组跳闸

2017 年 7 月 4 日，某厂 1 号机组运行，11 号机出力为 243MW，12 号机出力为 55MW，供热量为 200t/h；2 号机组运行，21 号机出力为 198MW，22 号机出力为 60MW，供热量为 160t/h；3 台快炉辅气备用，其他为正常运行方式。

（一）事件过程

17 时 4 分，11、12 号机跳闸，DCS 首出故障原因为"11 号炉烟囱挡板全开信号失去"，同时 CRT 上多只阀门及辅机状态故障黄闪，热网压力开始下跌。运行人员立即启动 3 台快炉。17 时 15 分，快炉负荷加至 200t/h，供热量均已加足，供热压力恢复。期间，高压供热压力最低下跌至 3942kPa，中压为 1987kPa，各用户供热均未受影响。

17 时 27 分，12 号机凝汽器真空下跌至 0.053312MPa（400mmHg），就地检查发现 3 台真空泵均已停运，立即就地手动开真空破坏门，轴封蒸汽退出。

（二）事件原因查找与分析

检查历史记录，11、12 号机跳闸直接原因是 11 号炉烟囱挡板全开反馈信号失去（三取二）导致。检查 11 号炉烟囱挡板全开信号所在的 DCS I/O 柜内开关量输入模件，发现背槽已烧坏。

该 I/O 柜配置直流供电电源模块，该供电模块输入来自 UPS 的两路 220V AC，经整流为 125V DC 并联输出，对柜内配置的 DI 模件供电。进一步检查，发现该 DCS 系统 COA-CAB-B1C I/O 柜内 C 列第一块模件基座有短路现象，导致 125V DC 访问电压失去，继而导致 I/O 柜内其他由同一电源供电的 DI 模件失电，其中涉及了烟囱挡板开反馈信号。

（三）事件处理与防范

（1）消除 DCS 系统 COA-CAB-B1C I/O 柜内 C 列第一块模件基座短路现象。

（2）梳理 DCS 信号，解除没有引用或来源的接线。

（3）现场排查露天、高位设备连接 DCS 模件的电缆、保护套管，消除开口或者绝缘不良现象；雨季加强露天设备巡检，防止雨水进入热工仪表及控制系统，造成测量信号失灵，导致保护误动或受控设备控制失灵。

（4）加强对 DCS 远程模件接线端子排及电源模块的巡检质量，增加环境温度、湿度显示计。

四、DI 通道翻转导致机组跳闸

2017 年 1 月 22 日，某厂 2 号机组 183MW 负荷正常运行中，发生锅炉 MFT，首出故障信号为"一次风机跳闸"。

（一）事件过程

当时机组相关参数显示正常，17 时 14 分 16.561 秒，MFT 动作，锅炉跳闸，MFT 首

出故障信号为"一次风机跳闸"。但从报警记录和 SOE 的顺序来看，一次风机跳闸在锅炉 MFT 之后，且锅炉 MFT 发生之前，没有与 MFT 有关的报警和 SOE 记录。

（二）事件原因查找与分析

经查询，报警记录显示：

17 时 14 分 16 秒 523 毫秒，发 MFT TRIP 报警。

17 时 14 分 16 秒 561 毫秒，BOILER TRIPPED（锅炉跳闸）。

17 时 14 分 16 秒 632 毫秒，发 PA FAN A STOPPED（一次风机 A 停止）。

17 时 14 分 16 秒 914 毫秒，显示 PA FAN A STOPPED（一次风机 A 停止）。

从上述报警与保护动作记录分析，显然 MFT 首出记录、报警和 SOE 记录，都与实际不符。且在锅炉跳闸报警之前，没有任何与 MFT 有关的报警记录。因此，从以下方面对 MFT 原因进行排查：

1. 继电器跳闸回路中，要使 MFT 继电器动作主要有 2 路

（1）2 个 MFT 手动打闸按钮同时按下，BMS 逻辑里做了手动打闸报警逻辑，如果是手动打闸将会有报警记录，因此排除操作盘上手动按下 MFT 跳闸按钮的可能。

（2）为 BMS 公用系统 2 个冗余 DO 继电器（MFT TR1/MFT TR2）动作后的任意一个触点闭合。显然 MFT 跳闸继电器动作是由于以上触点闭合所致。

2. BMS 公用系统 DO 继电器（MFT TR1/MFT TR2）动作的途径

（1）DO 继电器故障或线路短接。事件发生后检查相应的 DO 继电器及相应的端子接线及线间绝缘，未发现明显故障，基本排除继电器及相关线路问题。

（2）MFT 跳闸条件存在。MFT 跳闸条件主要有手动 MFT、全燃料失去、失去全部火焰跳闸、炉水循环泵全部跳闸、在无油层投运且给煤机运行时两台一次风机均处于非运行状态、锅炉风量小于 30%、失去送风机、失去引风机、失去火焰检测冷却风机、汽包水位高或低、炉膛压力高或低、脱硫系统跳闸共 11 个条件。当任意一条件成立时，BMS 公用逻辑会驱动 DO 继电器动作，触发 MFT。但由于 BMS 公用逻辑对以上条件均做了报警逻辑，如果是因为以上条件造成 MFT，报警记录一定会有相应的报警记录显示，所以不可能是由于以上 11 个 MFT 跳闸条件造成 MFT 跳闸继电器动作。

（3）DI 信号 MFT RELAY M1（或 M2）NOT ENERGIZED 断开。查逻辑发现当 DI 信号 MFT RELAY M1 NOT ENERGIZED 或 MFT RELAY M2 NOT ENERGIZED 有任意一个信号断开时，将触发 MFT 继电器动作。

且这两个信号未做报警逻辑以及首出逻辑，假如触点断开触发 MFT 继电器动作，报警记录也将是没有记录。通过以上分析，DI 信号 MFT RELAY M1 NOT ENERGIZED 或 MFT RELAY M2 NOT ENERGIZED 触点断开触发 MFT 继电器动作的可能性最大。为了佐证，当晚 21 时 9 分 7 秒，在 2 号炉吹扫完成后，人为解开 MFT RELAY M1 NOT EN-ERGIZED 信号，触发 MFT 继电器动作。查询报警记录，发现几乎与事件记录一模一样。

3. DI 信号 MFT RELAY M1（或 M2）NOT ENERGIZED 断开原因分析

造成 DI 信号 MFT RELAY M1（或 M2）NOT ENERGIZED 断开的途径主要有：

（1）端子板熔断器断开或接线松动。事后检查发现熔断器工作正常，接线牢固。排除此原因。

（2）DI 模件相应的通道翻转。检查发现 DI 模件型号为 IMDSI02，自 2 号机组投运以来就没有更换过，保守估计已使用 25 年以上。存在着因模件老化通道翻转的可能性。为了佐证 DI 模件通道翻转，将 2 号机组相关的 DI 模件［编号（1-8-7）和（1-8-8）模件］插入到 1 号机组的 DAS 柜。并做了相应的通道翻转监视逻辑。具体如图 3-2 所示。

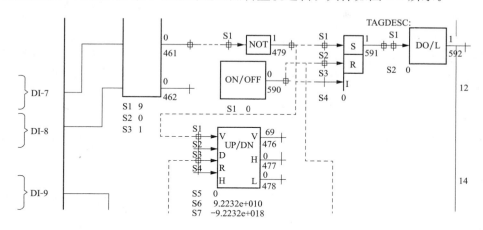

图 3-2　DI 通道动作记录逻辑

在 1 月 23 日—2 月 6 日期间，检查发现对应原 2 号机组 DI 信号 MFT RELAY M2 NOT ENERGIZED 的通道［编号（1-8-7）DI 模件 DI7 通道］，监视逻辑监视到了 69 次翻转。且可能由于彻底老化，此通道在 2 月 6 日时彻底损坏（即使在端子板上短接此信号，模件信号仍为 0）。

通过以上分析，可以确定本次 2 号机组跳闸的原因为编号（1-8-7）DI 模件 DI7 通道翻转，造成信号 MFT RELAY M2 NOT ENERGIZED 消失触发 MFT 继电器动作，机组跳闸。首出故障记录为一次风机跳闸的原因为 MFT RELAY M2 NOT ENERGIZED 消失没有做首出逻辑，该信号消失造成 MFT 后，首出故障信号出现了空白。待 MFT 继电器动作后，通过硬接线会跳闸两台一次风机，一次风机均停的信号快于其他有首出记忆的跳闸条件产生，因此首出记忆为"一次风机跳闸"。

（三）事件处理与防范

（1）DI 信号 MFT RELAY M1（或 M2）NOT ENERGIZED 断开，触发 MFT 动作的必要性不充分，经讨论后已取消此保护。

（2）检查梳理所有保护逻辑，尽量避免单点信号保护逻辑。

（3）控制系统使用年限过长，模件老化不可避免，安排进行改造。

第三节　控制器故障分析处理与防范

本节收集了因控制器故障引发的机组故障事件 4 起，分别为 DCS 系统主控制器异常导致机组跳闸、控制器故障导致单侧风机及油泵工作异常、TGC 控制器跳闸导致机组跳闸、DCS 控制器下装过程导致锅炉 MFT 事件。

控制器作为控制系统的核心部件，虽然大都采用了双冗余配置，然而控制器的异常、主控制器的掉线、主副控制器之间的切换等异常却很容易引发机组故障。尤其是主重要设备所在的控制器，一旦故障处理不当，导致的将是机组的跳闸。

一、DCS系统主控制器异常导致机组跳闸

2017年7月29日，某厂9号机组有功功率149.94MW，因"高缸排汽温度高"导致汽轮机ETS动作跳闸。

（一）事件过程

异常工况发生前，9号机组有功功率149.94MW，主蒸汽温度为539℃，再热蒸汽温度为539℃，主蒸汽压力为16.2MPa，再热蒸汽压力为1.56MPa，机组投入AGC方式运行。

11点59分13秒，发生汽轮机跳闸，首出故障信号为"高压缸排汽温度高"，锅炉MFT，首出故障信号为"汽轮机跳闸"，发电机解列。

（二）事件原因查找与分析

（1）经查阅SOE记录，发现高压缸排汽温度高1、2、3信号（HP EXP TEMP HIGH 1、2、3）在11点59分13秒324—326毫秒分别触发（持续83ms左右时间）。由此判定汽轮机跳闸原因为高压缸排汽温度高3个开关量信号同时发1，三选二条件满足触发ETS保护动作，汽轮机掉闸。

（2）高压缸排汽温度高触发原因。SOE记录表示，高压缸排汽温度高1、2、3信号分别触发后，在11时59分13秒407—411毫秒随即恢复，相隔时间100ms以内，查询停机前后高排温度历史趋势变化平缓，没有异常升高变化，且实际温度并未达到保护定值（420℃），故判断为高压排汽温度保护误动。误动原因分析如下：

1）机组高压排汽温度高保护逻辑设置：高压缸上下两根排汽导管上各安装一支K分度热电偶温度元件，将测量到的温度信号送至DCS系统24号控制站，由控制器判断当两个信号均高于420℃时，输出3路DO（开关量输出）信号，通过3根控制电缆传输至ETS控制系统站由DI（开关量输入，带SOE记录）通道接收，ETS判断三选二条件满足后，触发ETS保护动作。温度测量模件、开关量输出模件及开关量输入模件均满足重要保护系统模件分散布置要求。保护逻辑图如图3-3所示。

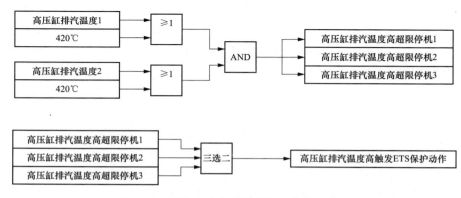

图3-3　9号机组高缸排汽温度高保护逻辑图

2）排查温度测量回路，汽轮机跳闸瞬间，高压缸排汽温度1、2指示分别为298.69℃和303.57℃，无异常升高变化趋势；就地测量电动势分别为11.08mV和11.15mV，查找

K 分度热电偶对照表对应正确；拆除控制电缆接线后测量电缆正负端对地及电缆相间绝缘良好；控制部人员短接热电偶正负端子模拟电缆双端接地，高排温度指示为当前机柜补偿温度（27℃），分别短接电缆正端和负端对地模拟电缆单端接地，高排温度指示无变化，均不会导致温度超过 420℃，导致超限保护动作，因此保护信号误发不是温度测量回路故障引起。

3）排查 DCS 组态逻辑，现场测量到的温度信号被 DCS 系统采集后，通过 DQ 质量判断模块进行速率（100℃/250ms）和高低限值（0～600℃）判断后，进行温度超限逻辑判断。控制部人员对温度点进行强制，模拟在单个扫描周期（250ms）内温度变化超出 100℃时，质量判断模块输出保持前一扫描周期正常值，不输出异常温度信号，不会导致温度判断逻辑输出。汽轮机跳闸时的高压排汽温度 1 指示为 298.69℃，高压排汽温度 2 指示为 303.57℃，如跳变超过 100℃，由于速率判断的功能，则会保持当前数，且加上 100℃高排温度 1 指示为 398.69℃，高排温度 2 指示为 403.57℃，也未达到动作值，且 3 路 DO 调阅历史与理论相符。因此保护信号误发不是由于 DCS 组态逻辑判断输出。

4）排查开关量信号传输回路，查看 ETS 系统内 SOE 记录，发现高压排汽温度高 1、2、3 信号同时发生翻转并保持 83ms 左右时间后恢复，其他输入信号无异常翻转现象，可以排除 ETS 系统误发信号的可能性；对 DCS 侧 3 个 DO 点分别进行强制输出，ETS 系统 3 个 DI 通道接收信号正常，说明开关量信号传输回路工作正常；检查 ETS 保护逻辑页扫描周期设置为 50ms，DI 信号翻转时间超过了一个扫描周期，足以使 ETS 系统控制器进行逻辑运算并判断输出，说明 ETS 系统控制器逻辑判断输出正常。

5）排查 DCS 系统控制器，上述原因进行排除后，分析最有可能导致保护信号误发的原因为 24 号主控制器异常，造成输出信号紊乱所致。查看 DCS 系统设备日志，无任何异常记录且控制器并未发生切换；对 24 号站原主辅控制器进行切换测试，切换过程正常，DO 信号无异常翻转，故障现象无法复现；对 24 号站其他 DO 通道进行排查，由于大部分通道均为汽轮机侧疏水阀门组开关指令信号，当阀门开关指令同时为 1 时，阀门不会动作，无法通过阀门状态变化来证实信号是否发出；对其余传输至 DEH 系统的开关量信号进行追踪，由于 DEH 系统扫描周期均大于 200ms，且 DI 卡不具备 SOE 功能，无法采集到毫秒级信号翻转的趋势，因此无法证实其他 DO 通道是否在汽轮机跳闸时刻发生输出翻转现象。但 9 号机组在 2017 年 2 月 17 日 5 时 45 分曾发生过 DCS 系统 29 号控制器发生异常，导致部分动力设备在没有任何指令的情况下，发生掉闸及异常联启现象。说明 DCS 系统控制器在发生异常时，可能造成开关量输出信号不经过逻辑判断而 DO 输出瞬间翻转。目前控制部已将 24 号站主控制器更换，寄回 DCS 厂家进行检测，请厂家协助查找信号误发的根本原因。

综上所述，专业人员分析，认为此次高排温度高保护误动的原因，不排除 DCS 系统 24 号站主控制器发生瞬间异常，造成开关量输出信号异常翻转所致。

（三）事件处理与防范

（1）查 9 号机组 ETS 系统 SOE 事故追忆记录及历史趋势，判断为高排温度高保护误动。根据《公司提高火电厂主设备热工保护及自动装置可靠性指导意见》，高压排汽温度高保护不属于汽轮机必备保护，临时将该项保护退出运行。

（2）检查停机时高排温度指示正常，判断为控制器运算错误导致信号误发，对 24 号站主控制器进行更换。

二、 控制器故障导致单侧风机及油泵工作异常

2017年6月26日，某电厂2×1050MW发电机组，事故前2号机组带850MW负荷运行，主蒸汽压力为22.46MPa，主给水流量为2239.53t/h，2A/2B送风机动叶控制均在自动位，2A/2B引风机动叶控制均在自动位，2A/2B一次风机动叶控制均在自动位。21时3分1秒，因主要管辖2A侧风烟系统开关型设备的SCS1控制器故障，导致2A侧风机所有附属油泵备用状态均被解除。

（一）事件过程

21时3分1秒，2号机组DCS系统1号服务器汽轮机、电气系统监视画面异常，测点变紫色；随后50s内2A送风机、2A引风机、2A一次风机动叶控制退出自动，2A送风机动叶开度由24.55％降至0，2B送风机动叶开度由22.79％开至44.32％；2A引风机动叶开度由51.37％降至0，2B引风机动叶开度由50.28％开至85.12％；2A一次风机动叶开度由72.12％降至0，2B一次风机动叶开度由76.93％开至89.76％；2A送风机A润滑油泵、2A引风机A润滑油泵、2A一次风机A润滑油泵及2A空气预热器辅电机备用状态均被切除。

（二）事件原因查找与分析

查看历史记录，控制器SCS1（主要管辖2A侧风烟系统开关型设备）故障发生前，送风机、引风机、一次风机动叶控制均在自动位，风机附属油泵正常运行，一台运行、一台备用。控制器故障发生时，位于同一机柜内的通信接口模件、中央处理器、主通信模件状态监视信号为坏点；2A侧风烟系统所有测点信号全为坏点；2A侧风机动叶自动位控制被解除且开度立刻关闭至0，2A侧风机所有附属油泵备用状态被解除。

查看控制风机动叶开度的MCS2控制器逻辑组态，正常运行的风机动叶自动位被解除且自动关闭的条件，是风机运行信号消失。在SCS1控制器逻辑组态中，设备投入备用的逻辑采用置位优先功能块，该功能块输出只有在手动操作、设备运行、控制器初始化时才会被复位，而运行人员操作记录中并没有手动切除以上设备备用的操作，且设备运行信号也不存在。由此可判断该控制器SCS1因故障重启，且在重启的过程中，传输给接收端控制器MCS2的信号由"1"变成"0"，风机运行信号消失触发了超驰关闭的联锁保护信号，即控制器重启后在初始化时传输的"1"不能保持，只能输出"0"，最终导致了该故障的发生。控制原理图如图3-4所示。

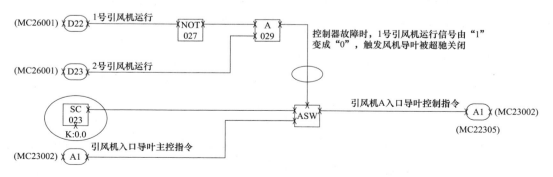

图3-4 控制器故障重启时风机动叶指令强制输出为0

综上所述，故障 1 中风机动叶控制由自动位变为手动位且被超驰关闭，是故障控制器传输出的风机运行信号由 "1" 突变为 "0" 所致。

（三）事件处理与防范

通过调研了解到，国内电厂主流大品牌 DCS 控制器发生的重启初始化事件中，不同控制器间传输的信号会出现模拟量数值跳变或信号变坏点等异常现象，传输的开关量信号 "1" 在初始化过程中可能会变成 "0"。因此，在机组的日常维护和检修过程中，为保证不同控制器间通信稳定、可靠，应根据 DL/T 5428—2009《火力发电厂热工保护系统设计规定》中 5.2 逻辑设计原则 "关于对信息传输错误和信息丢失、处理器故障的要求"，注意以下几点。

（1）设计完善的 DCS 控制器初始化组态逻辑。即整套 DCS 系统应设置各个控制器上电初始化逻辑，并通过设定合理的时间长度，保证控制器初始化时，闭锁相关控制指令的发出，以保证系统的安全性。同时尽可能地使传输的开关量信号为 "0"，以保证即使发生上述控制器重启故障，传输的开关量信号仍保持原状态。

本事件中，当风机正常运行时，SCS1 控制器将风机运行信号（正常为 "1"）传输至 MCS2 控制器，用于控制风机动叶；与此同时，SCS1 控制器将风机停止信号（正常为 "0"）传输至 MCS3 控制器，用于控制机组的 RUNBACK 逻辑。控制器故障及重启时，风机动叶超驰关闭的联锁信号触发，风机动叶关闭至 0，原因是 SCS1 控制器传至 MCS2 控制器的风机运行 "1" 信号变为 "0"；而机组的 RUNBACK 信号并未触发，原因是 SCS1 控制器传至 MCS3 控制器的风机停止 "0" 信号仍然为 "0"。因此，机组正常运行时，虚拟传输的开关量信号为 "0" 更为可靠，虚拟传输的开关量信号为 "1" 或 "0" 在控制器故障重启的差别如图 3-5 所示。

图 3-5 虚拟传输的 "1" 或 "0" 信号在控制器故障重启的差别

（2）针对控制器初始化时，传输的信号出现模拟量数值跳变（甚至为 0）或变坏点等异常情况，应采取以下措施：

1）合理优化 DCS 各控制器相互通信的模拟量信号逻辑，即尽量先在控制器发送端将需要传输的模拟量转换成开关量，再传输到接收端控制器，最终完成相应的逻辑运算，以保证通信的安全性。

2）合理优化 DCS 各控制器相互通信的开关量信号逻辑，尤其是对于跨控制器通过通信网络虚拟传输的重要联锁保护系统开关量信号，应经延时后与相应的硬接线保护信号组成 "或" 逻辑控制等方法，来确保信号的可靠性，避免信号瞬时干扰造成的保护误动作。

3）针对引用了不同控制器通信信号的重要联锁保护、调节控制逻辑，应酌情考虑使用被引用信号的 "品质点" 判断信号，传输信号出现异常时可利用 "品质点" 判断信号来实现控制逻辑的闭锁，则控制逻辑运算结果仍可以保持原状态，或者从自动控制状态解除，变为手动控制，使系统仍处于较为安全的状态。

三、 TGC控制器跳闸导致机组跳闸

2017年2月24日，某厂1号机组负荷513MW时，进行一次调频试验过程中机组跳闸。

（一）事件过程

12时0分开始1号机组一次调频性能试验，试验时负荷稳定为480MW。13时24分32秒进行11转的转差试验时，1号机组跳闸，首出故障信号为"TGC系统控制器跳闸"。

（二）事件原因查找与分析

经查询，TGC系统控制器跳闸的原因，为左右侧高压调节阀指令与反馈偏差大于±10%。对一次调频试验时左右侧高压调节阀指令与反馈偏差大于±10%的原因进行分析：

1号机组汽轮机共有左右高压调节阀、左右中压调节阀，左右补汽阀6个调节阀，6个调节阀分左右侧由2块调节阀卡在Basic Controller（基础控制器）控制。基础控制器及其I/O模块均为冗余配置。

主辅基础控制器调节阀卡指令分别接入VOS125模件，信号选择后输出指令给调节阀卡。检查历史趋势发现，机组跳闸时没有其他异常报警，左右高压调节阀开度趋势一致，最高为65%，根据当时的负荷指令推算出高压调节阀开度指令为80%，持续时间20s，符合"左右侧高压调节阀反馈与指令偏差大于±10%延时10s"这一保护动作条件，因此保护属于正确动作。

由于高压调节阀指令是通过VOS125卡对主辅控制器进行信号选择后输出给调节阀卡，经现场分析认为VOS125卡可能出现没有选择到主控制器信号，而选择了辅控制器信号。因为一次调频试验时主辅控制器信号存在偏差，如果高压调节阀卡接收的是辅控制器（Secondary控制器）的指令，则高压调节阀开启幅度小于主控制器高压调节阀指令，而控制器跳闸逻辑是主控制器（Primary控制器）的逻辑，当左右侧高压调节阀开度与指令偏差大于10%且延时10s后导致控制器跳闸发出。通过现场切换主辅控制器试验，发现VOS125卡依然不随控制器切换而切换信号源，仍然选择辅控制器的现象，验证了上述推论。

（三）事件处理与防范

1号机组TGC控制系统改造后硬件系统存在隐患，由于日常主辅控制器输出均一致，信号显示正常，无法发现VOS125卡没有跟随主辅控制器的切换进行信号通道的切换，本次事件可控而不易控，采取以下临时防范措施：

（1）联系厂家派技术人员来厂，进一步检查分析原因。

（2）对改造后的TGC系统进行隐患分析，制定整改计划。

（3）准备好备件，在下次停机后进行更换，以消除隐患。

四、 DCS控制器下装过程导致锅炉MFT事件

某电厂2号机组为660MW超超临界燃煤机组，汽轮机形式为高效超超临界、一次中间再热、单轴、三缸两排汽、凝汽式间接空冷机组，采用高低压两级串联旁路系统，高压旁路系统容量为额定蒸汽参数下40%BMCR的流量。控制系统采用OVATION DCS系统。运行中给水流量低信号触发锅炉主给水流量低MFT保护动作，机组跳闸。

（一）事件经过

当时2号机组未并网、汽轮机未冲转，机组处于升温升压状态。A、B磨煤机运行、

总燃料量为 55.4t/h、主给水流量为 368.3t/h、给水泵汽轮机转速为 3000r/min、给水泵汽轮机处于本地转速控制模式、主蒸汽压力为 10.17MPa、主蒸汽温度为 517.8℃、主蒸汽压力为 10.17MPa、再热蒸汽温度为 510.3℃、再热蒸汽压力为 1.01MPa、总风量为 1241.3t/h、炉膛负压为−206.62Pa、背压为 9.226kPa、高压旁路阀开度为 40%、低压旁路阀开度为 59.15%、低压旁路温度控制处于自动模式，低压旁路阀后温度为 109℃，低压旁路减温水调节阀开度为 24.87%。

9 时 3 分 15 秒，给水流量低信号 20s 延时时间到，触发锅炉主给水流量低 MFT 保护。

（二）原因分析

1. 查历史记录曲线

事件后，热工人员查历史记录曲线，如图 3-6 所示。

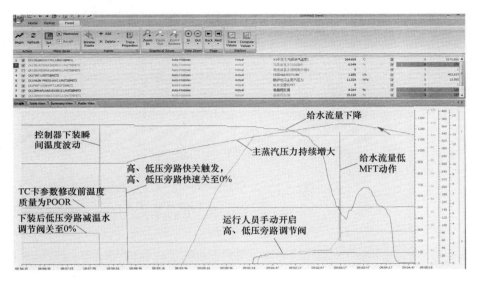

图 3-6　锅炉 MFT 事件经过曲线

8 时 57 分 58 秒，低压旁路减温水调阀指令由 24.87% 突降至 0%，切为手动，低压旁路阀后温度开始缓慢上升。

8 时 58 分 30 秒，低压旁路阀后温度升至 180℃，延时 3s，触发低压旁路阀快关，低压旁路阀由 59% 关至 0%，联锁高压旁路快关，高压旁路阀由 40% 关至 0%。

9 时 2 分 55 秒，给水泵汽轮机转速 3000r/min 保持不变，主蒸汽压力由 10.17MPa 上升至 13.99MPa，给水流量由 366.5t/h 降低至 244.6t/h，期间运行人员发现高压旁路阀全关后，强制信号后手动打开高压旁路阀至 10%。

9 时 3 分 15 秒，给水流量低信号 20s 延时时间到，触发锅炉主给水流量低 MFT 保护，MFT 触发后各设备联锁动作正常。

2. 下装导致温度不正常波动

经查找，28 日晚间调试人员发现 TC 卡件参数设置错误，导致部分热电偶温度测点报POOR 点，所以调试人员于 28 日晚间修改了 21 号控制器下 Branch5 slot2、Branch6 slot1、Branch6 slot2 3 块 TC 卡件参数（由±20mV 改为±50mV，离线修改完成，未下装控制器），其中测点分布表见表 3-2。

表 3-2 修改 TC 卡上信号分布

KKS 码	名称	卡件位置	通道
10MAP20CT704	汽轮机低压旁路阀后蒸汽温度 1	Branch5 slot2	4
10MAP20CT705	汽轮机低压旁路阀后蒸汽温度 2	Branch6 slot2	4
10LBB11CT701	1 号再热主汽门进汽温度 1	Branch5 slot2	1
10LBB12CT701	2 号再热主汽门进汽温度 1	Branch5 slot2	2
10LBB11CT702	1 号再热主汽门进汽温度 2	Branch6 slot2	1
10LBB12CT702	2 号再热主汽门进汽温度 2	Branch6 slot2	2

29 日 8 时 57 分 39 秒，调试人员在 DROP200 服务器上对 21 号控制器进行下装操作，下装过程中，1、2 号再热主汽门进汽温度 1/2 发生瞬间跳变至 1200℃左右，见图 3-7。

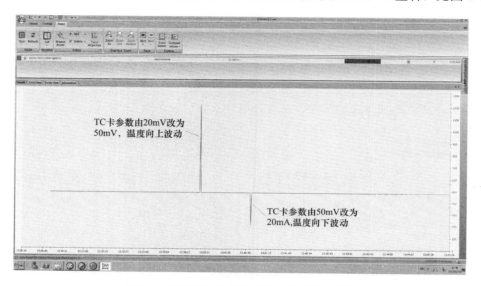

图 3-7　仿真 TC 卡下装过程中温度波动曲线

事件发生后，在 DCS 最小系统上模拟当时 TC 卡所修改的参数，进行同样的下装操作，试验反复多次，得出了相同的结果：当将 TC 卡中"Volage Range Selection"参数从 ±20mV 修改为 ±50mV 时，在控制器下装过程中该 TC 卡中所有温度将会向上波动至 1200℃；当将 TC 卡中"Volage Range Selection"参数从 ±50mV 修改为 ±20mV，在控制器下装过程中该 TC 卡中所有温度将会向下波动 400℃左右。由此可见，是 Ovation 系统 TC 卡下装过程中的这种特性导致温度信号波动。

3. STM-TBL HSVSSTP 模块输出坏质量

1、2 号再热主汽门进汽温度 1/2 发生跳变后，STM-TBL HSVSSTP 模块 ENTH（焓值）输出变坏质量，同时该模块 FLAG 出 1 联锁撤出低压旁路减温水控制自动。

对于 STM-TBL HSVSSTP 模块 ENTH 输出变坏质量问题，热控人员经过反复试验发现，当 STM-TBL HSVSSTP 模块的温度和压力输入超过一定限值时（试验测定温度限值约为 871℃），将会导致 STM-TBL HSVSSTP 模块输出的 ENTH 值变为坏质量，同时该模块的 FLAG 端子出"1"。由于 STM-TBL HSVSSTP 模块的这个特性才导致了大选模块 IN2 输入的温度信号变为坏质量。

4. 大选块设置错误

低压旁路减温水调节门阀位指令为何会突变至 0%，检查历史趋势，低压旁路减温水调节门在这段时间未发生任何其他联锁动作。经过在 DCS 最小系统上反复试验后发现：低压旁路减温水调节门阀位指令突变至 0% 的根本原因是大选块发生了切换。

低压旁路减温水控制分两路：一路为低压旁路出口温度设定值和实际值经过 PID 后输出阀门开度指令，另一路为中压主汽阀进口蒸汽焓值经过 $f(x)$ 转化为阀门开度指令，两路指令经过大选块形成阀门开度指令。该事件发生前低压旁路减温水 PID 控制块中，设定值为 116℃，阀后温度为 107℃，由于设定值长时间高于测量值，PID 输出为 0%。低压旁路减温水调阀指令突变到 0%，阀门快速关闭直至全关，低压旁路阀后温度快速升高，低压旁路快关，最终导致给水流量低 MFT。

经过查找大选模块（HISELECT 模块）的说明，大选块的 QUAL 参数有 3 种选项（切换见图 3-8），分别为 NOTBAD、WORSE、SELECTDE，当输入值指令发生变化时，3 种选项会对输入信号进行不同的选择，对大选块 3 种不同 QUAL 参数进行试验测得结果如下：

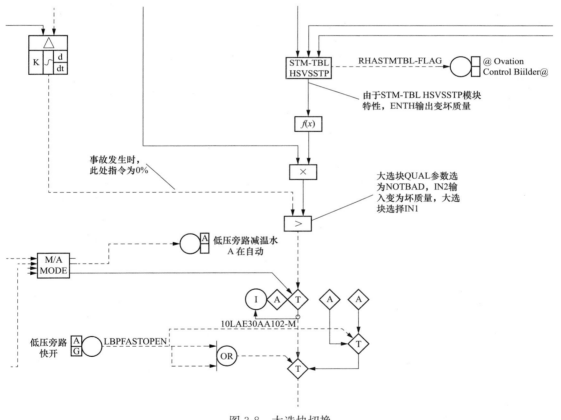

图 3-8　大选块切换

NOTBAD：若两路输入值的质量均不为 BAD，则选择较大值输出（增益和偏置相等），且输出为两路输入值中质量较好的一路；若一路输入的质量为 BAD，则输出为非 BAD 的输入值且两路输入值中质量较好的一路；若两路输入值的质量均为 BAD，则将输出较大的输入且输出质量为 BAD。

SELECTED：不管输入信号的质量如何，输出都将选择较大值同时选择较大值的质量

（当输入值相等时，选择两者中的较好质量）。

WORSE：不管输入信号的质量如何，输出都将选择较大值同时选择最差的质量。

由以上试验结果可以看出，当大选块 QUAL 参数选择 NOTBAD 且大选块正在输出的输入信号变为 BAD 质量时，大选块就会发生切换，而低压旁路减温水逻辑中的大选块 QUAL 参数选择的正是 NOTBAD 选项。

5. 逻辑时序问题

当 STM-TBL HSVSSTP 模块的 FLAG 端子为"1"后，低压旁路减温水控制会退出自动，阀位指令应保持不变。但事实是阀门指令突变到了 0%，根据 Ovation 的历史无法观察到退出自动指令和阀门开度指令切到 0%，谁先谁后（因为 Ovation 的 DCS 系统非 SOE 点的历史记录频率为 1s，间隔短于 1s DCS 历史无法捕捉和记录）。最后经过试验确定，退出自动和阀门开度切到 0% 是在同一页控制逻辑，但阀门开度切到 0% 的大选块时序小于退出自动逻辑时序，逻辑先运算大选块后才退出自动，这就导致阀门指令先切到 0%，随后才退出了减温水调阀自动，低压旁路减温水控制逻辑时序见图 3-9。

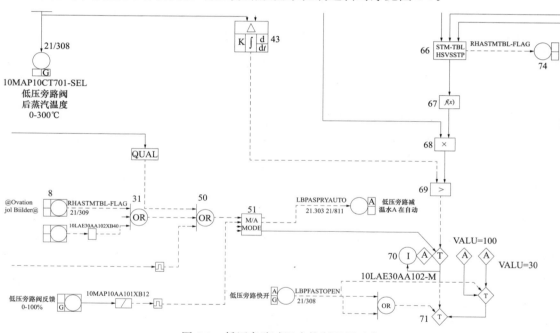

图 3-9　低压旁路减温水控制逻辑时序

6. 运行人员发现不及时

运行人员在发现高压旁路快关到给水流量低 MFT 之间的 5min 内，没有认识到此设备误动后对系统运行造成的危害，未在第一时间做出合理有效的措施是引起本次事件的次要原因之一。

（三）事件处理与防范措施

修改低压旁路减温水逻辑中大选块 QUAL 参数，由 NOTBAD 改为 WORSE，并对相关逻辑进行系统性的检查，重点检查大选块设置问题和质量传递问题，避免出现大选块不正常切换和因质量传递自动退出的情况发生。为防止类似事件再次发生，同时采取了以下技术措施：

（1）机组投入生产后，原则上不在线下装。若不得已必须在线下装时，需将相关逻辑在最小系统上进行仿真，并全面考虑风险点，做好安全措施，确定无误后在专人监护下方可下装。

（2）逻辑时序优化，在低压旁路减温水焓值控制一路出现故障后，应第一时间内将自动控制切换为手动状态，保持当前阀位。在机组调试期间热控人员曾多次发现，由于逻辑块时序问题，导致联锁保护不能触发或者动作不正确的情况，逻辑时序问题对机组危害较大且不易发现，只能经过仿真试验确认或者在运行过程中使其暴露出来。因此在机组逻辑组态或修改完成后，必须经过系统性的联锁仿真，尤其是机组重要保护逻辑，避免出现逻辑时序问题使本该正确动作的联锁无法实现。

第四节　网络通信系统故障分析处理与防范

本节收集了因网络通信系统故障引发的机组故障 5 起，分别为远程站通信故障导致机组跳闸、CI840 通信卡切换异常和逻辑设计缺陷导致机组跳闸、DCS 系统通信模块老化故障致机组跳闸、精处理程控通信模件死机、锅炉交换机故障造成机组降出力过程跳闸。网络通信设备虽然作为控制系统的重要组成部分，但其设备及信息安全容易被忽视。这些案例列举了网络通信设备异常引发的机组故障事件，希望能提升电厂对网络通信设备安全的关注。

一、 远程站通信故障导致机组跳闸

2017 年 7 月 22 日，某厂 1 号机组处于 CCS 方式运行方式，机组负荷 576MW，主蒸汽温度为 592℃，总燃料量 247t/h，给水流量 1715t/h，凝汽器 A 真空为−90.7kPa，凝汽器 B 真空为−92.2kPa。1A、1B 循环水泵运行（2A、3A、3B、4B 循环水泵运行状态，2B 循环水泵为检修状态，4A 循环水泵为备用状态），其中 1 号至 4 号机组相邻循环水母管各通过两只联络门连接，且均处于全开状态。

（一）事件过程

9 时 5 分 53 秒，1 号机组 DCS 循环水远程站画面所有模拟量信号同时显示异常（调阅历史记录检查发现远程站 AI 信号坏质量、部分 DI 信号出现翻转（原有的"0"信号均翻转为"1"，但原有的"1"信号保持不变），RTD 信号未报"坏质量"但数值错误，此时 1A、1B 循环水出口蝶阀全关信号误发。

9 时 6 分 8 秒，1A、1B 循环水泵停运。凝汽器 A、B 真空开始下降，凝汽器 A、B 进口压力由 0.079MPa 快速降低，9 时 6 分 25 秒，降低至 0.008MPa，1 号机组凝汽器真空持续下降。

9 时 6 分 14 秒，4 号机组循环水母管压力由 0.0565MPa 降低至 0.0235MPa，运行人员手动启动 4A 循环水泵（由于 1 号机循环水泵入口地势较低，且循环水联络管接口靠近 1 号机组循环水泵出口，1 号机两台环水泵跳闸后，对应出口蝶阀在开启状态，母管循环水通过 1 号机组出口蝶阀倒流，导致 1～4 号机组凝汽器入口循环水压力均受影响）。

9 时 6 分 58 秒，运行人员先后两次手动降低 1 号机组负荷指令，由 578MW 降低至 540MW。

9 时 8 分 22 秒，退出协调方式。

9 时 8 分 22 秒，停 B 磨煤机，燃料降低至 205t/h。

9 时 8 分 48 秒，1 号机组凝汽器 A 真空压力断路器 63-1/LV1-1 动作。

9 时 9 分 43 秒，1 号机组凝汽器 A 真空压力断路器 63-4/LV1-1 动作，满足真空低保护条件，触发凝汽器真空低主保护动作，汽轮机 ETS 动作，锅炉 MFT，发电机出口断路器联跳。

9 时 59 分汽轮机转速降至 0，投入盘车。

13 时 42 分锅炉重新点火，19 时 6 分 1 号机组并网。

（二）事件原因查找与分析

1. 直接原因分析

经检查 DCS 报警信息和相关控制逻辑，1 号机组循环水泵停运的原因是两台循泵出口蝶阀全关信号误发（如图 3-10 所示），出口蝶阀因通信中断无法及时关闭，导致 1 号机组循环水流量和母管压力快速下降，机组凝汽器真空低保护动作是本次非停的直接原因。

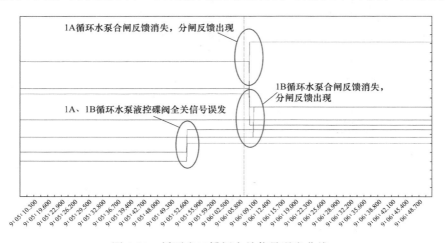

图 3-10　循泵出口蝶阀全关信号误发曲线

1 号机组循泵出口蝶阀状态、指令信号以及循泵温度等信号由就地远程站通过远程节点卡，经光纤与 1 号机组电子间的 drop16 控制器进行数据通信。异常工况发生时，负责与 drop16 控制器通信的循泵系统远程节点卡故障，循环水泵出口蝶阀关反馈信号（DI）翻转，开关量点由"0"变"1"信号误发，误跳 1A、1B 循环水泵（1A、1B 循环水泵跳闸指令由汽轮机电子间 CTRL16/66 控制器通过硬接线直接至电气回路进行控制）。

同时由于远程站通信中断，导致 CTRL16/66 控制器至远程站指令输出通道阻断，运行发 1A、1B 循环水泵出口蝶阀关指令（DO），就地液压机构未动作。循环水经 1A、1B 循泵出口蝶阀倒流，由于 1 号机循环水泵入口地势较低，且循环水联络管接口靠近 1 号机组循环水泵出口，1 号机两台循环水泵跳闸后，对应出口蝶阀在开启状态，母管循环水通过 1 号机组出口蝶阀倒流，未能进入凝汽器，进而造成 1 号机组循环水流量和母管压力快速下降，循环水流量不足以维持机组真空，最终导致 1 号机组凝汽器真空低保护动作。

2. 远程站通信中断原因分析

调取 DCS 系统历史数据，在异常发生时，循环水系统远程站所有开关量"0"信号发生了异常翻转，进一步造成后续保护动作。

该机组 DCS 系统为 OVATION3.0.4 版本，控制器型号为 OCR400，共有控制器 29

对；操作站有 10 台（其中 4 台具备组态工程师站功能）。16 号控制器配置有一套远程控制站，由 16 号控制器下 MAU A 卡通过光纤连接至远程站的 REMOTE NODE 卡作为远程站与 16 号控制器的通信连接；66 号控制器下 MAU B 卡通过光纤连接至远程站的 REMOTE NODE 卡作为远程站与 66 号控制器的通信连接。16 号和 66 号是一对互为冗余控制器。远程站的远程节点卡（包括电源、光纤等通信回路）也是对应的冗余配置。MAU A 卡与 B 卡之间无直接物理连接，两者之间的切换通过控制器切换实现。该远程站主要控制 1A、1B 循环水泵出口蝶阀指令及状态反馈。1A、1B 循环水泵启停指令及反馈在汽轮机电子间通过 DROP16/66 通过硬接线直接送至电气回路进行控制。

DCS 厂家给出远程站开关量信号翻转现象的意见：控制器、I/O 接口卡至 MAU 卡数据线、MAU 卡、MAU 卡至远程节点卡光纤、远程节点卡等故障，以及外部干扰、强电冲击、工作环境因素等，都有可能触发远程 I/O 信号异常。针对 Ovation 系统内部的硬件故障，可以通过更换硬件来排查，至于外部干扰等因素，DCS 厂家无法提供有效的监测手段进行捕捉。

进一步检查，发现该控制器组态设置时将"Disable Controller Failover on Node Failure"功能开启，即当远程节点卡故障时不触发控制器切换，因此本次异常发生时，负责与 drop16 控制器通信的循泵系统远程节点卡故障后，drop66 控制器未能及时被触发切换接管。1 号机组投产后，未对基建期安装的远程站设置进行排查，控制器一直按厂家设置进行运行，控制器组态设置不当这一问题未能及时发现予以处理。

（三）事件处理与防范

关闭"Disable Controller Failover on Node Failure"功能，即远程节点卡故障时触发控制器切换，恢复冗余功能。对检查出的 1 号机组 drop15/65、drop26/76 控制器具有类似的问题进行整改。对其他 3 台机组存在的同类问题进行整改，此外采取以下防范措施：

（1）故障 RNC 卡送 Ovation 厂家检测，督促厂家进一步确认信号翻转以及 MAU 模件损坏原因，给出分析报告。同时就 Ovation 远程站控制方式进行同类电厂调研，与厂家探讨 MAU 卡冗余配置的可行性。

（2）针对事件暴露的 DCS 故障报警功能不完善（出现远程节点卡故障等现象时缺少监视和提醒手段），增加控制器故障（如远程节点卡故障等）光字牌报警。

（3）根据本次事件中暴露的问题，对全厂 4 台机组控制系统进行统一梳理（如对循环水远程站通信异常中断的风险认识不足，未考虑到通信中断可能造成的开关量点状态翻转这种极端情况）；进行 DCS 硬件性能与配置上的隐患排查，在故障处理预案中予以进一步完善。

（4）针对 1 号机组 DCS 系统模件已连续运行 8 年之久，热控专业对 DCS 系统模件老化程度掌握不深入，风险预控不到位问题，探讨 DCS 模件劣化分析方法与手段，开展 DCS 模件劣化分析工作。

二、CI840 通信卡切换异常和逻辑设计缺陷导致机组跳闸

2017 年 10 月 25 日，某厂 1 号机组负荷 940MW，机组处于协调方式，AGC、RB 功能投入，各项参数运行正常，因 DCS 通信故障导致机组跳闸。

（一）事件过程

事件前，风烟系统 A/B 送风机、A/B 引风机和 A/B 一次风机运行，制粉系统 A、B、

D、E、F 5 台磨煤机运行，给水系统 A/B 汽动给水泵运行 A 汽动给水泵转速 4645r/min，A 给水泵汽轮机低压调节阀开度 50.3% 左右，B 汽动给水泵转速 4650r/min，B 给水泵汽轮机低压调节阀开度 49.3% 左右。各项主参数：总煤量为 373t/h，总风量为 3399t/h，给水流量为 2544t/h，炉膛负压为 −50Pa。

17 时 31 分 59 秒，1 号机组 A 给水泵三个转速反馈信号突然出现同步上升且无法调节，上升幅度达 700r/min 左右，此时 B 给水泵转速保持稳定。

17 时 32 分 6 秒，A 给水泵自动控制功能退出，A 泵 MEH 保持遥控及操作员自动状态。

17 时 33 分 6 秒，B 给水泵及给水主控切手动，协调控制随即切至汽轮机跟随方式，由运行人员手动控制锅炉系统各设备。

17 时 34 分 48 秒，触发 MEH "转速故障"信号，A 给水泵跳闸，首出"MEH 跳闸"。

17 时 35 分 13 秒，运行人员随后紧急干预，快速减少锅炉热负荷，切除 D 磨煤机。但由于参数波动剧烈，17 时 41 分 20 秒，锅炉垂直水冷壁混合集箱温度超出 MFT 值 460℃（延时 3s），锅炉 MFT，首出"垂直水冷壁出口混合集箱温度高"，1 号机组跳闸。

（二）事件原因查找与分析

1. 直接原因分析

查询 DCS 历史趋势，17 时 32 分 6 秒，A 给水泵转速信号上升至 5323r/min，与转速指令（4860r/min）偏差的绝对值超过 300r/min，根据 DCS 逻辑，A 给水泵自动控制功能退出，A 泵 MEH 保持遥控及操作员自动状态。随后在 MEH 调节器作用下，为降低 A 给水泵转速，A 泵低调节阀持续关闭，但 A 泵转速信号无明显变化，而给水流量呈下降趋势，故此时 A 泵转速信号应为虚假指示。给水流量下降后，虽然给水主控指令及 B 给水泵指令在 PID 作用下快速上升，但仍无法维持锅炉给水流量。

17 时 33 分 6 秒，给水流量降至 2215t/h，与设定值（2554t/h）偏差的绝对值超过 300t/h，根据 1 号机组 DCS 逻辑，B 给水泵及给水主控切手动，协调控制随即切至汽轮机跟随方式，由运行人员手动控制锅炉系统各设备。之后 A 给水泵转速信号出现反复波动，波动幅度达 ±700r/min，给水流量同时发生快速变化，此时垂直水冷壁出口混合集箱温度呈上升趋势。

17 时 34 分 48 秒，A 给水泵转速信号降至 3710r/min，与设定值（4860r/min）偏差的绝对值超过 1000r/min，A 给水泵 METS 动作后联锁跳闸，此时由于协调控制及给水控制均已切除自动，机组 RB 功能无法触发，水煤比失衡严重，锅炉参数剧烈波动，运行人员虽紧急减少锅炉热负荷，但仍无法抑制水冷壁垂直集箱出口温度升高至 MFT 动作值。

由上过程分析可靠判断，A 给水泵在转速信号异常后，转速指令与实际转速偏差绝对值大于 300r/min，造成 A 给水泵自动切除，但未切除 MEH 操作员自动，是本次非停的直接原因。此时由于 MEH 操作员自动仍然投入，MEH 依据虚假的转速信号持续调节，进而在转速示值与指令偏差大于 1000r/min 后导致给水泵联锁跳闸。

对给水自动中保护条件"转速指令与实际转速偏差绝对值大于 300r/min，延时 5s 后切除对应给水泵的给水自动（保持 MEH 操作员自动和遥控）"进行分析，当转速信号出现所述异常时仅切除对应给水泵自动控制，MEH 依然会依据异常的转速信号进行调节，调节指令的正确性无法保证，安全运行的风险较大，本次事件即是明证。

2. 转速信号波动原因分析

本次事件中，A 给水泵切手动及跳闸、B 给水泵切手动、给水主控及协调控制切除均

源于 A 给水泵转速信号的异常波动，且根据历史数据分析，A 泵转速信号波动不是真实信号。

经查，该电厂 1、2 号机组给水泵的转速信号传输回路为：三个转速卡 DP820 将信号传送至一对冗余配置的 CI840 通信卡，再经过一对冗余配置的 PDP800 通信卡与 DCS 的总线控制器相连。

非停后，现场检查转速信号传输回路，发现冗余的 CI840 通信卡中的主卡报故障信号，副卡接管，此时转速信号显示均为异常状态（失去实时更新能力）。手动复位通信卡后，转速信号显示恢复正常。

电厂技术人员随即进行试验，用信号发生器模拟转速（脉冲）信号发至 CI840 通信卡，并手动进行"主→备"通信卡切换，发现控制器接收的转速信号再次出现示值异常的现象。进一步检查发现通信卡 CI840 的参数配置不当。

因此判断，转速信号波动原因，是给水泵转速传输回路中的 CI840 通信卡参数配置不当、主卡故障后无法实现无扰切换导致。

3. 其他原因分析

1 号机组 RB 逻辑中设计有"协调控制投入"的触发条件，这是由于 RB 功能的完善、可靠必须建立在所有自动调节系统性能可靠且处于投入状态，才能保证在单侧辅机故障时，自动控制系统可将机组负荷安全降至目标值。

但从本次事件来看，"协调控制投入"反而限制了 RB 功能的触发，在事件过程中，如果 RB 触发，即使各子系统不在自动状态，DCS 仍然可以及时按照被触发的 RB 项目进行联锁跳闸磨煤机和投入等离子点火等动作，对于运行人员手动操作有着很大的帮助。特别是在本次事件中给水泵跳闸后，快速的切除部分制粉系统，对于及时调整煤水比、抑制垂直水冷壁出口混合集箱温度快速上升有着重要的作用。

（三）事件处理与防范

专业人员查明事件原因后，在完成相应处理的基础上，针对本次事件暴露的问题，采取了以下对应的防范措施：

（1）针对 DCS 厂家为电厂所配的 CI840 通信卡参数配置不当，主卡故障后无法实现主、副卡的无扰切换和切换过程中通信信号异常情况，联系 DCS 厂家分析查找原因的同时，对通信卡的参数进行了重新配置和动态切换试验验证。

（2）针对 MEH 联锁保护条件设置不完善，"给水泵转速指令与反馈偏差绝对值大于 300r/min"未作为切除对应给水泵 MEH 切除自动的条件，展开讨论后，将"给水泵转速指令与反馈偏差大于 300r/min，延时 5s"同时作为"MEH 切除操作员自动"的条件，定值由 300r/min 改为 200r/min。

（3）针对 RB 逻辑设计不全面，忽视了未投入协调控制状态下单侧辅机跳闸时，RB 联锁跳磨和投入等离子点火控制等对于运行人员的重要帮助作用问题，删除 RB 触发逻辑中的"协调控制投入"条件。

（4）引出 MEH 控制柜 CI840 模件故障信号，作为 MEH 切自动（转为阀位控制方式）条件。

（5）对全厂其他系统所用通信卡进行切换试验，排查异常情况，制定完善的应急处理预案。

三、 DCS 系统通信模块老化故障致机组跳闸

2017 年 12 月 13 日 15 时，某电厂 4 号机组运行负荷 112.6MW，因发生 DCS 系统通信故障导致机组跳闸。

（一）事件过程

当时甲、乙磨煤机运行，甲、乙送风机运行，甲、乙引风机运行，厂用电系统正常运行方式、机炉电主保护均按规定投入运行。

15 时，4 号机 DCS 系统故障报警，CP4002 控制器下的所有设备自动调整功能及监视功能失灵，15 时 23 分锅炉燃烧不稳，运行人员手动 MFT 熄火，紧急降负荷至 5MW。迅速将主机厂用电倒至备用电源，脱硫厂用电切由 1 号脱硫变压器供给，15 时 55 分 15 秒，将 4 号机组与系统解列停运。

（二）事件原因查找与分析

经检查 4 号机组 DCS 系统 CP4002（机组 MCS、FSSS 系统）通信模块故障，造成对应的操作员站因通信失去停止工作，参数失去，自动调整功能和监视功能全部消失，最终锅炉熄火。

该 DCS 系统已经运行 16 年，该模块未更换过，因此判断故障原因是模件老化引起。

（三）事件处理与防范

更换 CP4002 模件后，DCS 系统于 15 时 54 分恢复正常，重新启动锅炉点火、汽轮机冲转、16 时 51 分 33 秒机组与系统重新并列。

针对该事件故障原因，热控专业制定了以下措施：

（1）由于机组运行年限较长，该通信模块已停产，通过 DCS 厂家调剂模件应急，同时咨询相关厂家生产新模块更换。

（2）加强 DCS 系统故障的事故处理应急预案、防范措施的修订和培训。

（3）制定 DCS 改造升级方案，进行机组改造升级可靠性论证。

四、 精处理程控通信模件死机

2017 年 7 月 22 日，某电厂 1、2 号机组正常运行，化学精处理处于程控运行中，DCS 画面显示无异常。

（一）事件过程

20 时 2 分，热控值班人员接运行人员通知，1 号机组精处理过滤器自动退出运行，旁路门自动打开。

（二）事件原因查找与分析

根据画面显示，怀疑为过滤器入口温度高保护动作。热控值班人员三名工程师接到通知后到现场检查温度元件，确认元件正常，温度变送器输出正常。检查精处理程控柜，发现程控柜内两侧的 A、B CPU 均存在外部故障报警、总线故障报警、冗余报警以及读写数据指示灯常亮（CPU 未进行读写数据），且 1 号程控柜内第一列模件运行正常，但从第二列通信模件 IM-153-2 至第六程控柜通信模件 IM-153-2 全部出现故障报警。检查逻辑部分状态点与模拟量测点均正常。

根据上述检查分析，通信模件 IM-153-2 与 CPU 通信总线出现故障，导致 B CPU 无法

冗余，是造成运行人员无法进行监视与操作的主要原因。

（三）事件处理与防范

热控专业为防止在检查过程中造成 2 号机组精处理设备误动，进而导致汽轮机断水，汇报值长，要求将 2 号机精处理过滤器及高混旁路门手动打开。措施到位后，对主副 CPU 进行切换与激活工作，并对通信模件及 CPU 总线进行检查与激活。

切换过程中发现 B CPU 一直处于停止状态无法正常启动。经过 3 次启动和激活操作后，CPU 才恢复正常，系统通信才恢复正常。针对本次事件，热控专业制定以下防范措施：

（1）热控专业加强专业巡检，发现问题及时处理与汇报。

（2）鉴于现有设备投运已经 9 年，由发电部运行专业配合，热控专业每 6 个月对 CPU 进行一次在线切换工作，检查 CPU 硬件工作状态。

（3）请发电部运行人员控制好电子间环境温度保持在 18～25℃，避免因环境温度高造成部件提前老化而导致设备"死机"现象发生，热控专业负责报备并安装环境温度检测设备。

（4）发电部运行人员加强监视，发现操作画面出现异常状态及时通知热控专业检查处理。

（5）热控专业核实相关模件的备品备件，择机对模件进行更换。

五、 锅炉交换机故障导致机组降出力过程跳闸

2017 年 12 月 22 日，某电厂 1 号机组负荷为 255MW，运行过程发生交换机故障导致机组跳闸。

（一）事件过程

当时磨煤机 A、B、C、D 运行，负荷挡板开度分别为 40％、37％、62％、65％，C 磨煤机投自动，瞬时耗煤 153t/h；一次风机 A、B 变频运行，一次风压 7.76kPa；送风机 A、B 运行，送风量 576t/h；引风机 A、B 运行，密封风机 A 运行；给水泵汽轮机 A、B 运行，三冲量控制，过热蒸汽温度为 540℃，再热蒸汽温度为 535℃，过热蒸汽压力为 15.4MPa；综合氧量为 3.1％，炉膛温度为 900℃，锅炉燃烧稳定。

3 时 54 分 47 秒，1 号机组给水泵汽轮机 A、B 同时调节阀突然关闭、丧失出力，给水流量大幅下降，电动给水泵联锁启动，锅炉汽包水位快速下降，快减负荷调整挽救无效。

3 时 56 分 24 秒，锅炉 MFT 动作（首出汽包水位低低），立即进行吹扫点火。

4 时 25 分，重新点火，逐步恢复，相继启动一次风机 A/B、磨煤机 A、D、C、B 运行。

5 时 28 分，负荷升至 190MW，油枪全撤，机组恢复正常。

（二）事件原因查找与分析

事件发生后，热控人员调阅 DCS 事故追忆记录和历史趋势曲线数据，对控制逻辑和交换机进行检查：

1. DCS 事故追忆记录和历史趋势曲线数据

主要记录如下：

锅炉熄火前 0.5h 内，运行人员无任何调整操作，锅炉稳定运行。

3 时 54 分 40 秒，汽轮机 GV1、GV2、GV3、GV4、TV1、IV1 调节阀控制卡（VPC）切手动状态。

3 时 54 分 41 秒，汽轮机 IV2 调节阀控制卡（VPC）切手动状态，DEH 切"汽轮机手动方式"。

3 时 54 分 46 秒，IV1、IV2 调节阀指令由 100% 变为 0% 后恢复，IV1 反馈由 100% 变为 63.03% 后恢复至 100%，IV2 反馈由 100% 变为 72.86% 后恢复至 100%。

3 时 55 分 28 秒，机组负荷由 257.67MW 波动至 280.31MW。

3 时 54 分 43 秒，给水泵汽轮机 B 低压调节阀控制卡（VPC）切手动状态，调节阀指令由 1.53（30.6%）变为 0，反馈由 31.31% 关至 0%。

3 时 54 分 45 秒，给水泵汽轮机 A 低压调节阀控制卡（VPC）切手动状态，调节阀指令由 1.63（32.6%）变为 0%，反馈由 31.27% 关至 0%，总给水流量由 736.59t/h 降至 92.24t/h。

3 时 54 分 46 秒，给水泵汽轮机 B 因"最小流量阀应开未开"脱扣，给水泵汽轮机 A 因运行人员手动开启最小流量阀而未脱扣。

3 时 54 分 47 秒，电动给水泵联启成功，电动给水泵勺管未跟踪开出。

3 时 55 分 15 秒，运行人员投入 DEH 功率回路。

3 时 55 分 47 秒，运行人员手动开出电动给水泵勺管。

3 时 56 分 01 秒，汽包水位低三值信号（小于 −280mm）发出。

3 时 56 分 11 秒，汽包水位低低保护动作，锅炉 MFT。

2. 控制逻辑动作情况检查

（1）汽包水位低三值保护动作值为 −280mm，保护投入正常，保护动作正确。

（2）炉跳机逻辑设计为汽包水位高三值联跳汽机，其他 MFT 动作不跳汽轮机，利用锅炉余热，快减负荷至 70MW。保护投入正常，联锁动作正确。

（3）检查 MFT 后联动设备，均动作正常。

3. 交换机运行情况检查

上述调节阀卡切换，实际上是交换机由 A 切 B 过程中，未能及时切换引起，造成 DPU 通信中断、数据无法真实反映设备情况，控制器输出异常而导致给水泵汽轮机 A、B 调节阀指令归零，引起给水流量大幅下降。在 A 交换机通信阻塞消失、切换至 B 交换机成功后 DPU 通信才得以恢复，切换时间长达 8s。

切换完成后给水泵汽轮机入口流量瞬间从 300t/h 降至跳闸值以下，引起给水泵汽轮机 B 跳闸。电动给水泵联启后，勺管输出跟踪 MCS 输出的给水泵汽轮机 A、B 转速指令平均值。而 MCS 输出的给水泵汽轮机 A、B 指令在给水泵汽轮机切除遥控时跟踪实际转速折算值。给水泵汽轮机 A 转速 2461r/min，给水泵汽轮机 B 转速 2432r/min，折算值均为 0%（低于 3000r/min 折算为 0%），因此勺管未开出。进而导致汽包水位快速下降，触发锅炉汽包低水位保护动作，锅炉熄火。

由上分析，本次事件的原因是交换机故障引起。

（三）事件处理与防范

更换交换机后，系统恢复正常，针对本次事件，采取以下防范措施：

（1）针对交换机故障，热控专业人员及发电部运行人员，拟定事故措施处理预案，并严格执行落实。

（2）1～4 号机组 DCS 系统已服役 11 年，部件老化故障率升高是趋势。计划针对运行年长的控制设备，及时更换备品备件。

六、 总线故障造成 FGD 跳闸保护动作跳闸机组

2017 年 3 月 3 日，某厂 3 号机组正常运行过程中，发生 FGD 跳闸，触发 MFT 动作，

锅炉跳闸。

（一）事件过程

当时 3 号机组负荷 247MW，主蒸汽压力为 15.7MPa，磨煤机 3A/3B/3C/3D/3E 运行，根据报警和操作记录显示，事件过程如下：

11 时 1 分 18 秒，3 号增压风机跳闸报警，RB 保护动作。

11 时 1 分 21 秒和 11 时 1 分 25 秒，磨煤机 3E/3D 因 RB 动作相继跳闸，紧急投用燃油枪（未成功），同时脱硫监盘发现浆液循环泵 3A/3B/3C/3D、吸收塔搅拌器 3A/3B/3C/3D 等设备翻黄牌显示，伴随着相关电流压力数据均出错，脱硫电气画面检查 6kV 脱硫三段、6kV 脱硫 02 段、400V 脱硫 PC3 段、400V 脱硫 MCC3 段母线、400V 脱硫 MCC3/4 段母线均失电，400V 脱硫保安三段自切成功。

11 时 2 分 15 秒，脱硫系统请求锅炉跳闸信号 1、2、3 均动作。

11 时 2 分 17 秒，锅炉 MFT 动作，首出信号为"FGD 跳闸"。

（二）事件原因查找与分析

经查阅脱硫 DCS 报警记录（脱硫 DCS 记录时间同机组 DCS 时间相差 1min 左右），11 时 0 分 57 秒 172 毫秒 3 号 GGH 主辅电动机均跳闸，延时 60s 后发 FGD 跳闸信号，并向机组发出请求锅炉跳闸信号。3 号 GGH 主辅电动机均跳闸是锅炉 MFT 的直接原因。

1. 3 号 GGH 主辅电动机均跳闸原因

脱硫 400V 3 段失电，引起脱硫 400V 保安 3 段失电，导致 3 号 GGH 主辅电动机均跳闸。虽然脱硫 400V 保安 3 段自切成功，但处于该段母线的 3 号 GGH 主电动机断路器未保持住，处于该母线的 GGH 辅电动机断路器无法启动，因此造成 3 号 GGH 主辅电动机均分闸，发出 FGD 跳闸信号。

2. 脱硫 400V 3 段失电原因

事故后电气专业现场检查浆液循环泵 3A/3B/3C/3D 断路器、3 号低压脱硫变压器 6kV 断路器、低压脱硫变 01B 6kV 断路器等设备均未分闸，而 3 号机增压风机、6kV 脱硫 3 段常用开关及备用断路器分闸，6kV 脱硫 3 段自切装置未启动。所有断路器均处于遥操状态，所有断路器保护均无异常及动作。因此，基本排除电气故障，造成母线失电。

通过对脱硫 DCS 系统的 OPERATOR 记录检查，排除人为对脱硫断路器远程操作的因素；通过对 6kV 断路器面板报警检查，排除因电气设备故障造成的断路器及母线分闸的因素。

脱硫电气断路器及母线的远程控制，均由脱硫 DCS 系统的 LOOP3 PCU12 M5 控制器控制实现。查询该控制器及下属模件相关的历史趋势和事件记录发现，M5 控制器工作正常；对下属子模件检查，发现在 11 时 0 分—13 时 16 分期间，脱硫 DCS 系统 12 号 PCU 控制柜 M5 控制器下，所有子模件（33 块）的状态监测出现频繁报警。对比查看同处于该 12 号 PCU 下 M3 控制器下子模件，在此期间无状态故障报警。因此，分析认为 M5 控制器下 X.B 总线故障是造成此次事件的主要原因。

根据上述分析，判断脱硫 DCS 系统中 12 号控制柜内 M5 控制器下 IMSED01 模件故障引起 X.B 总线故障。造成该控制器下所有子模件状态异常，引起部分 DO 卡输出点发出错误指令。

（三）事件处理与防范

（1）更换 IMSED01 模件，系统恢复正常。

（2）在 GGH 主电动机断路器回路增加延时功能。

（3）对脱硫 400V 保安 3 段的其他设备断路器进行了排查。

（4）待 DCS 厂家提交分析报告后，制定针对的反措工作。

第五节　DCS 系统软件和逻辑运行故障分析处理与防范

本节收集了因 DCS 系统软件和逻辑运行不当引发的机组故障 7 起，分别为逻辑设计不完善，防喘放气阀故障导致机组跳闸；6kV 母线失电后因逻辑设计不周全引起机组降负荷；逻辑扫描周期与顺序设置不当导致机组 RB 时异常；逻辑设计不周全造成引风机抢风时导致锅炉跳闸；锅炉汽包水位低保护逻辑设计不全导致机组跳闸；超超临界机组高压缸切缸事件分析与处理；RB 动作过程因参数设置不合理导致机组跳闸。

2017 年将在所有事故案例中非热控责任，但通过优化逻辑组态来减少或避免故障的发生或减少故障的损失的列入本节。因此，2017 年度的相关案例较 2016 年增加。这些案例主要集中在控制品质的整定不当、组态逻辑考虑不周、系统软件稳定性不够等方面。通过对这些案例的分析，希望能加强对机组控制品质的日常维护、保护逻辑的定期梳理和系统软件的版本管理等工作。

一、逻辑设计不完善，防喘放气阀故障导致机组跳闸

某电厂为 9F 燃气轮机联合循环发电机组，2017 年 2 月 16 日，11 号机组启动组并网后，因防喘放气阀故障导致机组跳闸。

（一）事件过程

当时 11 号机组正常启动。

5 时 42 分并网。

6 时 2 分高压进汽。

6 时 10 分 29 秒，报 "CBV BLD VLV-CONFIRMED FALURE TO CLOSE" 故障，1、2 号防喘放气阀开启；机组负荷由 88.9MW 逐渐开始下降。

6 时 45 分，维护人员检查确认 1、2 号防喘放气阀控制电磁阀故障，需更换处理。

6 时 49 分，运行人员手动点击 "11 号汽轮机 AUTO STOP"。

6 时 51 分，11 号机组解列至全速空载。

（二）事件原因查找与分析

热控人员检查燃气轮机保护逻辑，原有以下保护：当机组并网运行后，有一个或一个以上防喘阀未关闭，则机组自动降负荷，直至逆功率动作，发电机断路器分闸。由于 6 时 10 分 29 秒 11 号机组的 1、2 号防喘放气阀控制电磁阀故障，导致保护成立，机组自动降负荷。

此次机组降负荷速率缓慢，在较长时间内（约 10min），机组负荷维持在 16～17MW，燃气轮机 FSR 最小指令为 16%，IGV 开度为 47.5°，汽轮机调节阀开度为 33%，汽轮机进汽压力约为 2.758MPa（400PSI），进汽温度约为 371.1℃（700℉）状态下，逆功率（小于 −4.8MW）动作条件一直不满足而未动作，导致汽轮机汽温过低，应力加大，影响汽轮机设备安全，因此运行人员及时进行了手动干预。

因此本次事件原因，是电磁阀故障引起机组自动降负荷。但因逻辑设计不完善，自动降负荷过程导致汽轮机汽温过低，应力加大引起。

（三）事件处理与防范

针对本次事件，联系厂家就逻辑优化问题进行讨论，并实施以下防范措施：

（1）在逻辑优化前，确定类似情况下，由运行人员通过手动点击"汽轮机 AUTO STOP"操作按钮，确保机组设备安全。

（2）9F 燃气轮机 11 号、12 号机组防喘放气阀控制电磁阀投运时间较长，在新采购的备件到货后，予以全部更换。

（3）做好 9F 燃气轮机防喘放气阀、清吹阀等的停机试验工作，以便及早发现、及时处理阀门故障。

二、 6kV 母线失电后因逻辑设计不周全引起机组降负荷

某厂 1 号机组为国产超临界、单炉膛、一次再热、前后墙对冲燃烧方式、平衡通风、全钢构架、全悬吊结构 II 型直流锅炉。机组 6kV A 段设有 A 送风机，A 引风机，A 一次风机，磨煤机 A、C、E，脱硫浆液循环泵 A、D 等负荷开关，6kV B 段设有 B 送风机，B 引风机，B 一次风机，磨煤机 B、D，脱硫浆液循环泵 B、C 等负荷开关。

（一）故障过程

某厂 1 号机组 6kV A 段母线因零序过流保护动作，母线进线断路器跳闸，母线失电，造成 1A 引风机、1A 送风机、1A 一次风机、1A 磨煤机、1E 磨煤机失电停运，低电压保护未动作各断路器未跳闸，动作曲线记录见图 3-11；因保安段失电导致 A 引风机润滑油泵停运，润滑油压力低 A 引风机跳闸，触发引风机 RB 动作，RB 切 D 磨煤机等，因风量调节不及时；因调整滞后发生"热一次风/炉膛差压低低"条件具备后热工保护动作 B 磨煤机跳闸，运行人员手动投入油枪，机组负荷从 245MW 快速下降，最低降到 61MW。

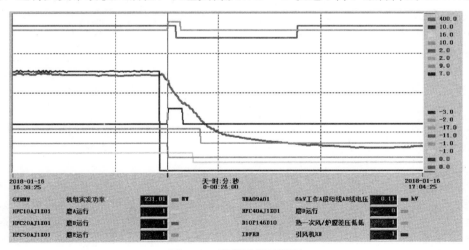

图 3-11 磨煤机停运情况

（二）原因分析

（1）辅机状态失真分析。6kV A 段母线失电后，6kV 辅机停运，因电动机惰走造成电动机存在的残流高于无流门槛值，造成低电压保护闭锁未动作，断路器未分闸，DCS 系统仍显示各辅机在运行状态。

（2）B 磨煤机 B 跳闸分析。A、E 磨煤机运行状态失真，DCS 系统误判仍有 4 台磨煤

机运行，在甩负荷过程中，"热一次风/炉膛差压低低"及"有3台磨煤机运行条件"达到，保护动作停运B磨煤机。

（3）D磨煤机停运分析。引风机停运时，A、E磨煤机运行状态失真，DCS系统误判仍有4台磨煤机运行且负荷为231MW，触发引风机RB后，按预设RB动作逻辑，将正常运行的D磨煤机停运并投等离子。

因此，B、D磨煤机被控制系统误停是因磨煤机运行状态信号失真造成，反映出电气保护动作失灵及控制系统策略设计上，未考虑辅机停运且断路器未分闸时的复归功能，机组RB设计不适用于母线失电设计。

（三）事件处理与防范措施

1. 增加母线失电后对其母线上负荷开关进行复归功能

如图3-12所示，判断该母线失电后，对停运且处于断路器合闸的辅机进行复归，使断路器分闸，及时正确发出断路器状态；增加此项功能作为低电压保护的一项补充：当低电压保护未动作时能及时复归，使断路器分闸；当低电压保护动作断路器已分闸，此项功能屏蔽。

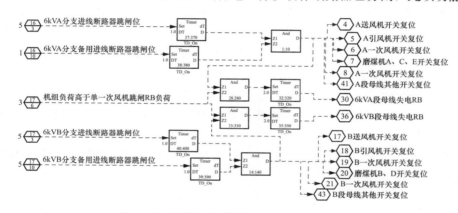

图3-12　母线失电辅机复归及RB触发逻辑

2. 增加母线失电RB功能

在当前机组DCS系统的RB控制策略，以接收到先停运的风机信号触发RB，未考虑发生母线失电引起多台风机同时停运应触发哪种RB，有必要增加针对性的母线失电RB功能：增加母线A及B段失电RB功能，当母线失电时，屏蔽其他风机RB，启动母线失电RB，并延迟2s触发，以解决母线失电RB触发前先对该段失电母线上未分闸的开关进行复归，确保辅机的状态信号为真实。

（1）增加6kV A段母线失电RB。在RB逻辑在切磨投油助燃方面，针对A段母线失电时，B段母线上的B、D磨煤机已按对冲燃烧方式分配，满足稳定燃烧要求，只需投入对应的运行磨煤机的油层进行稳燃等。

（2）增加6kV B段母线失电RB。在RB逻辑在切磨投油助燃方面，针对B段母线失电，A段母线A、C、E磨煤机，如A段上A、C、E磨煤机仅运行，可切除C磨煤机并投入A等离子及E层油稳燃等。

三、 逻辑扫描周期与顺序设置不当导致机组RB时异常

2017年5月25日，某电厂2号机组正常运行中，因信号触点接触不良导致机组RB保

护动作，但多跳了一台磨煤机。

（一）事件过程

21时56分，2号炉RB保护动作，2A、2B、2C磨煤机相继跳闸，各磨煤机首出均显示"RB跳磨指令"，2E、2D层等离子联启投入正常。本次RB过程中，多跳2C磨煤机，使得RB动作后未按设计要求保留3台磨煤机运行。

（二）事件原因查找与分析

1. 触发RB的原因分析

调阅历史趋势曲线发现，2号炉"送风机A电动机已启动"信号消失27s，RB触发。经电气专业检查，发现触发"送风机A电动机已启动"信号的断路器辅助触点及接线端子，有氧化现象造成接触不良，导致信号短时间消失。

2. 2C磨煤机误跳分析

2号炉RB设计逻辑中，规定每隔3s发出一次停磨指令；打开2B磨煤机控制逻辑，发现2B磨煤机控制逻辑扫描周期为1000ms；另外，该控制逻辑SAMA图中算法块的扫描顺序与标准运算顺序不符，以上两个原因导致从RB控制逻辑发出"停2B磨煤机"指令到接收到"2B磨煤机已停"信号的时间超过3s。而当RB逻辑在3s内未接收到"2B磨煤机已停"信号，判断"停2B磨煤机"指令失效，立刻补充发出了"停2C磨煤机"指令，最终导致本次RB动作多停了一台磨煤机。

（三）事件处理与防范

（1）对送风机A断路器的辅助触点及接线端子进行打磨处理，经试验确认接触不良现象消除。

（2）重新排序2B磨煤机控制逻辑模块的执行顺序，并将2B磨煤机控制逻辑的扫描周期由1000ms改为200ms。经试验，RB跳磨顺序及数量满足设计要求。

（3）对其他重要辅机控制逻辑的扫描周期及模块执行顺序进行全面检查，如发现问题及时处理。

四、 逻辑设计不周全造成引风机抢风时导致锅炉跳闸

2017年9月23日，某电厂2号机组带负荷650MW，6套制粉系统运行，总煤量为261t/h，双送风机、引风机、一次风机运行，送风机、引风机、一次风机压力自动投入。运行过程中，因引风机抢风，发生炉膛正压超保护定值导致机组跳闸。

（一）事件过程

10时15分，运行人员监盘发现2号机组炉膛负压由−50Pa突升至+319Pa，现场检查无掉焦，翻看DCS风烟系统画面，发现A、B引风机电流偏差增大（偏差达17A）。

10时15分20秒，立即手动减小B引风机动叶开度自动偏置，增大A引风机动叶开度自动偏置，调节引风机电流偏差至2A。

10时16分，炉膛负压在+170Pa附近摆动，A、B引风机电流偏差再次增大至38A。运行人员再次手动减小B引风机动叶开度自动偏置，增大A引风机动叶开度自动偏置，调节引风机电流偏差至6A。

10时16分58秒，负压仍然在+80Pa附近摆动，准备降负荷。A引风机电流突降至285A，B引风机电流突升至594A（见图3-13）。

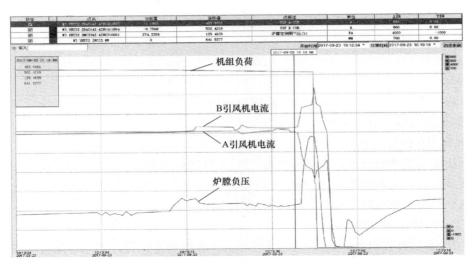

图 3-13　引风机电流曲线图

10 时 17 分 16 秒，炉膛负压至＋1750Pa，炉膛负压高高保护动作，锅炉 MFT，机组跳闸。

10 时 17 分 23 秒，炉膛负压至－2500Pa，两台引风机跳闸，两台送风机跳闸。机组跳闸后，外部检查两台引风机液压油系统及动叶执行机构，未发现异常。

（二）事件原因查找与分析

事件后公司立即组织召开了专题分析会，判断为引风机抢风引起锅炉正压保护动作导致机组跳闸。

1. 风机抢风原因分析

（1）由于没有严格执行集团公司《关于控制逻辑参数设置管理的重点要求》[生火 8 号文]，2 号机组没有设计风机运行中电流偏差大解除自动的逻辑，导致在风机抢风的初期没有得到有效控制，是事件的主要原因。

（2）机组增容改造后，2 号引风机改造为成都风机厂 HU26650-221G 型风机。因该机组长期带负荷运行导致风烟系统阻力增加，设计锅炉 TB 工况引风机全压为 10140Pa，异常前引风机实际压升达 9430Pa，已接近引风机额定设计值引发失速抢风，是事件的次要原因。

（3）运行人员当发现引风机电流偏差增大时，没有判断出有可能发生抢风，没有第一时间采取更有效的措施，是事件的原因之一。

2. 本次事件暴露出的问题

（1）集团生产部文件《关于控制逻辑参数设置管理的重点要求》执行不彻底。该文件要求"配置有两台送风机、两台引风机、两台一次风机的机组，应设计机组正常运行中，风机抢风出现电流偏差大时解除自动的逻辑，机组 RB 时闭锁此逻辑"。电厂尽管组织召开了专题会议，并形成相关决议，3、4 号机组利用停备机会也更改了相关逻辑。但 1、2 号机组未按要求及时对相关逻辑组态进行更改（考虑到 1、2 号机组一直在网运行，运行中更改 DCS 相关逻辑组态存在较大风险）。

（2）2 号机组进行增容改造后，锅炉出力（包括风机实际出力）基本上达到设计值，引风机存在高负荷失速抢风的风险。由于增容改造后，多次进行的大负荷试验以及夏季大负荷期间都未出现引风机失速抢风现象，故对引风机带高负荷失速抢风的风险估计与认识不足，缺乏应急处理措施。

（3）运行人员经验不足、处置不当。当发生 A、B 引风机电流偏差增大时运行人员多次采取调整出力自动偏置，没有判断出有可能发生抢风，没有第一时间采取降负荷的措施。

（4）运行培训不到位。运行人员针对机组运行参数变化预判能力不强，特别是针对引风机失速抢风的预判、处置缺乏针对性的培训。

（5）在热态启动过程中，炉水泵存在电动机温度高现象，影响了机组及时并网，暴露出公司解决技术瓶颈攻克技术难题上仍有待提高。

（三）事件处理与防范

（1）公司针对本次事件，修订下发《防止引风机抢风的技术措施》，补充自动解除后结合参数变化进行手动调整的措施。

（2）严格执行集团生产部文件《关于控制逻辑参数设置管理的重点要求》，2 号机组增加引风机出现电流偏差大解除自动的逻辑，机组 RB 时闭锁逻辑。

（3）1 号机组利用停备机会修改逻辑，目前补充下发逻辑修改前的调整措施，避免事件再次发生。增加 1 号机组送风机、一次风机、引风机电流偏差报警值，及时提醒运行人员调整风机电流偏差。

（4）加强运行人员培训，针对机组运行参数变化开展针对性的培训，提高运行人员对轴流风机失速等异常的判断能力和轴流风机失速抢风异常处理能力。

（5）与厂家成立攻关组，研究解决 2 号机组停机后启动炉水泵温度高的问题。

（6）对集团近期下发的重点要求特别是生产部文件《关于控制逻辑参数设置管理的重点要求》进行全面梳理、逐项排查，落实整改。

五、 锅炉汽包水位低保护逻辑设计不周全导致机组跳闸

2017 年 2 月 16 日，某电厂 1 号机组满负荷运行。各运行参数与状态显示正常，除氧器水位控制在凝结水泵变频自动方式，除氧器水位调节阀全开、30％电动小旁路阀开启。运行中因汽包水位低低导致锅炉 MFT，首次信号为"汽包水位低低"。

（一）事件过程

8 时 7 分，负荷 630MW 时，除氧器水位调节阀全开、30％电动小旁路阀开启、凝结水泵变频自动方式下，运行人员发现除氧器水位频繁波动，凝结水泵变频器电流间歇性超限（最大至 354A，额定电流 341A），故将凝结水泵变频切至手动，控制除氧器水位稳定在 2100mm 左右。

9 时 35 分，因性能试验导致负荷波动，除氧器水位发生波动，最低波动到 1967mm，运行监盘人员为防止高负荷期间除氧器水位过低，将除氧器水位控制在 2200mm 左右，接近高报警值 2350mm 运行，随除氧器水位波动，高报警间歇发出。

10 时 57 分，除氧器水位向下波动，运行人员手动增加凝结水泵变频出力以维持水位稳定。

11 时 8 分，机组负荷波动，除氧器水位逐渐上升。1min 后除氧器水位升至 2323mm，水位高高保护动作，3 号高压加热器正常疏水调节阀自动关闭，除氧器 70％、30％水位调

节阀、30％电动小旁路阀自动关闭，除氧器高水位溢流阀自动开启。10s 后除氧器水位降至 2307mm，除氧器水位高高信号消失。

11 时 10 分 3 秒，除氧器水位降至 2188mm，除氧器水位高信号消失。除氧器水位调节阀强关信号消失，开度逐渐开至 19.1％。2min 左右除氧器水位降至 1375mm，除氧器水位低低保护动作。

11 时 13 分 27 秒，给水前置泵组 A 跳闸。30s 后给水前置泵组 B 跳闸。

11 时 15 分 23 秒，汽包水位低低，锅炉 MFT。

（二）事件原因查找与分析

事件后检查除氧器水位高定值设置 2350mm，机械式液位开关，声光报警，消失后复位强关调节阀信号。水位高高定值设置 2480mm，机械式液位开关，强关 3 号高压加热器正常疏水调节阀、除氧器 70％、30％水位调节阀、30％电动旁路阀，强开除氧器高水位溢流阀。

检查历史记录，机组满负荷运行时凝结水泵变频投自动方式运行，由于凝结水泵变频电流频繁超过额定电流（341A），最大达 354A，运行人员切除凝结水泵变频自动，改为手动控制凝结水泵变频出力后，基本可以控制凝结水泵变频电流不超限，因此，运行人员未将凝结水泵切至工频运行。

除氧器水位高高保护动作时，强关电磁阀使除氧器水位调节门关闭。因联锁动作，所以此时接受的调节输出指令仍保持在 100％。当阀门关闭至 20％时，调节阀指令和反馈偏差达到 80％，按控制逻辑设置，指令自动跟踪阀位反馈值（见图 3-14），指令降至 19.1％。

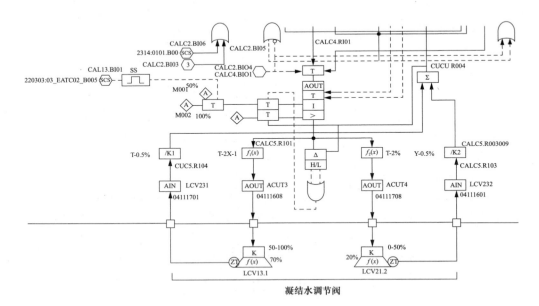

图 3-14 除氧器水位 MCS 控制图

11 时 10 分 3 秒，除氧器水位高信号消失，强关信号消失（见图 3-15），但是在气动阀门惯性作用下阀门继续关至 0％，随着气动阀门充气，阀门回开至 20％。

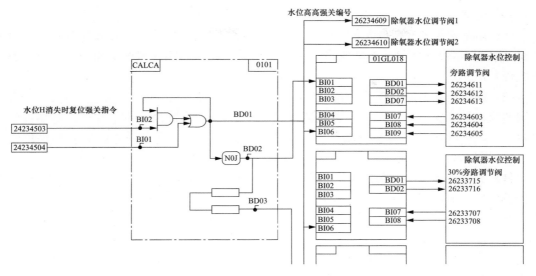

图 3-15 除氧器水位顺控控制图

1号机组除氧器水位低保护逻辑中，未设置除氧器水位低信号动作时联开氧器水位调节阀及电动小旁路阀功能，因此除氧器水位低信号动作时，除氧器调节阀及电动小旁路阀未打开。事件过程凝结水系统主要参数记录曲线见图3-16。除氧器系统主要参数记录曲线见图3-17。

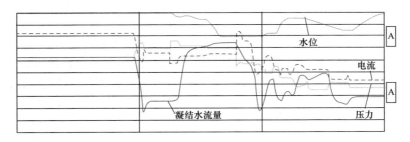

图 3-16 凝结水系统主要参数曲线记录曲线

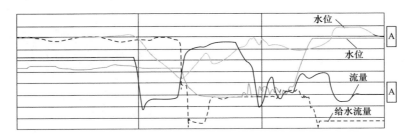

图 3-17 除氧器系统主要参数记录曲线

根据上述查找和曲线记录，分析本次事件原因：

（1）机组630MW负荷凝结水泵变频运行时易频繁超额定电流。为保证除氧器水位不低及凝结水泵变频不长期超额定电流运行，将除氧器水位手动控制在2200mm左右偏高运行。

（2）由于除氧器水位低保护逻辑中，未设置除氧器水位低信号动作时联开氧器水位调节阀及电动小旁路阀功能，因此除氧器水位低信号动作时，除氧器调节阀及电动小旁路阀未打开。

（3）除氧器高高液位开关定值 2480mm，与变送器有 150mm 左右偏差，造成运行人员在调整除氧器水位时存在偏差，除氧器水位在变送器显示 2323mm 左右时，高高液位开关动作，联锁关闭除氧器水位调节阀、3 号高压加热器正常疏水，造成除氧器水位快速下降。

（4）运行人员在除氧器高水位运行时风险预控不充分，在除氧器高高水位保护动作后，事故处理能力不足。

（三）事件处理与防范

机组检修期间安排带介质实际传动核对试验，保证模拟量与开关量定值一致。同时制定了以下防范措施：

（1）优化除氧器水位保护逻辑。

（2）增加导波雷达等更可靠的液位测量手段，提高液位测量可靠性。

（3）加强运行人员技能培训，提高异常及事故处理能力。

（4）编写除氧器水位异常应急处理预案。

六、 超超临界机组高压缸切缸事件分析与处理

汽轮机从挂闸冲转到并网带初负荷是一个复杂的过程，期间主要通过汽轮机高压调节门、中压调节门、高压排汽止回阀、高压排汽通风阀和高压旁路阀等执行机构的配合完成这一系列的任务。

如图 3-18 所示，为了使高压缸 12 级后叶片温度处在图中的允许区域，上汽超超临界机组在 DEH（数字电液控制系统）中还设置高压缸叶片温度控制器 HATR。该控制器通过高压缸/中压缸修正功能，适当调整高压调节门和中压调节门的开度，来保证高压缸在任何不稳定状态运行过程中，如甩负荷、启动和停机期间，叶片温度不超过允许值。当叶片温度超过了可变的设定值，采用高压缸叶片温度控制器来降低中压调节门的开度，从而增加高压调节门的开度，增加高压缸的进汽量。

如图 3-19 所示，高压缸叶片温度控制器是一个 PI 调节器，高压缸 12 级后叶片温度和高压缸转子温度对应函数值的偏差作为控制器的输入，调节器为双向限幅，调节器输出送至进汽量设定 OSB。当叶片温度升高，偏差增大，OSB 送给中压调节门的指令中会减去温度控制器的输出，从而关小中压

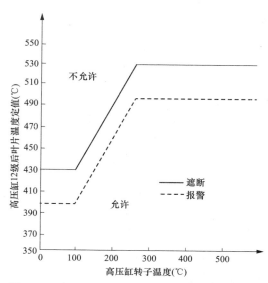

图 3-18 高压缸转子温度与叶片温度的限制曲线

调节门，达到增加高压缸进汽量的目的。当高压叶片温度在允许范围时，温度控制器不起作用，输出为"0"。

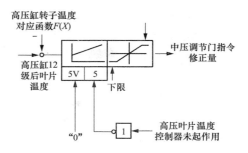

图 3-19　高压缸叶片温度控制器原理图

（一）事件经过

2017 年 11 月 4 号，某电厂 1 号机组整套启动期间，转速为 3009r/min，主蒸汽压力为 5.36MPa，主蒸汽温度为 536℃。22 时 3 分 9 秒，高压缸叶片 12 级后温度与高压缸转子温度函数值偏差小于 15℃，高压缸切缸保护触发。如图 3-20 所示，高压缸切缸保护触发后，同时关闭主汽门、高压调节门，联锁开启高排通风阀，高压缸被切除，此时高压缸不再进汽。

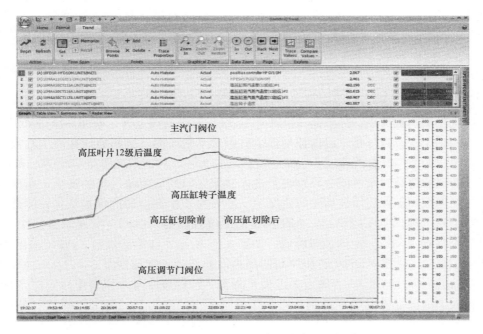

图 3-20　高压叶片温度过高导致高压缸切除

（二）处理过程与原因分析

经查 DCS 历史记录，缸切缸保护触发前，高压缸叶片 12 级后温度的升高导致高排温度控制器 HATR 输出不断增加，该控制器输出会作用到中压调节门，降低中压调节门的开度来增加高压调节门的开度，增加高压缸的进汽量，如图 3-21 所示。

由于高压排汽温度控制器输出不断增加，中压调节门开度不断减小，为了保持转速稳定，转速负荷控制器 NPR 输出不断增加，在第 1 点时，转速负荷控制器（NPR）输出和汽轮机启动装置（TAB）输出发生了第一次切换。由于该类型机组 DEH 系统采用汽轮机启动装置（TAB）、转速负荷控制器（NPR）、主蒸汽压力控制器（FDPR）三路小选对调节门起作用的控制原理，此时汽轮机启动装置 TAB 输出小于转速负荷控制器（NPR）输出并接管控制，DEH 转速控制回路不再起作用，转速开始波动，无法维持在 3009r/min。由于主蒸汽温度不断攀升，同时高压排汽止回阀后压力大于阀前压力，在前后差压的作用

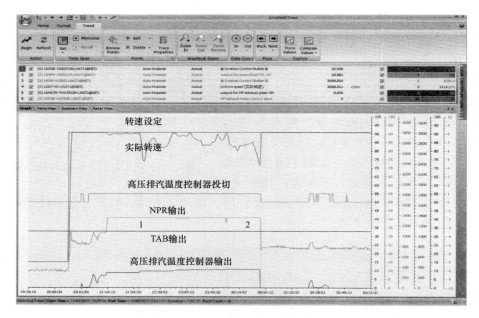

图 3-21　汽轮机转速失控前后的趋势

下高压排汽止回阀被关小，导致高压缸叶片 12 级后温度持续上升，期间高压排汽温度保护动作，切除高压缸，高压排汽温度控制器输出仍然不断增加，最终导致在高压缸被切除的情况下，中压调节门开度持续减小，最终导致转速失控，转速最低降至 2500r/min 左右。

　　由于转速的持续波动可能会导致转子进入共振区，严重威胁机组的安全，而此时的高压缸叶片温度控制器在高压缸切除的情况下已经失去了原有设计的保护意义，因此，运行人员切除了高压排汽温度控制器。在高压排汽温度控制器切除时，中压调节门快速开启，转速负荷控制器（NPR）输出快速降低，如图 3-21 所示，在第 2 点时，NPR 输出和 TAB 输出发生了第二次切换，DEH 转速控制回路再次起作用，转速恢复 3009r/min 稳定运行。高压缸切除后，高压缸叶片 12 级后温度慢慢降低，待温度降低至报警值以下时，在 DEH 画面上投入了高压缸投缸顺序控制，在顺序控制逻辑的作用下，高压缸调节门慢慢开启，高压缸恢复了进汽。

　　分析此次故障发生原因，如图 3-22 所示，由于 1 号机组在汽轮机冲转期间有过两波大幅度加煤的过程，导致主蒸汽温度快速上升，发生高压缸切缸时，主蒸汽温度最高达到了536℃。由于汽轮机此时处于空载状态，高压排汽止回阀、高压排汽通风阀均处于关闭状态，主蒸汽温度的上升直接带动高压缸叶片 12 级后温度的上升，最终高压缸叶片 12 级后温度超过 500℃，到达切缸保护值，因此主蒸汽温度的超温是本次事故的直接原因。高压缸转子未暖透导致高压转子温度过低同样会增加高压缸切除的风险，但是本次事故中高压缸转子温度已经达到了 450℃，因此不存在高压缸转子未暖透导致高压缸切缸的情况。

　　除此之外，高压排汽止回阀前压力的上升导致的汽轮机鼓风也是本次事件的原因之一。虽然上汽超超临界机组设计为闷缸启动，汽轮机冲转期间高压排汽止回阀和高压排汽通风阀均处于指令强制关闭状态，但是在实际冲转过程中高压排汽止回阀在前后差压的作用下会略微开启，这部分开度会让汽轮机存在一定的通流量，从而降低末级叶片的温度。此次切缸前高压旁路处于手动控制，未投入旁路自动，较大的开度导致高压排汽止回阀后压力

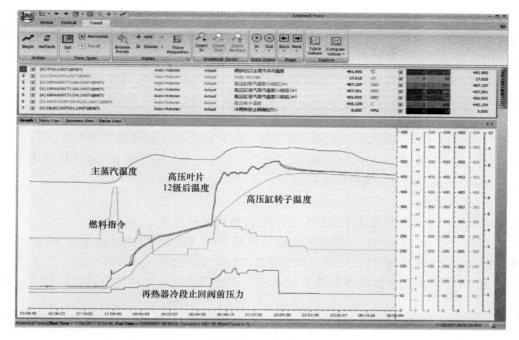

图 3-22　导致高压缸切除的几个因素

较止回阀前压力高了约 0.5MPa，因此，在高压排汽止回阀后压力的作用下高压排汽止回阀被关小，导致汽轮机排汽量减小，从而促使末级叶片上升，图 3-22 中的再热器冷段止回阀前压力曲线也证明了这一点。由于此时的高压缸进汽量较少，加重了汽轮机鼓风现象，并直接导致汽轮机末级叶片温度的快速上升。

本次事故中主蒸汽压力仅为 5.36MPa，低于额定的冲转压力，导致高压缸排汽压力过低无法顶开高压排汽止回阀，间接导致汽轮机通流量减小。同时主蒸汽压力过低导致机组在冲转期间 NPR 输出较大，当高压排汽温度控制器起作用时加速了 NPR 和 TAB 的切换，影响机组转速控制。

（三）防范与优化措施

汽轮机高压缸切除事故严重威胁机组的安全稳定运行，同时会对汽轮机叶片造成不同程度的影响，因此应避免发生此类事故。通过合理地控制汽轮机冲转参数，调整好旁路开度，可降低高压缸切缸的风险，通过逻辑优化能够避免高压缸切除时转速失控的情况发生。

（1）汽轮机冲转期间加强对主蒸汽温度的监视，严格按照冲转要求控制主蒸汽温度，防止发生由于主蒸汽温度超温导致的高压缸切除事件。上汽超超临界机组在合理冲转压力区间为 6.5～8.5MPa，合理冲转温度区间为 450～460℃。

（2）合理进行高、低压旁路阀的控制，在确保冲转期间主蒸汽压力稳定的同时，高压旁路阀后压力略小于高压排汽止回阀前压力有利用高压缸的通流，降低末级叶片超温和汽轮机鼓风的风险。

（3）如果在机组启动冲转期间出现了高压缸叶片 12 级后温度快速上升的情况，可以在保证高压旁路阀后压力小于高压排汽止回阀前压力的前提下，手动使高压排汽止回阀进气电磁阀带电，通过开启高压排汽止回阀来增加汽轮机通流量，从而降低切缸风险。

（4）某超超临界机组 DEH 系统在控制逻辑设计上存在不完善，高压缸叶片温度控制器撤出条件中未考虑高压缸已经切除的情况，因为该控制器在高压缸切除时已经失去了应有的作用。对某超超临界机组 DEH 系统控制逻辑进行了完善，增加闭锁逻辑，当高压缸保护切除时，自动撤出高压缸叶片温度控制器，防止高压缸切除时发生转速失控的情况。

七、 RB 动作过程因参数设置不合理导致机组跳闸

某厂机组为 350MW 超临界机组，锅炉为一次中间再热、超临界压力变压运行的直流锅炉，配一台 100%MCR 的汽动给水泵。2017 年 8 月 5 日，机组在 RB 动作过程中由于给水流量低触发锅炉 MFT，导致机组跳闸。

（一）事件过程

当时机组在协调控制方式下运行，各项运行参数显示正常。

15 时 36 分，一台送风机跳闸触发机组送风机 RB，机组由协调控制切为 TF 模式，锅炉主控指令变为 RB 目标（175MW）对应煤量，负荷变化速率 168MW/min；

15 时 38 分，给水流量指令最低至 460t/h，开始回头向上调节，此时实际给水流量低于 460t/h；

15 时 40 分，给水流量指令为 500t/h，实际给水流量低至 290t/h，触发机组"锅炉给水流量低"保护，MFT 动作。

（二）事件原因查找与分析

事件后，经检查给水自动的设定值来自锅炉主控指令计算的给水流量指令，给水泵汽轮机 MEH 接受 DCS 转速指令进行调节。MFT 动作时，给水自动的设定值与过程值偏差 210t/h，此偏差在对给水调节系统定值扰动和机组变负荷运行期间最大不超过 20t/h，跳闸前汽源压力正常、给水泵汽轮机转速 MEH 转速调节品质良好。从调节上分析，导致 MFT 动作的根本原因是实际流量早已低于设定流量而 PID 输出的转速仍向下调节导致。因此，参数设置太过保守，是导致本次事件主要原因。

（三）事件处理与防范

（1）检查参数设置，为防止给水泵汽轮机失速，给水 PID 设定输出变化量为 1.5 即 7.5r/min 的变化率（DCS 扫描周期 200ms），由于参数太过保守导致 RB 初始期间 PID 调节不足，实际给水流量较大，持续的积分作用造成较大超调量；为此对 PID 设定输出变化量 DCS 扫描周期，重新进行设定。

（2）此机组采用国产某 DCS 系统，采用抗积分饱和型 PID。按功能要求 PID 调节在积分饱和的情况下应实时地进行积分分离。分析曲线知，当实际给水流量低于设定值时，设定值到达最低点开始回调时，PID 输出均未回调，仍以 7.5r/min 的变化率向下调节，该 PID 功能块在输出限速的情况下并未实现积分分离。联系 DCS 厂家对 DCS 的 PID 运算模块功能不满足要求问题进行处理。

第六节 DEH/MEH 系统控制设备运行故障分析处理与防范

本节收集了和 DEH/MEH 控制系统运行故障相关的案例 7 起，分别为 DEH 侧功能块执行步序不合理导致机组锅炉超温超压事件、轴封减温水系统逻辑不完善导致汽轮机大轴

抱死事件、MEH 模件故障导致机组跳闸、DEH 控制器冗余切换故障导致机组跳闸、DEH 模件故障导致机组跳闸、DEH 阀门流量特性差导致 RB 后功率振荡事件、阀门流量函数拐点引发机组功率低频振荡事件。这些案例都是和 DEH 系统相关，DEH 系统由于其控制周期短、控制设备重要等因素，DEH 的任何小故障都可能直接引发机组跳闸事件，因此加强对 DEH 系统设备的日常维护管理显得格外重要。

一、DEH 侧功能块执行步序不合理导致机组锅炉超温超压事件

2017 年 9 月 8 日，某厂 1 号机组在 307MW 负荷运行工况下，因 DEH 侧功能执行步序不合理导致锅炉超温超压，停机处理。

（一）事件过程

22 时 9 分 40 秒，1 号机组处于并网状态，阀控方式，机组负荷约为 307MW，主蒸汽压力约为 10MPa。

22 时 9 分 41 秒，由运行人员投入 DEH 功率控制，自动投入后功率设定值未能正常跟踪当前负荷，而与之前的总阀位指令值（69.9%）相等，约为 69.9MW。机组负荷根据设定值快速下降。

22 时 11 分 11 秒，负荷最低达到 0MW，主蒸汽压力最高达到约 18.78MPa（机组额定压力为 16.7MPa）。图 3-23 是事故发生前后 3min 内的主参数趋势变化。

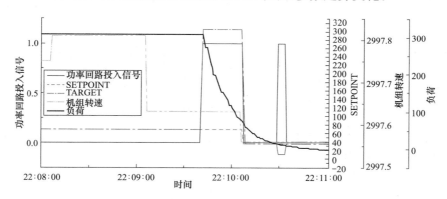

图 3-23　事故前后主参数趋势变化

甩负荷发生后，运行人员尝试手动切除 DEH 功率控制并投入 CCS 方式以调整负荷，22 时 18 分 43 秒负荷由事故发生后最低值（0MW）上升至 265MW。因机组大幅度快减负荷，正常的蒸汽流动发生阻滞，锅炉受热面发生大规模超温：炉侧主汽温最高温度达至 614.4℃，超材质限值温度 610℃达 2.5min；再热蒸汽温度最高温度达至 587.8℃，超材质限值温度 580℃达 3min；屏式过热器最高温度达至 683.7℃，超材质限值温度 580℃达 11min；高温过热器最高温度达至 663.2℃，超材质限值温度 610℃达 10min 24s。

在 22 时 18 分机组负荷调整至 261MW 左右时，因锅炉超温超压严重，经调度同意后对机组进行打闸解列处理。22 点 20 分 1 秒，1 号机组解列停机。

（二）事件原因查找与分析

（1）对事故过程进行分析，认为事故触发的起点是机组由阀位控制转功率控制的方式切换。

对 DEH 中阀位控制转功率控制的方式切换逻辑进行检查分析，图 3-24～图 3-26 是经简化后的方式切换逻辑。DEH 控制器中，按图 3-24～图 3-26 的次序依次循环执行所示方式切换逻辑。

图 3-24 中，当功率控制投入脉冲触发后，各切换块输出均为 SETPOINT，同时手动置值块 REMSET 在该脉冲的作用下输出也为 SETPOINT，然而括号内的序号表示各功能块在控制器中的实际执行步序，即先执行图左侧的切换块，再执行 REMSET 块，最后执行中间的切换块，因而 REMSET 的输出并非跟踪图中最左侧的 SETPOINT，而是跟踪中间切换块的输出作用，故 REMSET 的输出（即 TARGET）=上一周期的 SETPOINT。

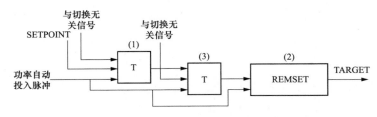

图 3-24 DEH 方式切换逻辑 1

图 3-25 中，SETPOINT 与 TARGET 相减，若其绝对值大于 0.5MW，则 RAMPED TARGET 始终保持初值，否则 RAMPED TARGET=TARGET。

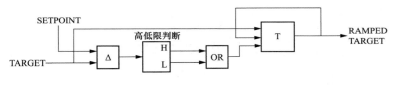

图 3-25 DEH 方式切换逻辑 2

图 3-26 中，功率控制投入脉冲触发后，SETPOINT=实际负荷－一次调频增量；脉冲消失后，SETPOINT=RAMPED TARGET。

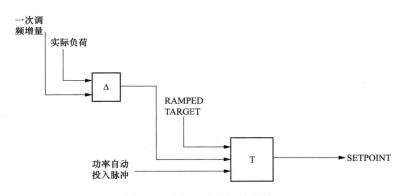

图 3-26 DEH 方式切换逻辑 3

图 3-24～图 3-26 中的 SETPOINT 是控制汽轮机负荷的关键量，当 DEH 处于功率控制时，SETPOINT 是功率控制 PID 的实际设定值；当 DEH 处于阀位控制方式时，SET-POINT 是总阀位指令的实际设定值。

如图 3-23 所示，功率控制投入后 TARGET 跟踪实际负荷，而 SETPOINT 却等于自动投入前的总阀位指令。因而判断方式切换发生时，图 3-25 中的逻辑存在信号保持导致 TARGET 未能将其数值传递给 RAMPED TARGET，此时 RAMPED TARGET 始终保持为事故发生前的总阀位指令。而当图 3-26 中的脉冲信号消失后，SETPOINT＝RAMPED TARGET＝事故发生前的总阀位指令。

由图 3-25 DEH 方式切换逻辑 2 可知，要使 RAMPED TARGET 始终保持，则 SET-POINT 与 TARGET 之差的绝对值要在脉冲持续时间内始终大于 0.5MW，由于 TARGET＝前一周期的 SETPOINT，因此只要当前周期与前一周期的 SETPOINT 之差的绝对值大于 0.5MW，就有可能导致以上现象。进一步分析，SETPOINT 在脉冲持续期间的变化：脉冲刚触发时，当前周期 SETPOINT＝实际负荷——次调频增量≈300（MW），上一周期 SETPOINT＝总阀位指令≈69.9％，因而此时两者之差必然大于 0.5MW；而通过 DCS 历史趋势发现，方式切换发生时机组一次调频保持动作，该机组的一次调频不等率按 600MW、4％设定，则 1r/min 的转速偏差对应 5MW 的调频幅度，因而若要当前周期与上一周期的 SETPOINT 之差的绝对值大于 0.5MW，只需每一控制器周期的转速变化 0.1r/min 即可，这在一次调频动作时非常容易达到。

综上认为，此次事故发生的根本原因是图 3-16 的逻辑执行步序设置不合理，导致一次调频动作条件下当前周期与上一周期的 SETPOINT 始终存在使 RAMPED TARGET 保持初值的偏差，当脉冲消失后，SETPOINT＝RAMPED TARGET＝初始总阀位指令。

（2）仿真验证。

利用 DEH 混仿功能对以上分析结论进行了验证，在 DEH 中人为增加了一个一次调频增量变化逻辑，以模拟方式切换过程中的一次调频变化量，其趋势如图 3-27 所示。

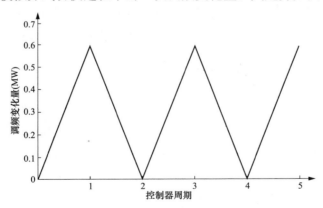

图 3-27　一次调频变化波形

图 3-27 中，功率控制投入脉冲持续时间内，每偶数个控制周期调频变化量＝0，每奇数个控制周期调频变化量＝0.6MW，这样设置保证前后两周期的 SETPOINT 之差的绝对值大于 0.5MW。

仿真工况 1：图 3-28 所示调频变化投入，机组由阀位控制切为功率控制。

如图 3-28 所示，图 3-26 中功能块执行顺序不变，阀控切换为功率控制方式时发生一次调频动作将导致 SETPOINT 不能正确跟踪当前负荷值而是维持当前总阀位指令值，最终导致机组甩负荷。

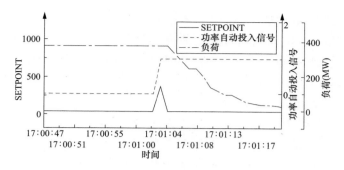

图 3-28　仿真工况 1

仿真工况 2：调频变化退出，机组由阀位控制切换为功率控制。

如图 3-29 所示，当机组无一次调频动作时，即使发生由阀位控制至功率控制的方式切换，也不会发生机组甩负荷。

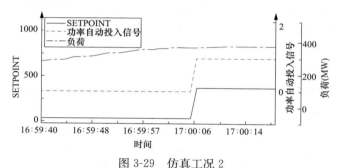

图 3-29　仿真工况 2

仿真工况 3：调频变化投入，图 3-28 的功能块执行步序被修正。

如图 3-30 所示，只要图 3-24 功能执行步序正确，即使同时发生一次调频动作和方式切换也不会引起故障。

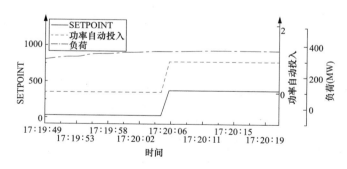

图 3-30　仿真工况 3

（三）事件处理与防范

由上分析得出结论，机组发生的甩负荷事故，是由于 DEH 中控制方式切换逻辑执行步序设置不正确引起。当机组同时存在一次调频动作和 DEH 控制方式切换时，将会引起甩负荷现象。

由于类似事故的触发需要多重条件，故其具有相当的隐蔽性：对于机组而言，一次调频动作是一种偶发情况，并非每次控制方式切换均会造成甩负荷。这种特点造成了故障诊断的困难，在找到故障真正原因之前，2017 年 1 月 13 日该电厂 2 号机组也曾发生一起类似的甩负荷事故。电厂技术人员试图通过 DEH 仿真功能查找原因，由于 DEH 仿真并不能真实模拟实际机组的一次调频动作，因而无法查明引起故障的真实原因。

1 号机组甩负荷事件表明，DEH 内部功能块的执行步序设计是非常讲究的，其设计稍有不当就可能埋下安全隐患，影响机组稳定运行；另外，尽管 DEH 仿真可以对 DEH 常规功能进行仿真验证，但由于仿真功能尚无法完全真实地模拟机组运行工况，故对于特定条件下 DEH 功能测试仍有所欠缺，需要得到进一步的完善。

根据事故分析结论，对图 3-24 中控制逻辑的执行步序进行重新排列设置，如图 3-31 所示：执行步序调整后，当发生方式切换时，TARGET 始终等于当前周期的 SETPOINT；故而图 3-25 中 SETPOINT 与 TARGET 相减的结果为零，RAMPED TARGET＝TAR-GET＝SETPOINT；图 3-26 中，当方式切换完成后 SETPOINT＝实际负荷－一次调频增量，不会发生类似甩负荷故障。

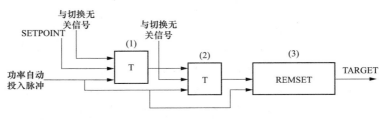

图 3-31　步序调整后的控制逻辑

二、 轴封减温水系统逻辑不完善导致汽轮机大轴抱死事件

2017 年 3 月 14 日。某厂集控室运行人员发现 6 号机汽机房运转层着火，为防止汽轮机设备受损，值长下令破坏真空紧急停机。

（一）事件过程

17 时 42 分，集控室运行人员发现 6 号机汽机房运转层有火光，立即汇报值长，值长、单元长立即到现场查看火情，发现 B 给水泵汽轮机上部有明火，但因现场烟雾较大，具体情况难以判明，为防止主机设备受损，值长下令破坏真空紧急停机。

17 时 44 分执行值长指令，破坏真空紧急停机，停止 A、C 真空泵运行，开启凝汽器真空破坏门，6 号机凝汽器真空开始下降，检查汽轮机跳闸、锅炉 MFT、发电机解列、厂用电切换、厂用汽源切换及辅汽至轴封供汽均正常，MFT 联跳 A、B 给水泵汽轮机。立即组织人员灭火并启动油系统着火应急预案。

17 时 47 分，B 给水泵汽轮机转速惰走到零。立即解除 B 给水泵汽轮机 B 交流油泵联锁，安排人员到就地解除直流油泵硬联锁，手按事故按钮停止 A 交流油泵，将 B 给水泵汽轮机油泵停电，给水泵汽轮机处明火明显减弱。同时检查给水泵汽轮机油箱油位由 893mm 降至 752mm 不再下降，6 号机零米层给水泵汽轮机油箱及附属管道、7m 层 B 给水泵汽轮机下部热体管道无着火。

17 时 59 分，B 给水泵汽轮机进汽调节阀处明火被扑灭。

18 时 12 分，凝汽器真空至零，关闭辅汽至轴封供汽调节阀切除轴封。

18 时 13 分，汽轮机转速为 120r/min，检查液压盘车自动投入。

18时18分，汽轮机转速48为r/min，液压盘车运行正常，破坏真空紧急停机期间汽轮机惰走时间34min，与上海汽轮机厂提供的"完全破坏真空紧急停机惰走曲线"基本一致。

18时33分，在B给水泵汽轮机火情消除，检查机组其他系统无异常，无影响机组启动条件（单汽动给水泵运行），准备恢复机组运行，投入辅汽至轴封供汽，启动A、C真空泵，凝汽器抽真空。

18时37分，轴封供汽温度高保护动作，轴封供汽自动切除。

18时39分，监盘人员发现汽轮机盘车转速逐渐下降，检查辅汽至轴封供汽调节阀自动关闭，且轴封温度高闭锁无法手动开启，立即停运A、C真空泵，开启真空破坏门，隔绝轴封系统。

18时43分，汽轮机盘车转速逐渐下降至零，运行人员执行汽轮机闷缸措施，检修人员就地手动盘车不动。

（二）事件原因查找与分析

事件后，专业人员首先查阅历史趋势，记录过程相关参数如下：

17时57分，汽轮机转速710r/min，辅汽至轴封供汽温度由340℃上升至350℃，轴封供汽母管减温水调节阀开至1.5%，因轴封供汽温度高保护动作，自动关闭辅汽至轴封供汽调节阀，轴封供汽切除，此时凝汽器真空为-68kPa。

18时4分，汽轮机转速313r/min，辅汽至轴封供汽温度由346℃上升至350℃，轴封供汽母管减温水调节阀开至1.5%，因轴封供汽温度高保护动作，自动关闭辅汽至轴封供汽调节阀，轴封供汽切除，此时凝汽器真空为-41kPa。

18时37分，辅汽至轴封供汽调节阀开度60%，凝汽器真空-20kPa，辅汽至轴封供汽温度由330℃升至351℃（DEH系统要求轴封温度320~350℃），轴封供汽温度高保护动作，轴封供汽自动切除。

根据上述事件过程，原因分析如下：

（1）给水泵汽轮机B低压调节阀油动机着火原因，是低压调节阀油动机活塞杆油封质量差；厂家安装时存在原始缺陷，造成密封损坏失效而漏油。该调节阀保温外护板封闭不严，导致漏油进入热体管道产生明火和大量烟雾。

（2）汽轮机盘车不动的原因，是轴封供汽母管减温水调节阀自动调节滞后，造成轴封供汽温度高保护动作切除了轴封自动，汽轮机轴封处吸入冷气，使轴封体冷却造成汽轮机盘车无法投运。

进一步通过对DEH控制逻辑分析，轴封切除的原因为上海汽轮机厂设置的轴封供汽母管减温水调节阀的温度控制点为350℃，而辅汽至轴封供汽温度超过350℃后减温水才开始投入，与切除轴封供汽系统动作值重叠，无法有效控制轴封供汽温度。

（三）事件处理与防范

本次事件反映出机组安装、调试、验收和运行、维护中存在的一些问题，值得电厂重视，在今后的工作中采取相应的防范措施：

（1）6号机组安装、调试、验收期间，未发现B给水泵汽轮机低压调节阀油动机油封存在的重大隐患；未发现给水泵汽轮机低压调节阀阀体保温不完整，不符合《防止电力生产事故的二十五项重点要求》中"2.3.6油管道法兰、阀门的周围及下方，如敷设有热力管道或其他热体，这些热体保温必须齐全，保温外面应包铁皮"的规定，需要将技术监督从生产延伸到今后的基建机组开始，提高隐患排查治理工作到位率。

（2）给水泵汽轮机调节阀油动机安装位置较高，且无检查平台，无法检查油动机渗漏油情况，造成对油动机渗漏油及油封损坏情况无法提前发现，今后需要在基建时加强监督，对需要运行中检查的设备，加装便于运行维护的空间。

（3）技术监督管理、培训不到位。未完全掌握 DEH 系统控制逻辑，逻辑设计审查时，没有及时发现轴封减温水自动调节系统无法满足轴封系统正常运行的重大设计缺陷。

（4）各级技术管理人员风险意识差，7 号机组投产后对辅汽运行方式变化带来的风险认知不足，对邻机轴封供汽较 33 万 kW 机组辅助蒸汽温度高的风险辨识及预控措施不到位。

（5）运行人员应急处置能力经验不足。在汽轮机惰走及盘车过程中，未及时发现三次轴封供汽自动切除，并采取有效应对措施。

三、 MEH 模件故障导致机组跳闸

2017 年 7 月 29 日，某电厂 1 号机组为 350MW 超临界供热机组，配置单台汽动给水泵，在 260MW 负荷工况运行时因 MEH 模件故障导致机组跳闸。

（一）事件过程

1 号机组负荷 261MW，CCS 方式运行，1A、1B、1D 磨煤机运行，总煤量为 103.8t/h，给水流量为 765t/h，主蒸汽压力为 21.3MPa，主蒸汽温度为 573℃，汽动给水泵转速为 4869r/min，遥控控制方式运行：

0 时 42 分 46 秒，METS 画面显示"MEH 集控室手动跳闸"信号输出。

0 时 42 分 47 秒，给水泵汽轮机主汽阀全关。

0 时 42 分 49 秒，"给水泵全停"信号输出，锅炉 MFT 保护动作。

0 时 42 分 50 秒，1 号机组跳闸，跳闸首出故障信号为"给水泵全停"。

（二）事件原因查找与分析

1. 汽动给水泵跳闸原因

检查 FSSS 画面首出故障信号为"给水泵全停"，检查 METS 画面首出故障信号为"MEH 集控室手动跳闸"。查询 SOE 未发现相关记录，查询 METS 逻辑发现逻辑页报警，多个测点通信异常，并发现故障测点在同一模件，进一步检查模件，发现 1 号机组 46 号控制器（MEH 系统）A2 模件（型号：EVENTS INPUT. CONTACT 1C31233G04）故障灯报警，模件所有通道信号翻转，由"0"变为"1"，初步判断为模件故障，更换模件后，故障灯消失，模件运行正常。

2. 汽动给水泵首出错误原因

继续排查逻辑，发现 METS 画面"MEH 集控室手动跳闸"信号并无实际跳闸逻辑，仅在 METS 跳闸首出画面显示，显示跳闸首出的原因是由于"MEH 集控室手动跳闸"信号同在 46 号控制器（MEH 系统）A2 模件，模件故障时造成信号翻转误发。排查逻辑发现造成汽动给水泵跳闸的实际原因是"MEH 外部手动停机"信号因模件故障误发。由于"MEH 外部手动停机"信号并未做到 METS 监视画面，所以 METS 画面跳闸首出显示为"MEH 集控室手动跳闸"。

（三）事件处理与防范

针对本次事件，联系 DCS 厂家，确认模件故障及误发信号的原因，同时热控专业采取

以下处理和防范措施：

（1）梳理和完善 DCS 硬件报警画面，当发生 DCS 硬件故障时，能及时准确的报警。

（2）梳理所有 DCS 系统的单点动作保护逻辑，制定防误动改进方案。

（3）加强专业技术管理，结合此次非停教训，排查类似设备隐患。

四、 DEH 控制器冗余切换故障导致机组跳闸

2017 年 11 月 29 日，某电厂 1 号机组负荷 144.3MW 运行，因 DEH 控制系统控制器冗余切换异常导致机组跳闸。

（一）事件过程

当时主蒸汽压力为 12.65MPa，主蒸汽温度为 536.6℃，1 时 36 分 47 秒，机组甩负荷至 0MW，机组解列停机。DEH 首出故障信号为"保安油压力低"，ETS 首出故障信号为"DEH 停机"和"发电机保护 3"。

（二）事件原因查找与分析

经现场检查，DEH 系统 M2 站的一块 BRC300 控制器故障处于停止工作状态，另一块正常工作，检查 DEH 系统 M2 控制器的逻辑，发现图号：10102371010237（MODULE STATUS AND EXECUTIVE BLOCKS）逻辑图内，监控控制器主站状态的 560 号模块和监控控制器冗余状态的 45 号模块均发出故障信号，该信号出口控制继电器 7R9 和继电器 7R10 动作，切断了 5YV、6YV、7YV、8YV 等高压遮断电磁阀的电源，导致汽轮机保安油压力无法建立。经重启动 DEH 系统总电源后，M2 控制器恢复正常，560 号模块和 45 号模块输出均正常，汽轮机能正常挂闸。

汽轮机冲转到 3000r/min 时，做动态 CPU 切换试验，手动复位 M2 主站，副站切换正常运行状态，560 号模块和 45 号模块同时输出故障信号，汽轮机跳闸，首出"安全油压力低"。手动复位 M2 副站，主站切换正常运行状态，560 号模块和 45 号模块同时输出故障信号，汽轮机同样跳闸。

综合上述分析，此次事件发生的主要原因如下：

（1）控制器运行时间较长（2007 年投运至今），M2 主站发生故障切换到副站运行时，由于 DEH 系统控制器故障保护逻辑设计不合理，是导致这次 1 号机组跳闸的直接原因。

（2）经试验发现现有系统控制器故障保护逻辑不能区分主、副控制器的工作状态，当一块控制器发生故障时，会引起机组跳闸。

（3）DEH 的 SOE 时序与以上结论不符，经核查 DEH 控制器故障保护逻辑动作顺序为图号 1010237 的 560 模块和 45 号模块发出故障信号→分两路：

1）CONTROLLER 1 ERROR 1 至 DSO14 2-2C 1-3-3 出口动作 2-07R9 继电器；

2）CONTROLLER 1 ERROR 2 至 DSO14 2-3C 1-3-4 出口动作 2-07R10 继电器。

→切断 JR2（5YV）、JR3（7YV）、JR4（6YV）、JR5（8YV）电源→5YV、6YV、7YV、8YV 失电泄油→图号 1010229 RESET 1PS OSP（PS1）、RESET 2PS OSP（PS2）、RESET 3PS OSP（PS3）发信号 OIL PRE LOW TRIP→图号 1010234 经 527 号模块、529 号模块到 TRIP TURBINE→图号 1010238 经 563 号模块分别至 HPT TRIP1、HPT TRIP2、HPT TRIP3、HPT TRIP4 →图号 DSO014 2-2C 1-3-3 经图号 2121 分别对应出口继电器 2-04R4、2-05R4、2-04R5、2-05R5（SOE 由该 4 个继电器接入）。

由上判断，故油压压力开关动作情况，较早于 5YV、6YV、7YV、8YV 的动作情况录入 SOE 系统，SOE 所取信号点错误。

（三）事件处理与防范

经检查，2 号汽轮机 DEH 系统也存在同样的逻辑设计不合理。此外 1 号、2 号 DEH 控制器运行周期较长（2007 年投运至今），使用时间已超 10 年，存在老化现象。控制器在停机时仅进行静态切换试验，未在动态时进行 CPU 切换试验，有些隐患不易发现。有必要针对本次本次事件采取以下措施：

（1）联系 DCS 公司，购买相应板卡，对系统控制器故障后的保护逻辑进行改造，以保证控制器故障后保护逻辑的可靠性和安全性。

（2）对 1 号机组 M2 站的控制器和故障的控制器模件进行更换。

（3）将 5YV、6YV、7YV、8YV 动作后 SOE 信号，由 2-04R4、2-05R4、2-04R5、2-05R5 继电器接入，改为由 JR2（5YV）、JR3（7YV）、JR4（6YV）、JR5（8YV）继电器接入。

（4）定期利用停机机会，挂闸汽轮机对控制器进行动态试验，检验保护可靠性。

（5）做好备品备件准备工作，2 号机组具备停机条件时，立即对控制器进行更换。

（6）在问题未彻底解决前，制定运行控制措施并做好预想。

五、 DEH 模件故障导致机组跳闸

2017 年 7 月 18 日，某电厂 4 号机组负荷 215MW，机组协调方式运行，各运行参数显示正常，无异常报警，实然机组甩负荷跳闸。

（一）事件过程

当时高压调节阀顺序阀控制方式，1、2、4、5 号高压调节阀全开，6 号高压调节阀开度为 20%，3 号高压调节阀开度为 0。主蒸汽压力为 13.8MPa，主蒸汽温度为 543℃，再热蒸汽温度为 533℃。

11 时 38 分，4 号机高压、中压主汽门、调节阀（包括 6 个高调节阀、2 个中调节阀、2 个主汽门）全关。机组甩负荷到 2MW，值班员手动合启动备用变压器 200 甲开关，切换 4 号机厂用电由启动备用变压器接带。

11 时 41 分，发电机逆功率保护动作出口，204 开关、灭磁开关跳闸闪光。4 号发电机解列，汽轮机打闸，锅炉灭火，首次故障信号为"发电机故障"。

（二）事件原因查找与分析

事件后，热控人员打开 DEH 主画面检查，发现"ATC1 号电源故障""BTC1 号电源故障"信号来回闪烁，查看组态发现 4 号机组 1 号 DPU 1 号站 9 号模件上（DI 卡）部分测点有随机误发信号现象；热控人员到 4 号机组汽轮机电子间检查 1 号 DPU 1 号站 9 号模件上端子板及模件工作情况，发现端子板外观无异常，模件上电源指示灯、工作状态灯都正常。更换 DI 端子板后仍显示不正常，然后更换了模件，所有测点显示正常。由此判断本次事件是由于 DI 模件故障引起。

DCS 逻辑组态判断中说明：机组在正常运行情况下 ASL 油压正常，如果出现"中主门 1"和"中主门 2"同时关闭，就认为机组脱扣（未挂闸），将所有调节阀（包括 6 个高压调节阀、2 个中压调节阀、2 个主汽门）输出指令到零。而本次事件中，4 号机组 1 号

DPU1 号站 9 号模件（DI 卡）上部分测点故障出现随机误发信号现象，其中"中主门 1"和"中主门 2"信号同时误发关闭信号 1s，引起挂闸信号消失，就将所有调节阀（6 个高压调节阀、2 个中压调节阀、2 个主汽门）关闭，引发"发电机逆功率保护"动作，汽轮机跳闸，锅炉灭火，ETS 首次故障信号为"发电机故障"保护动作。

（三）事件处理与防范

本次事件通过更换 DI 模件后得到处理，引起本次事件的 DCS 现场运行 11 年，模件存在老化趋势，据此采取以下防范措施：

（1）论证 DCS 改造的必要性，为解决模件老化趋势造成的跳机风险上升趋势，尽快进行 DCS 改造。

（2）将 DEH 重要冗余测点分布在不同的模件上，实现风险分散，减小一块模件故障引起机组跳闸的概率。

（3）着力改善热工设备电子设备运行环境，加强对热工设备电子间的检查巡视，发现问题及时处理。

六、 DEH 阀门流量特性差导致 RB 后功率振荡事件

2017 年 1 月 6 日，某电厂 4 号机组额定容量 330MW，机组 DEH 和 DCS 采用一体化设计，汽轮机共有 6 个调节阀门，在某次 RB 动作后因 DEH 调节阀流量特性发生功率振荡故障。

（一）事件过程

20 时 15 分 36 秒，该机组处于协调控制方式，机组负荷为 234.91MW，主蒸汽压力为 14.95MPa，流量指令为 76.551%。

20 时 15 分 37 秒，由于 C 磨煤机跳闸发生 RB，RB 动作后机组先后发生两次功率振荡。

1. 第一次功率振荡过程

20 时 15 分 36 秒，该机组处于协调控制方式，机组负荷为 234.91MW，主蒸汽压力为 14.95MPa，流量指令为 76.551%。1s 后，C 磨煤机跳闸触发 RB。机组控制方式由协调控制切换为 TF 汽轮机跟随方式。由于锅炉部分热负荷丧失，汽轮机为了维持主汽压力稳定，不断减小流量指令，降低机组负荷。

20 时 16 分 55 秒，当机组负荷逐渐减少至 207.19MW，流量指令为 63.1% 时，机组开始发生功率振荡。期间，DCS 中功率最大波动幅度约为 16MW。

20 时 18 分 24 秒，功率进一步减少至 193.65MW，流量指令为 60.401% 时，功率振荡现象消失。

2. 第二次功率振荡过程

20 时 21 分 8 秒，该机组负荷为 179.79MW，主蒸汽压力为 14.95MPa，此时 C 磨煤机转入运行，机组控制方式仍为 TF 方式，汽轮机控制主蒸汽压力。随着锅炉热负荷的逐渐恢复，机组负荷升高，流量指令增加。

20 时 22 分 32 秒，机组负荷为 186.07MW，流量指令为 61.351%，机组开始出现功率振荡。期间，DCS 中的最大振荡幅度为 21MW。

20 时 24 分 1 秒，机组负荷进一步升至 204.85MW，流量指令为 62.825% 时，功率振荡现象消失。

以上两次功率振荡曲线如图 3-32 所示。

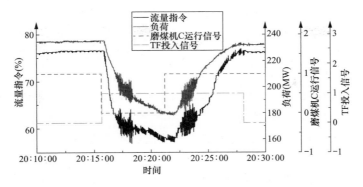

图 3-32 两次功率振荡曲线

（二）事件原因查找与分析

由图 3-32 可知，两次功率振荡发生所在的流量指令非常接近，在 60％～65％之间。图 3-23 是该机组顺阀方式下的阀门流量特性曲线（该机组发生功率振荡后利用机组运行数据计算得到的一条近似曲线）。由图 3-33 可以看出，在 60％～65％的流量指令区间内，曲线较陡因而斜率较大。

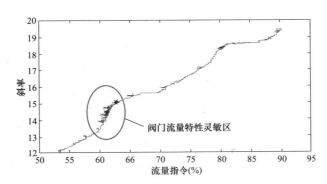

图 3-33 顺阀方式下机组阀门流量特性曲线

由此确定 60％～65％为流量指令灵敏区，当机组在闭环方式下进入此区域时，TF 汽轮机主控制系统的调节作用被灵敏区放大，造成调节作用过强，最终引起控制恶化，功率失稳，产生振荡。2017 年 1 月 6 日的两次功率振荡均发生同一流量指令区间也更好地说明了阀门流量特性不佳是导致这两次功率振荡的主要原因。此外，检查 TF 汽轮机主控 PID 发现，其比例系数为 10，积分系数为 0.1，调节作用偏强，这增加了流量指令进入灵敏区后发生振荡的可能性，是本次功率振荡的次要原因。

（三）事件处理与防范

（1）根据实际机组的流量特性曲线优化阀门流量函数，消除阀门流量特性的调节灵敏区。

（2）对 TF 汽轮机主控 PID 参数进行分析整定，适当减小 PID 调节作用的强度。

七、 阀门流量函数拐点引发机组功率低频振荡事件

2017 年 7 月 17 日 7 时 29 分 37 秒，某电厂 1 号机组（额定容量 330MW）并网发电，

发生机组功率低频振荡。

（一）事件过程

在机组升负荷过程中：8时52分35秒出现增幅低频振荡，8时54分52秒达到振荡最大幅度；随后振幅逐步减小，直至9时1分37秒振荡消失。振荡频率约为0.3Hz，最大振荡峰谷值约32MW。有功功率波动如图3-34、图3-35所示。

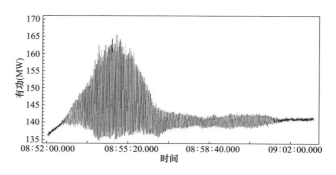

图3-34　机组功率低频振荡波形

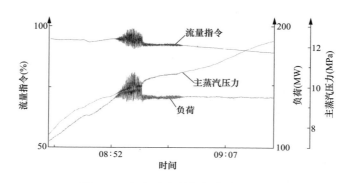

图3-35　机组功率低频振荡相关曲线

该功率振荡时间段内，机组运行正常，出力约217MW。在功率振荡过程中，记录曲线上有功功率均有明显波动，机组功率振荡幅度最为明显的时间段是8时52分35秒—56分36秒；当机组振荡衰减到逐步消失，曲线上的功率振荡也同步衰减。

（二）事件原因查找与分析

热控专业人员通过调阅历史曲线和参数设置，对机组功率低频振荡原因查找、分析如下：

8时45分，该机组单阀方式运行，机组处于DEH功率回路闭环控制。升负荷过程中，主蒸汽压力约7.819MPa，负荷107MW，流量指令94.4%。调取DEH组态，功率回路PI参数为$K_p=0.3$，$T_i=6.0$（与机组检修前一致）；同时，DEH仿真表明，该PI参数具有较宽的稳定适用范围。因此，基本排除了本次功率振荡是由于功率回路PI参数不合理引起的强迫振荡。

8时52分，该机组负荷升至140MW，主蒸汽压力升至9.7MPa，流量指令升至94.94%，此时机组功率开始振荡并扩散放大，期间功率摆动幅度约为20MW。检查DEH中的单阀流量函数设置，拟合曲线如图3-36所示，该阀门流量函数在流量指令90.6%～

97.7%之间存在拐时区（即区域内函数曲线斜率变化最剧烈的区域）。流量指令在90.6%~94.1%的区间内函数曲线斜率为0.9652，而94.1%~97.68%的区间内为2.4。振荡发生时阀门流量指令约为94.94%，正处于曲线中斜率较大的区间（94.1%~97.68%）内。

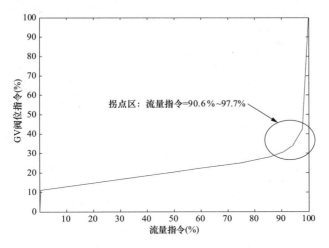

图 3-36　组态中设置的单阀方式下阀门流量特性曲线

利用DCS历史数据粗略拟合单阀方式下的实际阀门流量特性曲线如图3-37所示。

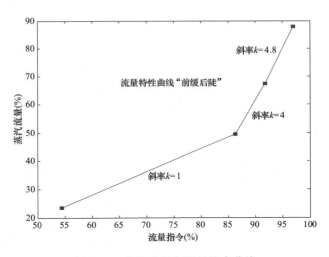

图 3-37　蒸汽流量与流量指令曲线

由图 3-37 可知，阀门流量特性曲线的局部斜率随流量指令增大而增大，当流量指令在94.1%~97.68%的区间内时，曲线斜率约为4.8，达到最大值，这意味着在此区域内调节作用被放到最大，功率控制的稳定裕度最小，因此该区域是阀门流量特性最易引起功率振荡的区域。

（三）事件处理与防范

功率振荡发生时流量指令处于阀门流量函数的拐点，此区域内阀门流量特性曲线的调节作用最强，是导致本次功率振荡的直接原因。针对此事件采取了以下处理与防范措施：

（1）本次开机前，该机组进行了大修，汽轮机揭缸对调节阀进行过解体检修，导致了汽轮机阀门流量特性发生变化。因此进行汽轮机阀门流量特性试验，根据试验数据重新拟定符合实际的阀门流量特性曲线，避免机组发生由阀门流量特性引起的功率振荡。

（2）在重新进行阀门流量特性试验之前，机组适当提高主蒸汽压力运行，将阀门流量总指令控制在94%以下。

第四章

系统干扰故障分析处理与防范

热控系统干扰是影响机组正常稳定运行的重要障碍，也是机组故障异常案例中最难定量分析的一类障碍现象，具有难复现、难记录、难定量和难分析等特征。因此对于找不到原因的机组故障事件，往往较多地归结为干扰原因引起。

干扰经常与热控系统接地不规范或接地缺陷有关。除本书收录的案例外，现场还有不少由于干扰引起参数异常的事件没有收录，但是这些干扰现象遇到环境影响随时有可能上升为事故。因此对于系统干扰案例，尤其是可以确定原因的系统干扰故障案例，一定要进行深入分析，举一反三，提高系统的抗干扰能力。

机组热控系统的干扰来源很多，包括了雷击时对系统带来的干扰、现场复杂环境带来的干扰等。这些干扰中有些是可防不可控的，有些是可防可控的。随着电厂事件记录能力的增强，越来越多的干扰事件能被记录下来并进行相关分析。本章将就雷击时对系统带来的干扰故障事件和现场复杂环境带来的干扰故障事件分别进行介绍，并专门就干扰事件的分析方法进行讨论。希望借助本章案例的分析、探讨、总结和提炼，能有助于减少机组可能受到的干扰，并提高机组的抗干扰能力。

第一节　雷击引起系统干扰故障分析处理与防范

雷击对于 DCS 大型计算机控制系统影响很大，特别是在存在现场远程站的系统中。由雷电产生的雷电电磁脉冲，以电磁感应作用和电流波形式，引起的各种过电压可达数百乃至数千、数万伏，容易使得仪表与控制系统遭受雷击干扰和损害，严重时导致机组跳闸的事故。本节对某次雷电天气引发发电机油断路器误发信号导致机组跳闸进行了详细分析。

2017 年 6 月 28 日，某电厂 7 号机组因雷电干扰，导致发电机油断路器跳闸信号误发，机组跳闸。

一、事件过程

2017 年 6 月 28 日 7 号机组正常运行，无异常报警，电厂所在地区雷电暴雨。17 时 15 分 38 秒 721 毫秒，汽机轮跳闸；17 时 15 分 39 秒 244 毫秒锅炉 MFT 跳闸；17 时 15 分 40 秒 199 毫秒发电机-变压器组 A 柜保护程序逆功率跳闸，6kV 厂用电切换；首出跳闸信号时"油断路器跳闸（207 断路器）"。

二、 事件原因查找与分析

该机组发电机为上海发电机厂生产的 QFSN-300-2 型水氢氢汽轮发电机，额定功率 300MW，发电机-变压器组保护采用 RCS-985A 型保护装置，ETS 系统采用 PLC 系统；DCS 采用 MACS-V 系统，DEH 系统与 DCS 系统一体化设计，SOE 功能分布在 DCS 系统内。

机组发电机-变压器组出口 207 开关采用 ZF11-252 型 GIS 组合电器，机械寿命不低于 3000 次，2009 年投运，2016 年 3 月结合 C 修对 207 断路器进行了小修检查。

事后检查发现17时15分37秒161毫秒机组 ETS 柜接收到 207 断路器跳闸信号；ETS 面板首出信号为"油断路器跳闸（207 断路器）"。检查机组发电机-变压器组保护、A 柜程序逆功率跳闸保护动作、B 柜和 C 柜无动作信号，测量 207 断路器辅助触点至 ETS 系统信号电缆相间和对地绝缘均为500MΩ，检查电缆屏蔽层与接地线连接后在 ETS 机柜侧单点接地正常。机组挂闸后，从 ETS 柜短接"油断路器跳闸（207 断路器）"信号端子，热工保护回路动作正确。

机组发电机-变压器组出口 207 断路器辅助触点至 ETS 柜电缆型号 ZRC-KVVP22-0.45/0.754×1.5；至 DEH 柜电缆型号 ZRC-KVVP22-0.45/0.75 7×1.5。电缆敷设路径：7 号机组汽轮机电子间通过电缆桥架、竖井（Z102）至室外 6 号机组高压厂用变压器电缆沟（Z009）再通过爬墙电缆桥架引致升压站电缆沟，沿途周围无干扰源。

雷电时机组 220kV 线路保护及其他电气、热工保护未发生异常现象，雷电前后主变压器及线路避雷器动作次数和泄漏电流无动作变化记录。经分析判断，因信号电缆敷设线路较长（电缆长度206m：室内 56m，室外 150m），雷电电磁波通过电缆耦合干扰信号，导致电气送 ETS 柜"油断路器跳闸（207 断路器）"信号误发（直流 24V）引起 ETS 动作，汽轮机跳闸，机组程序逆功率跳闸。

三、 事件处理与防范

事件反映了专业技术管理不到位，对外部环境因素造成的信号干扰没有充分认识，未采取可靠的防扰动措施。本事件后采取了以下防范措施：

（1）结合机组检修，更换 207 断路器辅助触点柜至 ETS 系统信号电缆。

（2）在 ETS 信号输入端增加直流 220V 隔离继电器，通过硬件隔离提高输入信号抗干扰能力。

（3）加强检修技术管理，完善检修项目，举一反三，对汽轮机及主要辅机的保护联锁逻辑、保护信号电缆、屏蔽接地情况进行全面排查。

（4）机组停机后，对发电机出口断路器及其汇控柜进行检查，如辅助触点，压力闭锁、分合闸回路及至 ETS、DEH 电缆检查等项目，如有问题处理，并做好记录。

（5）梳理易受外部信号干扰的电气、热工保护跳闸回路，编制清单并采取相应防范措施。

（6）对升压站防雷接地情况再次进行检查检测和相应处理。

第二节　现场干扰源引起系统干扰故障分析处理与防范

本节收集了因现场干扰源引发的机组故障 6 起，分别为信号干扰导致汽轮机瓦振大跳闸事件；外界信号干扰导致汽轮机振动大跳机事件；测点分配不当强电串入干扰润滑油箱油位信号造成保护误动事件；因接地不规范，信号干扰引起温度测点跳变导致机组跳闸事件；轴承振动信号异常跳变至零，"正常与"逻辑导致机组跳闸事件和 TSI 系统振动信号变 0，"正常与"保护逻辑误动作导致机组跳闸事件。这些案例中均是由于外界干扰导致机组保护的误动作，应从提高系统的抗干扰能力出发来避免此类事件的再次发生。

一、　信号干扰导致汽轮机瓦振大跳闸事件

某电厂 6 号机组为 1030MW 超超临界发电机组，汽轮机为 N1030-31/600/620/620 型汽轮机。ETS 控制逻辑在 DEH 系统中实现。TSI 采用 VM600 控制系统。正常运行中，机组因汽轮机瓦振大信号误发跳机。

（一）事件过程

2017 年 5 月 12 日 9 时 28 分 59 秒，6 号机组负荷 895MW 正常运行中，汽轮机 9 号轴承两个瓦振信号点质量报警，同时 ETS 保护中轴瓦振动测点超限坏点保护逻辑动作，汽轮机跳闸，跳闸首出记录为轴瓦振动大保护动作。

（二）事件原因查找与分析

热控专业人员会同其他专业人员，对可能存在的原因，进行了如下检查和试验：

1. 逻辑与历史数据检查

（1）检查 ETS 轴瓦振动大保护逻辑，为以下 3 种条件，任何一个满足延时 0.1s 触发轴瓦振动大保护动作：

1）同一轴承的两个轴瓦振动信号均超过跳机值（汽轮机侧 11.8mm/s，发电机侧 14.7mm/s）。

2）同一轴承上的两个轴瓦振动信号均出现坏点报警。

3）同一轴承上的两个轴瓦振动信号一个超过跳机值，另一个出现坏点报警。

（2）检查 6 号机组 TSI 的测量数据，包括轴瓦振动、轴振、轴向位移、键相、偏心，TDM 数据接收 TSI 系统的原始数据，其中，TDM 的转速信号是通过键相信号计算得出。汽轮机转速和轴承温度等信息直接进入 DEH 系统，不进入 TDM 系统。检查 TDM 的历史数据，发现机组跳闸前 1～9 号瓦振值突升且升幅较大、轴振值升幅较小，转速突降，其中 DEH 的 9 号轴承 A、B 两个瓦振模拟量信号出现超量程，据此情况判断两信号为坏点。

（3）查阅运行日志，1～9 号轴瓦附近周边无动力设备启停或变频设备运行；调阅事发时汽轮机周边工业电视录像，无使用电焊机等电气设备的情况；排除动力设备启停或电气设备工作等形成电磁干扰的可能。

2. 现场检查与试验

（1）用 500V 绝缘电阻表测量 1～9 号轴瓦探头从就地至电子间 TSI 系统的信号电缆，相间及对地绝缘电阻阻值符合要求，排除电缆绝缘不良造成干扰信号串入回路的可能。

（2）对控制柜接地电阻进行测试，测得绝缘阻值为 0.3Ω，符合小于 1Ω 的要求，排除控制柜接地不良对测量信号产生干扰的可能。

（3）对 TSI 供电电源进行检查，测量电压主电源 221V AC/副电源 226V AC；进行主/副电源切换试验，切换过程中信号无变化，排除 TSI 供电电源波动对测量信号产生影响的可能。

（4）6 号汽轮机冲至 3000r/min 转后，加励磁电流，发电机定子达到额定电压，退出发电机转子接地保护进行如下试验：

1）模拟大轴接地碳刷处电荷积累：断开发电机大轴接地碳刷，分别等待 1、5、10min，将大轴接地，测量对地电流分别为 8、10、4mA，电流平稳，无突变，热工 TDM 显示轴瓦、轴振测量值正常，无波动，热工保护无异常。

2）测量发电机轴电压：发电机大轴两端电压为 6.7V，大轴对地电压为 7.1V，9 号轴承座对大轴电压为 4.9V，9 号轴承座对地（未短接油膜）电压为 1.87V，9 号轴承座对地（短接油膜）电压为 6.8V。轴电压数据正常，符合规程要求（规程规定轴电压小于 10V）。

通过试验排除发电机接地碳刷与转子接触不良造成转子电荷积累，瞬时放电产生干扰的可能性。

（5）调阅事发时汽轮机周边工业电视录像、电子间进出记录，未发现使用对讲机等高功率通信设备的情况。对回路电缆绝缘测试过程中，使用对讲机进行沟通（TSI 控制柜门打开，距离小于 1m），调阅 TDM 曲线和 DEH 曲线，未发现信号波动现象。由此排除 1～9 号轴瓦附近和电子间区域，因使用对讲机等高功率通信设备产生电磁干扰的可能性。

综合上述检查、试验情况分析，判断本次异常停机的直接原因，是突发性外部干扰，使 9 号轴承 A、B 两个瓦振信号超量程同时发出坏点报警，ETS 逻辑判断发出轴瓦振动大保护信号使汽轮机跳闸。

（三）事件处理与防范

6 号机组 TSI 装置的瓦盖振探头采用 CA202 加速度传感器，信号传输使用电荷输出，信号灵敏度高，易受外界干扰。针对本次事件，采取以下防范措施：

（1）对轴瓦振动保护逻辑进行梳理、完善，在干扰源未彻底查清并采取可靠措施之前，暂将 6、7 号机组轴瓦振动保护回路中延时由 0.1s 改为 1s，减少干扰信号的影响。

（2）利用机组检修，对 TSI 装置进行全面校验，检测其抗干扰能力并采取相应措施。

（3）利用机组检修，在全部瓦振探头与轴瓦之间加装绝缘层，提高瓦振测点抗干扰能力。

（4）利用每次检修机会，对 TSI 装置进行全面检查，包括控制柜接地电阻测量、信号电缆绝缘及屏蔽层检查、装置电源检查及切换试验等。

（5）加强发电机接地碳刷检查、维护，利用检修机会对发电机大轴进行清理，确保接地碳刷与大轴接触良好。

二、 外界信号干扰导致汽轮机振动大跳机事件

2017 年 8 月 26 日某电厂 5 号机组正常运行中，因汽轮机振动大导致跳闸。

（一）事件过程

2017 年 8 月 26 日 13 时 39 分某电厂 5 号机组 4 瓦 X 方向振动值波动并达到报警值（125μm），运行人员立即检查轴系其他参数无异常，并现场检查 4 瓦处振动及声音无异常，联系检修人员现场检查。13 时 53 分 42 秒，4 瓦 X 方向振动值波动至 254μm，汽轮机跳闸，发电机解列，锅炉灭火。

（二）事件原因查找与分析

机组跳闸后，调取 DCS 历史曲线，发现机组在整个运行过程中 4 瓦 Y 方向振动值保持

在 78μm 无波动、4 瓦轴承温度 1、2 点分别保持在 75、76℃无波动，4 瓦回油温度保持在 60℃无波动，相邻 3 瓦和 5 瓦的双向振动值均无波动，唯独 4 瓦 X 方向振动值波动较大，13 时 53 分 42 秒时振动值迅速上升到 315μm，汽轮机跳闸。

检查机组跳闸相关历史曲线，对可能造成振动保护动作的相关参数进行分析。润滑油压、油温正常无波动，轴封供汽参数正常，机组跳闸前后及惰走过程中 4 瓦处无异常。检修人员对 TSI 系统进行如下检查：

（1）测量 4 瓦 X 方向振动探头间隙电压 11.17V 左右，在正常范围内；检查振动探头延长线及前置器正常。

（2）测量前置器至 TSI 柜模块间的中间电缆绝缘良好。

（3）检查 TSI 模块正常。

（4）检查电缆屏蔽线接地良好。

通过以上综合分析判断，造成此次振动大跳机的原因，可能是由于有外界干扰信号对汽轮机 4 瓦 X 方向振动测量探头产生影响，引起 4 瓦 X 方向振动值波动，导致机组跳闸。

（三）事件处理与防范

（1）对机组所有主保护项目从现场测量、接线、屏蔽到保护逻辑进行进逐一排查，利用机组停机机会进行保护优化。

（2）利用 5 号机组停机机会，对 4 瓦及振动探头情况进行检查。

（3）5 号机组进行 DCS 改造时，对汽轮机振动监测装置进行更换。

三、 测点分配不当， 强电串入干扰润滑油箱油位信号造成保护误动事件

2017 年 12 月 14 日，某机组负荷 403MW 正常运行中，由于润滑油箱油位低保护动作停机。

（一）事件过程

2017 年 12 月 14 日 17 时 6 分 18 秒，某机组汽轮机润滑油箱油位 1、3 从正常值，分别突降至 583mm 和 356mm，低于保护定值（1150mm）。随后汽轮机跳闸，MFT 动作，发电机解列，ETS 首出故障信号为"润滑油箱油位低"。

（二）事件原因查找与分析

事件后，检查润滑油箱油位保护条件，是油位信号小于 1150mm 定值时且以下任一条件满足时无延时动作：

（1）3 个 AI 测点全部为好质量时三取二动作。

（2）有 1 个或两个 AI 测点坏质量时单点保护动。

（3）3 个 AI 测点全部坏质量时保护切除不再动作。

查阅历史趋势曲线，显示润滑油箱油位 1、3 突降 1s 后变为坏质量，润滑油箱油位 2 未发生明显变化。经就地检查发现润滑油箱油位 1、3 变送器失电，在 DCS 端子排接线处测量变送器 24V DC 电源无电压输出。就地 3 个润滑油位变送器由 DCS 系统供电，3 个测点分布在同一控制站的 3 个独立 AI 模件上，其中汽轮机润滑油箱油位 2 所在模件位于 A 列，汽轮机润滑油箱油位 1 和汽轮机润滑油箱油位 3 所在模件均位于 B 列（B 列上共计 7 块模件，7 块模件上所有系统供电变送器共用一对 24V DC 电源，正、负各一个熔丝）。检查 B 列 24V DC 熔丝发现已全部烧损，造成 B 列模件所有系统供电 AI 测点全部失电变为

坏质量。为筛查熔断器烧损原因，对 B 列 AI 模件通道进行逐一排查，发现闭式水箱水位 2 测点屏蔽线在模件处断开，此屏蔽线存在明显烧焦的痕迹，线头前端被烧毁；同时该通道接线短接片上有焊锡残留。机组启动前，热工专业人员已对 DCS 盘柜接线进行紧固，而发生跳机后，发现此屏蔽线脱落，判断此屏蔽线瞬时串入强电，发生打火，将端子前端熔毁，自行脱落。

就地检查屏蔽线存在裸露且碰触金属软管，信号电缆与动力电缆共用一个槽盒，距离不满足 DL 5190.4—2012《电力建设施工技术规范　第 4 部分：热工仪表及控制装置》附录 E 要求。

分析认为，对于系统供电的 AI 通道，负端和屏蔽端都是接地的，一旦屏蔽线引入强电，干扰会使回路电流发生突变，造成测量信号的失真。汽轮机润滑油箱油位 1、3 信号同时受到短时干扰，若系统保护设计有延时，则等到熔断器烧损后测点变为坏质量时，润滑油箱油位信号 2 单点为正常值，不会引起系统停机。

综上所述，本次跳机事件的直接原因，是现场接线工艺质量不高，导致强电串入 AI 通道屏蔽线引起；而润滑油箱油位测点分配不当且保护未设计延时，使得润滑油箱油位 1、3 信号未能躲过同时受到的短时干扰，导致保护误动，也是此次跳机事件的重要原因。

（三）事件处理与防范

根据上述事件的查找与分析，对本次事件采取以下处理与防范措施：

（1）对 DCS 屏蔽线两端进行排查，消除屏蔽线连接不规范现象，确保全程贯通且单点接地。

（2）全面检查现场热工信号电缆敷设，发现与动力电缆在一起平行敷设现象时进行隔离处理，防止信号干扰。

（3）对主辅机保护测点的 I/O 配置进行梳理排查，确认参与机组主辅机跳闸保护的测点从取样、信号电缆、分支配置等都遵循独立原则。

（4）对主辅机保护测点的逻辑进行梳理排查，完善坏质量判断功能；从确保主设备安全出发，根据就地设备原件属性，与机务、发电部门一起讨论，确认对应的保护逻辑增加延时功能的必要性。

四、因接地不规范，信号干扰引起温度测点跳变导致机组跳闸事件

2017 年 12 月 14 日，某机组因汽轮机 2 号轴瓦温度及部分推力瓦温度突升，导致汽轮机 ETS 保护动作而跳闸。

（一）事件过程

2017 年 12 月 14 日 1 时 25 分 31 秒，某机组负荷 730MW 运行中，汽轮机 2 号轴瓦温度及部分推力瓦温度突升（最大值升至 220℃），超过轴瓦温度高跳闸汽轮机的保护定值 130℃；1 时 25 分 32 秒，触发 ETS 保护动作，汽轮机跳闸，首出故障信号为"主机轴承温度高高"。

（二）事件原因查找与分析

1. 汽轮机保护动作原因

调取历史趋势发现 2017 年 12 月 14 日 1 时 25 分 31 秒时，保护逻辑出口发出跳闸脉冲（见图 4-1），分别为汽轮机 2 号瓦轴瓦温度高高和推力瓦温度高高。机组于 1 时 25 分 32 秒

跳闸，同时 ETS 首出故障信号为"汽轮机轴承温度高高"。调用历史趋势相对应的温度测点，在保护发出的同时发生了突变，据此可以确定本次机组跳闸的直接原因是轴承温度高高保护动作。

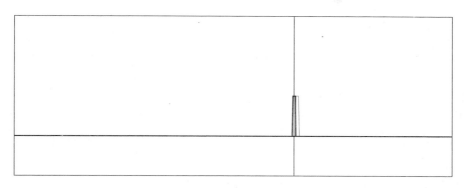

图 4-1　跳闸脉冲曲线

2. 2 号轴瓦及推力瓦温度突变的原因

根据温度测点发生突变，然后在 1s 后恢复正常这一现象，以及对应的跳闸首出故障信号，分析判断是干扰造成了温度保护系统误动：

（1）突变的测点为汽轮机轴瓦温度及推力瓦温度，使用的测量元件为 K 分度热电偶。查询历史趋势，发现以上温度测点在跳机前有一个持续时间为 1s 的较大波动值，达到了跳机限值。进一步查询发现，该柜内其他部分温度测点也存在着不同程度的波动值，且波动方向有正有负，见图 4-2。

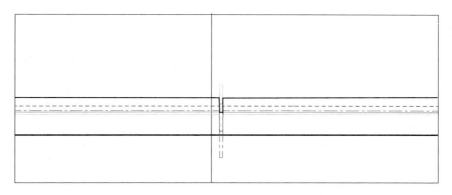

图 4-2　温度测点跳变趋势图

（2）对该柜内热电偶模件的各个通道的温度点进行历史查询：

1）温度补偿值稳定，没有波动现象，且各温度补偿点数值接近。检查了各模件温度补偿点引用正确。

2）波动的测点分布于不同的模件上。

3）同块模件上测点数据，有显示稳定，也有向上或向下波动，波动幅度的大小不一。

4）2 号轴承座处轴瓦的温度波动大于其他点。

该现象与测点及测量系统受到干扰及测量系统接地不佳导致信号不稳定的现象相似。

（3）检查机组及控制系统工作情况。检查 SOE 记录，确认机组跳闸前无其他异常信息。检查操作记录，确认机组跳闸前后汽轮机侧无操作，也无大功率电气设备启停。检查报警记录，确认机组跳闸前无相关运行参数或相关设备异常报警。查询 Error Log，无控制器、电源和模件等报警信息。

从运行人员处了解到该时段无现场巡检，无电子间及汽轮机运转层使用电焊、检修等作业。当天天气为小雨，无雷电现象。

（4）检查 DCS 系统机柜接地情况。DCS 盘柜通过绝缘螺栓固定在支架槽钢上，盘柜与支架间装有绝缘垫，使盘柜与支架直接保持绝缘。盘柜间接地电缆串接后分组接入 DCS 接地汇流排，最终接入电气地。解开 DCS 汇流排至电气接地点接地线，测量盘柜与槽钢间电阻值接近 0Ω，不符合 DCS 厂家技术规范要求的机柜与支架绝缘大于 500MΩ 的接地要求。

（5）检查热电偶补偿导线及接线方式。现场检查 K 分度热电偶温度测点补偿导线采用 ZRB-KXFFPP 型号电缆，具有总屏和分屏。依据设计规范要求，电缆总屏线应接入机柜地，分屏线接入模件屏蔽地。现场实际接线是电缆总屏同时接至机柜地和模件屏蔽地，不符合设计规范要求。

综合以上分析结果，本次引起热电偶温度测点突变的原因，是由于 DCS 机柜接地不符合技术规范要求、热电偶补偿导线屏蔽接线不规范，造成整个系统抗干扰能力下降引起。

（三）事件处理与防范

（1）DCS 接地按照技术规范进行整改，消除盘柜接地的隐患，使满足 DCS 系统接地要求。对温度测点的屏蔽接地方式进行整改，实现电缆总屏与分屏隔离，电缆分屏线接入 DCS 模件屏蔽地，总屏接入机柜地。

（2）针对干扰可能引起热电偶信号跳变造成保护误动的隐患，在保护逻辑中增加测点变化速率判断功能，当某测点变化速率超过一定值时在保护逻辑中屏蔽该测点，避免保护误动作。

五、 轴承振动信号异常跳变至零，"正常与" 逻辑导致机组跳闸事件

2017 年 11 月 28 日某燃气轮机电厂 1 号机组轴振信号异常触发跳机。

（一）事件过程

2017 年 11 月 28 日 13 时 33 分 19 秒，1 号机组正常运行，润滑油供油压力为 0.253MPa，润滑供油温度为 46℃，各轴承回油温度在 67～77℃ 之间，回油温度正常。TCS 系统触发 "10GT BEARING ROTOR VIBRATION MONITOR ABNORMAL"（转子振动监测器故障）报警，31s 后信号复归；过 1s 后出现 "TCS NO. 4 BRG ROTOR VIB CHG RATE HI"（4 号透平转子振动变化速率高）报警。轴振信号异常触发跳机。

（二）事件原因查找与分析

1. 事件后检查

检查 1 号机组 SOE 记录，事件发生前后没有相关异常操作记录。检查 1 号机组轴承振动曲线图 4-3，从图 4-3 可见，11 月 28 日 13 时 33 分 18 秒，1 号机组 3X、3Y、4Y、5Y 振动发生突变，约 30s 后开始恢复正常。

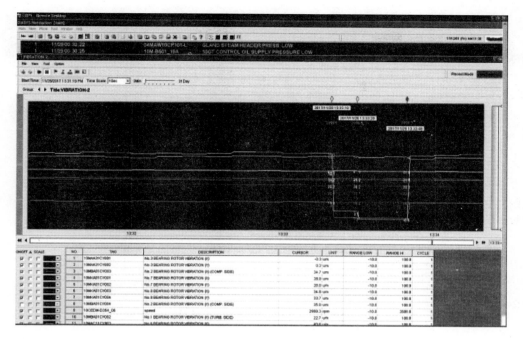

图 4-3　机组轴承振动曲线

检查 TSI 内部系统组态见图 4-4，TSI 跳机保护的逻辑为轴承 X、Y 向同时高高或某一向高高与上另一向故障，本次事件未满足该跳机条件。进一步检查，发现 TSI 内部的 AND Voting Setup…隐藏设置见图 4-5，选择在"正常与"状态，导致两个轴振信号同时故障情况下，TSI 也会触发跳机信号。

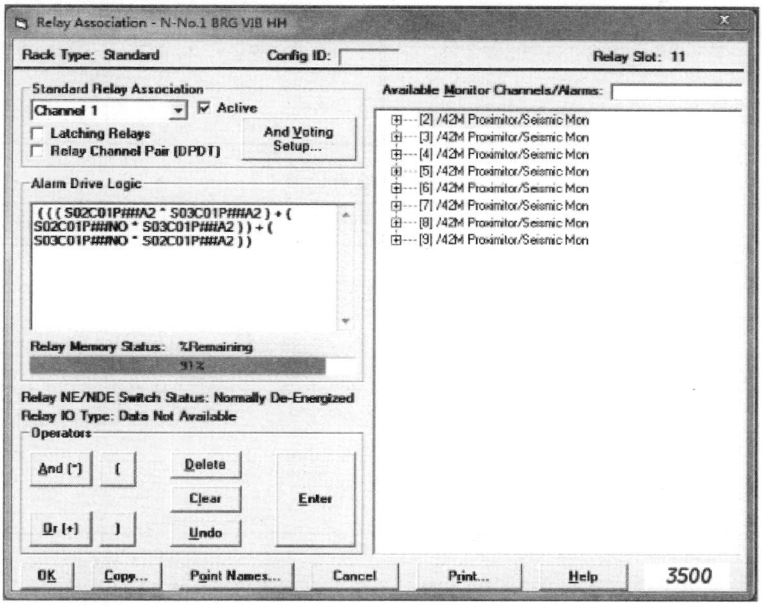

图 4-4　TSI 内部组态

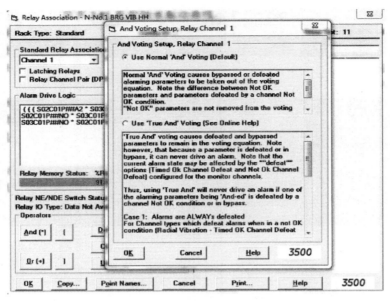

图 4-5　AND Voting Setup 设置

检查本特利各轴承振动间隙电压，见表 4-1 和表 4-2。

表 4-1 3 月 1 日检查记录

信号	电压值	信号	电压值
1X	−7.6	1Y	−9.5
2X	−6.7	2Y	−6.4
3X	−13.3	3Y	−13.8
4X	−12.7	4Y	−12.6
5X	−11.1	5Y	−11.8
6X	−12.4	6Y	−11.6
7X	−10.7	7Y	−11.3
8X	−11.7	8Y	−11.8

表 4-2 12 月 6 日检查记录

信号	电压值	信号	电压值
1X	−10.0	1Y	−9.7
2X	−8.3	2Y	−8.4
3X	−12.8	3Y	−13.5
4X	−12.7	4Y	−12.8
5X	−10.9	5Y	−11.8
6X	−12.3	6Y	−11.7
7X	−9.4	7Y	−9.0
8X	−10.3	8Y	−9.3

注　1 号轴承和 2 号轴承由于安装隔离器导致间隙电压较低。

2. 模拟干扰试验

（1）在 1 号轴承至 8 号轴承各前置器接线盒内贴牢前置器处，使用对讲机进行射频干扰测试，测试结果显示，在各个探头的前置器处干扰时，均会导致轴振振动信号跳变。

（2）在离前置器 50cm 处或者就地接线盒（箱）柜门关闭情况下，使用对讲机进行干扰，轴承振动信号不存在跳变现象。

（3）使用对讲机在本特利机柜处进行干扰和前置器至本特利机柜电缆上进行干扰试验，轴承振动信号存在微小的波动。

（4）使用对讲机在振动探头处和探头延伸电缆上进行干扰，轴承振动信号几乎不存在任何干扰现象。

（5）在探头至前置器段的电缆上，用对讲机进行射频干扰时，轴承振动信号受干扰影响明显。

3.更换信号的接地后干扰试验

分别进行机柜侧单点接地、现场侧单点接地、两侧均接、两侧均脱以及增加屏蔽电容等不再同方式进行干扰测试，测试结果与原先相同。

4.电缆检查与其他

检查本特利探头延伸电缆，检查结果为 1、2、7、8 号轴承振动的延伸电缆为带铠装的延伸电缆，3、4、5、6 号轴承振动的延伸电缆为不带铠装的延伸电缆。

检查本特利前置器至本特利机柜电缆，检查结果为这部分电缆存在与其他动力电缆公用一个电缆桥架的现象，且与部分 6kV 动力电缆交叉。

3、4、5 号轴承前置器所处的接线盒，安装在汽轮机高、中压缸温度监视仪表柜的侧面（高中压缸罩壳内），离汽轮机高中压缸距离较近，条件较差，且盒的金属材料较薄。

（三）事件处理与防范

针对以上检查分析情况，讨论制定了以下措施：

（1）在轴振信号电缆与高压动力电缆交汇处，加装电缆隔离网，规避大功率设备启停操作造成干扰的风险。在机组大修或中小修期间，将本特利电缆采用单独桥架敷设。

（2）将 3、4、5 号振动前置器所处的接线盒，移位至高中压缸罩壳外。

（3）增加前置器抗干扰金属罩。

（4）将 3、4、5、6 号轴承振动延伸电缆，更换为带铠装的延伸电缆。

（5）建立轴承振动专项小组，对现存的轴承振动保护的可靠性进行论证。

（6）在轴承振动接线盒外设立明显警告标示："禁止在机组运行中打开，禁止在附近使用对讲机"。

六、"同一轴承的两个方向振动信号均异常"引发机组跳闸事件

2017 年 3 月 1 日某燃气轮机电厂 1 号机组负荷 433MW 正常运行中跳闸，跳闸首出是"6 号轴承振动高高"。

（一）事件过程记录

TCS（透平控制系统）/TPS（透平保护系统）历史记录，依次出现以下报警：

19 时 23 分 45 秒 88 毫秒，10GT BEARING ROTOR VIBRATION MONTOR AB-NORMAL（转子振动监测器故障）。

19 时 23 分 45 秒 156 毫秒，TCS SUPERVISORY INSTRUMENT MONTOR AB-NORMAL（透平控制系统监测装置故障）。

19 时 23 分 45 秒 874 毫秒，N-No.6 BRG VIBRATION HIGH HIGH TRIP（6 号轴承

振动高高跳机）。

19 时 23 分 46 秒，SHAFT VIBRATION HI TRIP（TPS）（轴振高机组跳闸）。

19 时 23 分 46 秒，No. 6 BRG. VIBRATION HIGH TRIP（TPS）（6 号轴承振动高跳机）。

19 时 23 分 46 秒，GENERATOR PROTECTION TRIP（TPS）（发电机保护跳机）。

19 时 23 分 46 秒，10GT GEN CB CLOSED（发电机开关解列）。

（二）事件原因查找与分析

1. 事件后，检查记录

（1）TCS 历史事件记录显示，保护首出故障信号为"6 号轴承振动高高"跳机。

（2）查找历史曲线，故障时 4Y、5Y、6X、6Y 方向均跳变为"0"，任一轴承均未达到高高值，不满足轴承振动高高跳机条件。

（3）检查 TSI（本特利）内部逻辑，配置为：满足"同一轴承两个方向轴承均振动高高"或"同一轴承的一个方向振动故障，另一个方向振动高高"触发跳机，显然本次事件不满足跳机条件。但咨询本特利生产厂家技术人员，并进一步检查证实还存在"NORMAL AND（正常与）"这一隐藏选项，即当"同一轴承的两个方向振动均故障"时也会触发跳机。根据报警记录确认，19 时 23 分 46 秒 4Y、5Y、6Y、6X 振动信号同时"故障"报警（持续时间小于 3s），满足跳闸条件。且核对 TSI 报警历史记录，此次事件前一年内无任何轴承振动出现"故障"记录。

2. 现场检查与分析

（1）调取视频监控系统，跳机前电子室和 4、5、6 号轴承处无人员巡检或作业。

（2）检查本特利 3500 机架，发现面板无报警及其他异常信号。检查 4Y、5Y、6Y、6X 振动对应的模件（SLOT 5、6、7），模件无明显松动。

（3）测量各振动探头间隙电压未发现异常。

（4）检查本特利装置输入电源接线可靠，电源模块降压试验无异常。

（5）排查外部系统干扰源，事发前 5min，本地无雷击，无汽轮机及重要辅机设备的操作，外部电气系统无异常，查故障录波系统电流电压无异常。检查 1 号发电机转子接地碳刷接触良好，接地正常。

（6）检查本特利输入电缆绝缘正常，接线无明显松动，但本特利机柜内电缆（4X、4Y、5X、5Y、6X、6Y、7X、7Y 振动信号电缆）屏蔽层存在多点接地现象。

（7）联系本特利厂家工程师来厂对本特利装置进行详细检查，未发现装置存在异常。

综上所述分析，机组跳闸的原因有两个：首先，是 TSI 组态中实际存在的"同一轴承的两个方向振动均故障"时的逻辑（说明书中未提及）；其次，本特利机柜内电缆屏蔽不规范，信号回路干扰造成 6 号轴承 X 与 Y 方向振动信号同时"故障"，触发了本次跳机。

（三）事件处理与防范

事件后，更换了 TSI 输入电缆和 1 号机组 TSI 框架。同时为提高主保护信号的抗干扰能力，采取以下防范措施：

（1）针对检查中发现振动信号电缆屏蔽层存在多点接地现象，进行排查予以消除。

（2）针对振动输入信号存在共用电缆情况，深入排查后进行分离；整理相关电线、电缆敷设情况，对强弱电电缆进行有效隔离。

（3）取消"同一轴承的两个方向振动均故障"跳机逻辑条件。

第五章

就地设备异常引发机组故障案例分析与处理

DCS 作为机组控制的大脑，各就地设备则是保障机组安全稳定运行的耳、眼、鼻和手、脚。就地设备的灵敏度、准确性及可靠性直接决定了机组运行的质量和安全。而就地设备往往处于比较恶劣的环境，容易受到各种不利因素的影响，就地设备的状态也很难全面地被监控。因此很容易由于就地设备的异常引起机组的故障。

本章统计了 42 起就地设备事故案例，按执行机构、测量取样装置与部件、测量仪表、线缆、管路和独立装置进行了归类。每类就地设备均或多或少地发生过由于设备异常引发的机组故障。异常原因涵盖了设备自身故障诱发机组故障、运行对设备异常处理不当扩大了事故、测点保护考虑不全面、就地环境突变时引发设备异常等。

对这些案例的回顾和总结，除了能提高案例本身所涉及相关设备的预控水平外，还能完善电厂对事故预案中就地设备异常后的处理措施，从而避免案例中类似情况的再次发生。

第一节 执行机构及部件故障分析处理与防范

本节收集了因执行机构异常引起的机组故障 9 起，分别为主给水调节阀保位阀故障导致机组跳闸、前置泵进口电动门故障导致机组跳闸、危急遮断模块（S90 模块）故障导致机组跳闸、主给水调节阀执行机构故障导致机组跳闸、扇形板调节装置失控造成空气预热器停转导致机组跳闸、中压主汽门行程开关故障导致机组跳闸、一次调频信号频繁动作时电磁阀卡涩导致机组跳闸、引风机变频故障导致机组跳闸、定位器损坏造成锅炉排料偏少导致机组停运。

这些案例都来自就地设备执行机构、行程开关的异常，有些是执行机构本身的故障，有些与安装维护不到位相关，一些案例显示执行机构异常若处置得当，本可避免机组跳闸。

一、 主给水调节阀保位阀故障导致机组跳闸

2017 年 5 月 16 日，某电厂 1 号机组正常运行，AGC 投入，机组负荷 230MW，A、B侧制粉系统运行，主蒸汽温度为 540℃，再热蒸汽温度为 540℃，主蒸汽流量为 638t/h，给水流量为 614t/h，主蒸汽压力为 12MPa。机组汽动给水泵运行，两台电动给水泵备用。机组正常运行中，汽包水位高保护动作，锅炉 MFT。

（一）事件过程

5 时 16 分 20 秒，发现 1 号机组汽包水位升至−170mm，判断水位异常，立即调看给

水主画面，发现给水调节阀开度指令到"0"，汽包水位持续上涨，初步怀疑给水主调节阀卡在高位。主值立即安排副值开启汽包紧急放水门、定排、连排电动门放水（5时16分34秒发出开启放水门指令）、增加机组负荷等措施控制汽包水位，并立即安排巡检现场检查主给水调节阀，适当关小主给水手动门。

5时17分30秒，汽包水位升至98mm后开始下降，运行人员关闭炉底放水门。

5时18分30秒，汽包水位降至−157mm后又快速上涨，运行人员再次开启炉底放水门。

5时19分，巡检现场汇报主给水调节阀实际开度为60%～70%，且还在继续开大，现场气动执行机构有较大漏气声。

5时20分37秒，1号机组汽包水位高保护动作，锅炉MFT。

（二）事件原因查找与分析

1. 事件原因查找

机组跳闸后，热控值班检修人员立即赶到现场查看主给水调节阀（见图5-1），发现实际位置处于全开，保位阀漏气严重。检修人员现场通过关闭气源手动门，调节阀自行关闭，判断为保位阀泄漏造成调节阀异常开启。

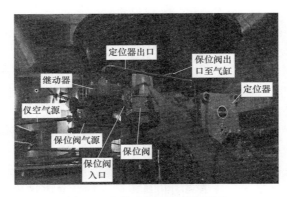

图5-1 主给水调节阀现场照片

联系运行值班人员，关闭主给水电动门，临时取消给水调节阀气动保位阀，通过4次全行程试验，主给水调节阀动作正常。主给水调节阀气源管路图及工作原理见图5-2。

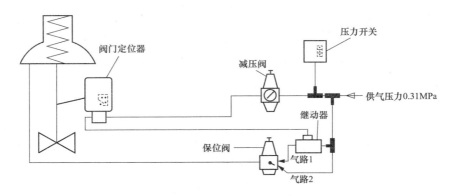

图5-2 主给水调节阀气源管路图及工作原理

2.事件原因分析

检查发现主给水调节阀保位阀（在控制气源压力低时保持调节阀开度）因膜盒破裂、阀芯密封圈磨损，导致部分仪用压缩空气经保位阀直接进入调节阀气缸，造成主给水调节阀全开，汽包水位高保护动作是本次机组跳闸的直接原因，见图5-3。

图 5-3　主给水调节阀保位阀隔膜破损点照片

（三）事件处理与防范

1.暴露的问题

经专业人员分析讨论，认为本次事件暴露出以下问题：

（1）检修管理不到位。在检修维护中，只对给水调节阀的主设备进行检修，给水调节阀的附件进行外观检查和功能试验，但对其寿命评估和管理工作未细化。

（2）检修人员技能不足，隐患排查工作深度不够，未发现主给水调节阀保位阀存在的隐患及故障后可能导致的系统异常。

（3）给水调节阀在 DCS 上只有指令显示，没有反馈显示。运行人员不能及时发现调节阀实际位置变化情况，影响了运行人员及时采取正确措施。

（4）本次事件突发情况下，运行人员虽然及时发现了异常并采取了抢救措施，但反映出运行人员事故预想不足，应急处理能力不足，未能控制住事故发展。

2.防范措施

针对本次事件，采取以下处理与防范措施：

（1）加强管理：在检修维护中，不但应对给水调节阀的主设备进行检修，对给水调节阀的附件进行外观检查和功能试验，还应对影响机组安全运行的重要部件，结合行业标准、规范、反事故措施、设备说明书等，细化管理工作，做好设备寿命评估管理。

（2）对带有气动保位阀的重要执行机构进行梳理：完善设备清单，进行分级管理；对影响机组安全运行的隐患立即进行处理，其他的制定检修计划，分批更换，并做好记录。对于无反馈的重要调节阀进行排查，制定增加阀位反馈的方案；对重要的电动开关型执行器增加中停功能。

（3）举一反三，加强隐患排查：对使用年限较长，如果出现故障，会影响机组安全的设备和部件进行排查、检查更换。

（4）加强检修技能培训：使专业人员掌握现场设备的结构、原理及检修技术，提高专业人员应知应会能力。

（5）加强运行人员事故处理能力培训，各专业举一反三，列举常见故障清单，完善仿真机事故模拟内容。加强运行人员仿真机事故演练，提高事故突发状态下的事故处理能力。

二、 前置泵进口电动门故障导致机组跳闸

某电厂 8 号机组额定容量 600MW，2017 年 5 月 25 日运行中，因前置泵进口电动门故障导致机组跳闸。

（一）事件过程

当时机组带负荷 466MW 稳定运行中，参数显示正常，无异常报警信号。

3 时 28 分 10 秒，8 号汽动给水泵跳闸。

3 时 28 分 14 秒，8 号炉 MFT 动作，跳闸首出故障信号为"给水流量低"。

（二）事件原因查找与分析

1. 汽动给水泵跳闸原因分析

经检查为 8 号机前置泵进口电动阀阀位状态反馈翻转，造成汽动给水泵跳闸条件之一"前置泵进口电动门全关且开信号取非，延时 3s"触发引起。

2. 给水流量低 MFT 的原因分析

检查 MFT 首出信号是给水流量低，查阅事件记录发现：

3 时 28 分 8 秒，8 号汽动给水泵前置泵进口电动门"开信号"失去，"关信号"收到。

3 时 28 分 13 秒，8 号汽动给水泵前置泵进口电动门"开信号"收到，"关信号"失去。阀位反馈翻转持续时间为 5s，超过了保护时间定值。该阀位反馈翻转现象，在 5 月 24 日 20 时出现过两次，但持续时间只有 1s 多。

经确认，在 3 时 28 分 8 秒前及 3 时 28 分 8—13 秒期间，运行人员对此电动门无操作。

综合以上分析，确认 8 号汽动给水泵前置泵进口电动门"开信号""关信号"误发，导致 8 号汽动给水泵保护跳闸，给水流量低触发机组 MFT 保护动作。

3. 前置泵进口电动阀阀位反馈翻转信号触发原因

热控人员检查 8 号机前置泵进口电动执行机构，型号为 2SA5031-5EE13-4BA4-Z/B58＋Y12。面板显示信息为 totally opened remote ready。进入 ocPar 模式下找到 Observing，显示故障信息栏为空白，表示该电动执行机构当前无故障。历史故障信息有 3 个，分别为 OpCirc Poslnd（内部到电位器的电缆断线）、blocked in move（力矩动作）、ext. volt. fault（电源丢失）。

从第一个故障信息分析，该故障会引起电动执行机构的阀位丢失（模拟量），但不会引起电动执行机构开关限位翻转（开关量）。

因该电动执行机构能储存故障信息但无故障时间。故障存储顺序为第一个故障是最近发生的，以此类推。而当前发生的故障应该在面板上显示，直到故障消除后才在面板上消失。

对电动执行机构进行远方开关阀操作，执行器动作准确，反馈正常。对电动执行机构的内部电缆进行检查，分别对插件、电缆连接情况进行检查，均无松动现象。且 3h 内电动执行机构反馈保持原状态，无翻转现象。送电之后，电动执行机构阀位保持为送电前的状态。再次试运后，电动执行机构动作正常，阀位反馈正常。

初步分析电动执行机构内部，可能受到干扰引起阀位状态翻转。

（三）事件处理与防范

将该电动执行机构的故障情况反馈给执行机构厂家，待厂家来现场进一步检测。同时针对本事件，热控专业人员讨论后，采用以下防范措施。

（1）目前 DCS 逻辑中仅采用电动执行机构的限位（开关量）进行判断，在发生干扰情况下，不能真实判断阀门开关实际位置，提出了将电动执行机构的阀位反馈量（模拟量）纳入逻辑同时进行判断的建议。

（2）对该电动门的保护逻辑进行修改完善。

（3）对同类电动执行机构，制定运行中突然停电等情况下的防范措施。

（4）检查同类执行机构电缆敷设沿途情况，做好抗干扰措施。

三、危急遮断模块（S90 模块）故障导致机组跳闸

2017 年 2 月 15 日，某电厂机组正常运行。23 时左右机组主值电话通知 B 给水泵汽轮机控制油泵联启，在问题排查过程中，"给水泵汽轮机安全油压低低"报警及给水泵跳闸，导致机组解列。

（一）事件过程

主值电话通知 B 给水泵汽轮机控制油泵联启后，汽轮机值班人员 23 时 30 分到达现场检查，A、B 泵运行正常，就地安全油压 4.1MPa 左右，控制油泵出口系统油压 4.2MPa，未发现漏油点。会同热控专业查阅安全油压、控制油压、控制油泵电流、油箱油温、给水泵汽轮机汽门开度等历史曲线，发现控制油压于 21 时 17 分由 4.06MPa 降至 3.5MPa（3.6MPa 为联启备用泵定值），触发低油压报警信号，联启 B 控制油泵，安全油压恢复至 4.15MPa。

16 日凌晨起会同热控专业进行安全油压低原因排查。16 时 59 分，现场制作顺序阀限位夹具期间，给水泵汽轮机安全油压再次突降至 2.7MPa，触发"给水泵汽轮机安全油压低低"报警及给水泵跳闸，导致该机组解列。

（二）事件原因查找与分析

热控专业会同运行与机务人员，从以下几方面进行安全油压低原因排查：

（1）排查跳闸电磁阀及对应模件，工作正常。

（2）排查给水泵汽轮机主汽门、调节阀上各电磁阀，未发现关闭不严、系统干扰等原因造成油压变化的缺陷。

（3）排查给水泵汽轮机控制油系统，危急遮断模块（S90 模块）工作状态及外观模块壳体温度变化等。

（4）排查控制油系统蓄能器皮囊，未发现破裂情况。

在排查 S90 模块时，发现其底部"顺序阀"有轴向偏移现象，该 S90 模块系阿尔斯通机组控制系统中的核心部件，为全进口整体集装式，模块内集多种滑阀、通道以及各种止回门、节流孔、卸荷阀等于一体，系统结构复杂、制作工艺精细、部套配合间隙极小，无法在现场进行模块的深度解体检查、试验、校验等工作，需停机后返厂进行。S90 模块内部油路原理如图 5-4 所示。

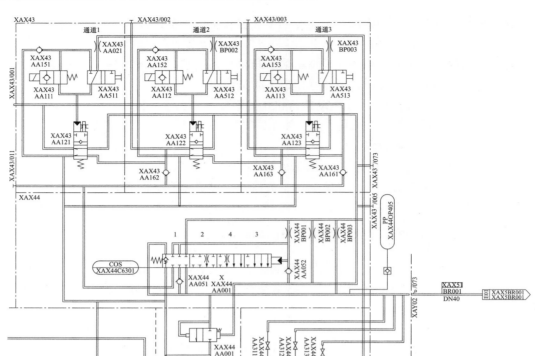

图 5-4　S90 模块内部油路原理图

根据上述综合分析，初步判断为该 S90 模块内部故障，造成顺序阀芯偏移，导致安全油压降低并跳闸。

（三）事件处理与防范

待机组停运机会，将 S90 模块返厂检修、校验，制定以下防范措施：

（1）每天进行 2 台给水泵汽轮机油系统尤其是 S90 模块巡视、检查，对系统油压、安全油压及模块顺序阀位置状态，作为重点巡检并记录。

（2）每次停机之后和启机之前，均会同热控专业做给水泵汽轮机控制系统试验，如出现挂闸异常、油压建立不了等现象，立即对 S90 模块进行检查，具备条件时返厂检修处理。

四、 主给水调节阀执行机构故障导致机组跳闸

2017 年 4 月 7 日，某电厂 1 号机组正常运行，2 号机组检修，3 号炉备用；1 号机组排汽对外网供热，当时负荷 34.8MW，低压供热量 216t/h，主汽压力 8.7MPa，主汽温度 553.6℃，主汽流量 316t/h，汽包压力 9.67MPa，汽包水位 6.6mm，锅炉给水母管压力 11.6MPa，给水流量 326t/h，锅炉主给水调节阀开度 21％，燃料量 41.9t/h。

（一）事件过程

17 时 59 分 57 秒，监盘人员发现 1 号机组低压供热流量上升，由 216t/h 升至 252t/h 左右，检查低压供热管道阀门位置、汽轮机公用辅助蒸汽、除氧器、给水泵汽轮机进汽门

状态显示和高压加热器汽水阀门系统位置，均无异常。

18 时 0 分 27 秒，汽包水位－100mm，汽包水位低声光报警，给水压力升高至 13.1MPa，检查发现主给水调节阀关闭，给水流量低至 21t/h。

18 时 0 分 53 秒，汽包水位－230mm，"汽包水位低低低"保护动作触发锅炉 MFT 动作，运行人员随即进行停炉操作。

18 时 3 分 20 秒，手动打闸 1 号汽轮机，联跳发电机。

（二）事件原因查找与分析

机组跳闸后，18 时 5 分，运行人员进行汽包上水，发现主给水调节阀失电；立即派巡检人员送电，发现主给水调节阀开关一合上就跳开，热控人员就地检查主给水调节阀执行机构，发现外表温度达到 85℃。内部接触器触点黏结（未能断开）。检查接线端子牢固，电源电缆绝缘正常，电动机三相间电阻不平衡（7.5、6.8、1.4Ω），三相绕组对地绝缘电阻均为零，电动机热偶开关损坏且一直开路。

查阅历史记录曲线，主给水调节阀执行机构在 DCS 指令没有变化的情况下，调节阀 5s 时间内直接由 19.9% 关至 0%，导致汽包水位不断降低；由于汽包水位不断下降，该调节阀的 DCS 开度指令由 19.3% 逐渐增加到 100%，但调节阀始终处于关死位置，没有开启。

根据以上查找与分析判断，本次事件原因是主给水调节阀执行机构故障，造成执行机构一直关死，锅炉给水流量中断，导致"汽包水位低低低"保护动作。

本次事件暴露出以下问题：

（1）该设备自从投产后仅一年时间即发生硬件故障，执行机构的可靠性存在问题。

（2）主给水电动调节门由于需要频繁开关，其执行机构内部开关接触器频繁启动，触头存在拉弧现象。

（3）主给水电动调节门执行机构是 ROTORK IQ 调节型执行机构（非 ROTORK 频繁调节型 IQM 执行机构），其内部采用小型接触器控制电机正反转，适用于非频繁调节场所。频繁动作易导致接触器触头烧灼。本次异常中主给水调节门关到位后电机仍一直处于驱动状态，最终导致电机定子绕组短路故障，电机本体温度升高，电源开关跳闸。

（4）根据 ROTORK IQ 型执行机构说明书要求，该类执行机构每小时额定动作次数是 60 次。分析该执行机构内部数据，平均动作次数每小时 71 次。

（三）事件处理与防范

事件后，更换执行机构后恢复系统运行，同时采用以下处理与防范措施：

（1）全面检查全厂 ROTORK 调节型执行机构的选型（特别是锅炉厂供货范围内重要系统的调节阀选型），存在与该调节阀类似问题列出清单，与锅炉厂联系处理。

（2）坚持"四不放过"原则，全面分析事故处理中存在的问题，并组织相关人员对本次异常事件开展现场隐患排查并制定整改完善措施。

（3）有针对性制订同类型事故应急预案并组织学习，提高生产人员对现场故障的预判能力，确保机组安全运行。

（4）举一反三，吸取经验教训，分专业、班组对所有设备和系统进行排查，特别是短时间内可能引起机组跳闸的设备重点进行梳理，完善机组防非停、防供热中断措施，保证机组安全运行。

五、 扇形板调节装置失控造成空气预热器停转导致机组跳闸

2017 年 6 月 5 日，某厂 6 号机组负荷 710MW 工况运行，煤量为 280t/h，主蒸汽温度为 600℃，再热蒸汽温度为 605℃。磨煤机 B、C、E、F 运行，汽动给水泵 A、B 运行，机组正常运行方式，发生 B 空气预热器停转导致机组跳闸。

（一）事件过程

19 时 51 分，6 号机组"空气预热器 B 电流大"语音报警，运行人员发现空气预热器 B 电流达 45A，立即在控制柜面板上操作提升就地空气预热器 B 所有扇形板。

19 时 52 分，空气预热器 B 主电动机跳闸，停转信号报警。辅助电动机延时启动后因电流大跳闸。检修维护人员用专用工具进行手动盘动空气预热器 B，但无法盘动。与此同时，运行人员立即切除 AGC 并降负荷，降 B 侧引、送风机出力，向 A 侧引、送风机转移。

19 时 57 分空气预热器 B 跳闸后 5min，引风机、送风机 B 联锁跳闸。

（二）事件原因查找与分析

机组跳闸后，专业人员进行事件原因查找，热控人员检查历史曲线：

20 时 20 分，负荷 525MW，煤量为 200t/h，给水流量为 1350t/h，此时 6 号机引风机 A 动叶全开，送风机 A 动叶开度 70％左右，炉膛负压为＋400kPa 左右，且波动大，即单台引风机已经达到最大出力，已经不能满足向上加负荷、加煤量来控制应力的需要。再热蒸汽温度持续下降，最低到达 563℃，此时中压缸应力已达 80％。

20 时 28 分，负荷机组为 490MW，煤量为 220t/h，给水流量为 1233t/h，再热蒸汽温度回升，中压缸应力最高达 102％后开始下降。

20 时 33 分，中压缸应力回落至 88％，汽轮机由于应力达到 102％后延时时间到后跳闸，相关设备联锁动作正常。

机务检修人员打开空气预热器 B 烟气侧和一次风侧人孔门进行检查，未发现异物卡涩现象。检查扇形板，发现 3 号扇形板与 1、2 号扇形板不同，脱离退出位，下沉约 60mm（见图 5-5），将 3 号扇形板摇到退出位后，运行人员对空气预热器 B 进行试转，运转正常。

图 5-5　空气预热器 B3 号扇形

根据上述检查情况分析，事件原因是空气预热器 B 密封自动跟踪装置 3 号扇形板自动调节装置失控，造成 3 号扇形板与空气预热器转子碰磨卡涩，引起空气预热器 B 停转。空气预热器 B 停转后，机组快速减负荷，由于措施不完善，主、再热蒸汽温度快速下降，汽轮机中压缸应力保护动作导致机组跳闸。

（三）事件处理与防范

1. 暴露问题

本次事件，虽是空气预热器 B 密封自动跟踪装置 3 号扇形板自动调节装置失控引起，但根本原因还是技术管理及设备维护不到位，空气预热器停转保护设置不合理造成机组非停，暴露出以下问题。

（1）对空气预热器密封自动跟踪装置维护不到位。

（2）对空气预热器密封自动跟踪装置投自动存在的风险，未采取预控措施。

（3）技术管理不到位，空气预热器停转保护设置不合理，未及时触发 RB。

（4）运行人员事故处理经验欠缺，未能避免非停。

2. 处理措施

专业人员认真讨论后，针对本次事件和暴露出的上述问题，提出以下纠正措施：

（1）将空气预热器 B3 号扇形板人为手摇至提升位，并将装置停电。停机后，检查、调整 6 号炉空气预热器 B3 号扇形板 4 个位置开关，检查核对 5、6 号机组空气预热器密封自动调节控制逻辑。

（2）组织专题会议，进一步论证空气预热器保护与控制逻辑的合理性，修改相应逻辑。检查并修改机组 RB 功能逻辑，同时在后续进行动态验证 RB 功能触发后，确保机组可以稳定的将负荷快速降至目标负荷。

（3）加强培训，提高运行人员事故处理能力。

六、 中压主汽门行程开关故障导致机组跳闸

2017 年 5 月 26 日，某电厂 1 号机组负荷 742MW，AGC 运行方式，A、B、C、E、F磨煤机运行，D 磨煤机备用，A/B 汽动给水泵运行，A/B 送引风机运行，A/B 一次风机运行，给水流量 2190t/h，主蒸汽温度为 598℃，再热器温度为 604℃，主蒸汽压力为 20.3MPa，再热蒸汽压力为 3.23MPa，机组运行正常。

（一）事件过程

10 时 38 分 28 秒，按照电厂汽轮机定期运行管理制度，运行执行《1 号机中压联合汽阀全关活动试验操作票》，试验前确认 DCS 及 DEH 画面 A、B 中压联合汽门全部开启，派人至就地进行 B 侧中压调节阀（ICV）全关活动试验，中压调节阀 ICV2 在试验状态下缓慢关闭。

10 时 39 分 58 秒，B 侧 ICV2 在关闭至接近全关时（A 侧 RSV1、ICV1 实际在全开位置），再热器保护（RSV/ICV）动作，延时 20s 后，于 10 时 40 分 18 秒触发锅炉 MFT动作。

15 时 39 分 10 秒，机组重新挂闸冲转，确认为 A 侧中压主汽门 RSV1 全关反馈信号异常（保护用行程开关关闭信号仍然存在），热控人员立即对行程开关进行更换。

（二）事件原因查找与分析

1. 事件原因查找

检查 1 号机 DEH/ETS 系统再热器保护（RSV/ICV）保护动作逻辑，为"A 侧任一汽门与 B 侧任一汽门全关信号同时存在"和"燃料量大于 80t/h"两个条件同时满足。

根据该逻辑分析，怀疑 A 侧中压主汽门 RSV1 或中压调节阀 ICV1 有全关反馈信号存在。经机组挂闸试验，A 侧中压主汽门 RSV1 实际在开启位置，但关闭信号仍然存在。现场检查 RSV1 阀门位置开关，全关位行程开关拐臂未复位，导致全关信号一直存在。

2. 事件原因分析

日立 DEH 系统设计，中压主汽门两个全关位置行程开关信号完全独立，一个用于继电器硬接线保护回路（该信号未送至 DCS、DEH 监视画面）无法监视，一个作为画面监视使用（该信号显示汽门全开），运行人员根据监视用信号判断汽门位置正常，开始进行试验。

由于 A 侧中压主汽门（RSV1）全关信号连接继电器硬接线保护回路（参与再热器保护），行程开关拐臂未复位，导致中压主汽门（RSV1）在全开位时其全关信号仍存在。运行人员进行 B 侧中压调节阀（ICV2）活动试验时，B 侧中压调节阀（ICV2）全关时，就出现了 A 侧中压主汽门（RSV1）和 B 侧中压调节阀（ICV2）保护用行程开关全关信号同时存在，触发再热器保护动作（见图 5-6），20s 后导致锅炉 MFT。

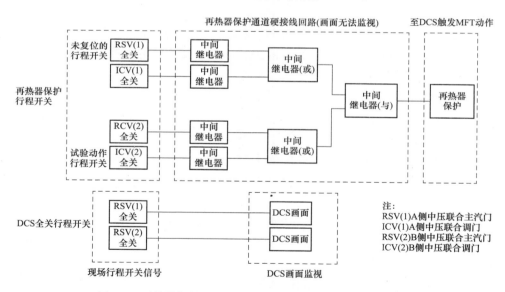

图 5-6　再热器保护硬接线动作回路及 DCS 监视回路原理图

将中压主汽门（RSV1）保护用行程开关进行解体检查，发现拐臂弹簧锈蚀，滑杆卡涩，导致拐臂无法复位。

本次事件暴露出以下问题：

（1）监视画面不完善。参与再热器保护（RSV/ICV）的行程开关状态信号未送至监视画面，无法对保护用行程开关状态进行判断，也无法记录保护动作情况。

（2）阀门活动试验逻辑不够完善。未设置阀门活动试验时的闭锁信号，在试验前仅根据保护信号状态来判断试验是否允许进行。

（3）检修热控人员和运行人员的风险意识不强，对保护用行程开关故障可能造成的影响没有充分的认识。

（4）设备管理存在短板，对热工元件的隐患排查不到位。

（三）事件处理与防范

更换行程开关，经试验动作正常后，系统恢复运行；此外采用了以下处理与防范措施：

（1）将参与保护的行程开关状态信号引至 DEH 和 DCS 画面，用于运行人员监视、判断及记录阀门状态变化。在该项整改完成前，运行人员进行阀门活动试验时，暂时退出再热器保护。

（2）将再热器保护的原继电器硬接线保护回路，改为 DCS 逻辑保护回路，便于故障分析和查找。

（3）优化阀门活动试验闭锁逻辑，保证阀门活动试验的安全进行。

（4）举一反三，排查其他继电器硬接线保护回路和就地热工元件（包括其他机组）。

（5）加强热工元件的检查和维护管理，缩短阀门行程开关检查与更换周期。

（6）进一步加强热控和运行人员的技能培训，提高风险防范意识。

七、 一次调频信号频繁动作时电磁阀卡涩导致机组跳闸

2017 年 3 月 20 日，某电厂 6 号机组并网，9 时 52 分 43 秒，机组负荷 510MW，主蒸汽温度为 569℃，主蒸汽压力为 18.0MPa。机组控制方式为汽轮机手动，锅炉手动，DEH 单阀方式，机组运行正常。EH 油系统运行正常，EH 油泵出口压力 14.39MPa，1 号油泵运行，2 号油泵投联动备用。

（一）事件过程

9 时 54 分开始后的 80min 内，GV1～GV4 指令和反馈波动（100％～76％），EH 油压小幅波动（14.38～14.2MPa）。之后的 30min，GV1～GV4 指令和反馈频繁波动（68％～100％），EH 油压波动扩大（14.39～13.2MPa）。

11 时 53 分 42 秒，GV1～GV4 的调节阀指令均为 64.3％、开度反馈分别为 87.38％、87.9％、88.8％、84.7％，DCS 显示 EH 油压低光字牌报警（EH 油压低报警定值为 11.2MPa）。

11 时 54 分 7 秒，GV1～GV4 的调节阀指令均为 99.39％、开度反馈分别为 89.09％、89.09％、89.09％、85.2％，EH 油压低跳闸保护断路器动作（保护定值为 9.31MPa），汽轮机跳闸，机炉各联锁保护动作正常。

11 时 54 分 12 秒，运行值班人员手动启动 2 号 EH 油泵。

（二）事件原因查找与分析

1. 机组跳闸后的检查和试验工作

（1）现场检查 EH 油系统设备无外漏点，EH 油箱油位、油温和蓄能器压力表、进口阀门正常，汽轮机调节阀反馈连杆及控制电缆无异常。

（2）EH 油泵出口压力低联锁开关重新校验；EH 油泵出口压力低联锁由单个压力开关实现，由于 EH 油压降低至联泵定值（EH 油压低联泵定值为 11.2MPa）时，该压力开关未动作，导致 2 号油泵未联动。

（3）调阅历史曲线分析，汽轮机、锅炉手动方式，DEH 单阀，运行手动给定输出阀位

指令 100%方式下，一次调频动作信号造成调节阀波动。

（4）A/B 给水泵汽轮机挂闸冲转 1000r/min，EH 油系统检查正常；汽轮机挂闸冲转至 3000r/min，EH 油系统检查正常。

经过上述试验及检查，未发现异常，机组跳闸的初步原因已分析清楚，重新恢复机组运行。

2. 事件原因分析

（1）4 个高压调节阀指令和反馈大幅波动原因。电厂采用 CCS＋DEH 一次调频模式，机组并网后，DEH 侧一次调频开始作用。当时，机组 DEH 单阀方式，汽轮机、锅炉手动方式，运行手动给定输出阀位指令 100%，由于电网周波波动，机组转速在 2997～3003r/min 之间变化，反复触发一次调频动作（死区 2r/min）。DEH 侧一次调频是通过前馈函数对应关系自动快速改变阀位控制指令进入流量调节区域；但是，调节门在 70%～100%区间，主蒸汽流量无明显变化。一次调频为快速响应负荷要求，阀位输出指令只能由 100%瞬间降到 70%，然后再快速返回到 100%。所以，高压调节阀摆动频繁且幅度较大。

（2）EH 油压下降的原因。GV1-GV4 同时在 68%～100%之间频繁波动，MOOG 阀快速动作，油动机耗油大，供油量不足，致使系统油压快速下降。11 时 52 分 40 秒～42 秒，EH 油压由 14.39MPa 降至 11.2MPa，EH 油压低光字牌报警发出，但备用泵未联动（联动定值 11.2MPa）；11 时 53 分 42 秒—54 分 7 秒，EH 油压由 11.2MPa 降至 9.31MPa，EH 油压低保护动作，见图 5-7。

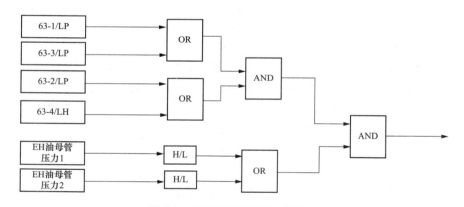

图 5-7　EH 油压低保护逻辑关系

（3）备用泵未联动的原因。6 号机组 EH 油泵联锁逻辑为电气联锁和 EH 油泵出口压力低联锁。其中 EH 油泵出口压力低联锁由单个压力开关（6MAY10CP203L）实现，调阅历史数据发现 EH 油压降低至联泵定值时，该压力开关未动作，导致 2 号油泵未联动；检修人员就地检查该压力开关、对该压力开关进行重新校验都正常；对取样门和信号回路检查也未发现异常，后手动对该取样回路中的 EH 油压低联锁试验电磁阀（该电磁阀从未使用）进行强制活动，后续试验过程中发现该开关动作正常。初步判断该 EH 油压低联锁试验电磁阀因长期未使用，阀芯卡涩，系统压力下降时，联泵开关取样管路压力变化迟缓，导致压力开关未及时动作。EH 油压力低压力开关取样管路示意图及电磁阀原理如图 5-8、图 5-9 所示。

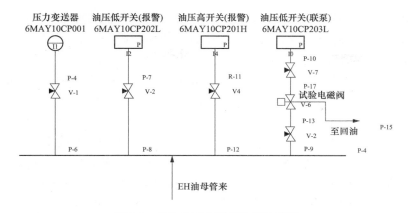

图 5-8　EH 油压力测点取样示意图

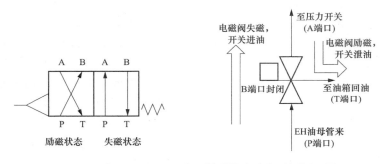

图 5-9　EH 油压低联锁试验电磁阀原理图

注：试验电磁阀原理描述：未试验时，励磁线圈失电，P 端口与 A 端口接通，P、A 端口与 T 端口断开不通；试验时，励磁线圈带电，P 端口封闭，A 端口与 T 端口接通，缓慢泄油。

（4）运行人员未发现调节阀波动的原因。启机过程中，由于机组负荷、主蒸汽压力平稳上升，无相关参数越限报警，故运行人员未能及时发现调节阀波动。

综上所述，本次引起机组非停的原因是：

1）机组启动过程中，一次调频信号频繁动作致使 4 个高压调节阀同步大幅波动，造成 EH 油系统油压快速下降。

2）EH 油压低联锁试验电磁阀卡涩，导致 EH 油泵低油压联动开关取样回路不畅，低油压联动开关动作不及时，导致备用油泵未正常联动。

3）EH 油压低光字牌报警后，备用泵未正常联动情况下，运行人员未能及时手动启动。

3. 本次事件暴露出的问题

（1）低油压试验方法不合理，EH 油泵低油压联锁只进行开关短接试验，未进行实动试验。

（2）EH 低油压试验电磁阀未列入检修项目。

（3）技术管理不到位，检修人员未充分认识到特殊工况下一次调频动作的风险，未及时对运行人员进行技术交底，未做相应的风险防范。

（4）运行人员对该工况下一次调频的特性认识不足，在负荷相对稳定的情况下，未及时发现高压调节阀大幅波动情况。

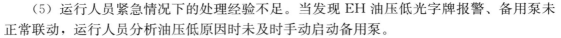

（5）运行人员紧急情况下的处理经验不足。当发现 EH 油压低光字牌报警、备用泵未正常联动，运行人员分析油压低原因时未及时手动启动备用泵。

（三）事件处理与防范

事件后，对 EH 油泵出口压力低联锁开关重新校验；针对 EH 油泵出口压力低联锁由单个压力开关实现，存在联锁动作不可靠的风险，将 6 号机组 EH 油泵出口压力低联锁条件修改为两个压力开关和一个变送器信号进行三取一。此外采取了以下防范措施：

（1）为防止 GV 调节阀大幅波动，将机组单阀方式下的阀位指令控制在 80%，DEH 侧退出一次调频；单阀切顺序阀，观察无异常后再投入一次调频。

（2）完善机组试验制度，明确试验项目，改进试验方法，制定试验操作卡，确定验收级别，保证各项试验采用实动方式进行，每次开机时做 EH 油压低联动试验。

（3）增加 EH 低油压试验电磁阀检修项目，举一反三，对类似设备进行全面排查。

（4）加大技术管理力度，进一步加强 DCS 逻辑梳理及完善工作，停机后对所有机组一次调频逻辑进行修改完善。

（5）针对此次 EH 油压低跳机事件，编制有针对性的预案，并制定培训计划，加大仿真机培训，提高运行人员监盘质量及事故处置应急能力。

（6）设备或系统发生变更时，及时对运行人员进行技术交底工作，同时对制度、规程进行修编。

（7）利用机组停机机会，对其他机组的 EH 油泵联锁逻辑进行修改，EH 油泵出口压力低联锁条件改为：两个压力开关和一个模拟量变送器定值判断"三取一"。

（8）梳理全厂所有机组重要转机联锁条件，将单一条件联锁改为多条件"逻辑或"联锁，保证备用转机可靠联锁。

八、 引风机变频故障导致机组跳闸

2017 年 5 月 8 日，某电厂 3 号机组负荷 137MW，主蒸汽压力为 12.5MPa，主蒸汽温度为 536℃，机组协调控制方式运行，甲引风机指令 68.8%，乙引风机指令 69.0%，炉膛压力为 -17Pa。运行中因引风机变频器故障跳闸导致机组跳闸。

（一）事件过程

12 时 18 分 35 秒，乙引风机电机变频器 V4 功率单元通信故障，闭锁输出，电流由 138.58A 变为 -3.05A，电流测点变坏点，DCS 系统发"乙引风机变频器重故障"信号，乙引风机变频器跳闸。

12 时 20 分 47 秒，甲引风机变频器输出电流由 134.6A 上升到 296.1A，超额定电流运行，DCS 系统发"甲引风机变频器重故障"信号，甲引风机变频器跳闸。

12 时 20 分 48 秒，锅炉 MFT 动作，机组跳闸，MFT 首出原因为"引风机全停"。

（二）事件原因查找与分析

1. 引风机变频故障原因

经检查分析，3 号炉乙引风机电机变频器 V4 功率单元发生通信故障（事后检查故障变频器功率单元通信板上光纤座内部树脂出现裂纹），发出"乙引风机变频器重故障"信号，变频器跳闸，电流由 138.58A 立刻变为 -3.05A（电流应为 0A，-3.05A 为仪表和 DCS 系统测量误差）。

2. 引风机变频故障后引风机跳闸及锅炉 MFT 原因

引风机停止逻辑由旁路开关跳闸信号、变频器停运信号、变频器电流低于 10A 3 个信号相与得出，变频器电流降为 −3.05A 后，DCS 系统判断此电流测点为坏点，自动屏蔽，所以乙引风机跳闸信号未发出，RB 功能未启动，乙送风机、排粉机未联跳，乙引风机出、入口挡板也未联锁关闭。

乙引风机变频器跳闸后，炉膛压力升高至 435Pa，此时甲引风机变频器投自动，变频器输出指令自动增加，甲引风机变频器超载运行。12 时 20 分 47 秒，甲引风机变频器电流自动由 134.6A 上升到 296.09A，超额定电流，DCS 系统发"甲引风机变频器重故障"信号，甲引风机变频器跳闸。两台引风机跳闸后，发出锅炉 MFT 动作。

（三）事件处理与防范

（1）协调变频器生产厂家，对引风机变频器功率单元通信板存在薄弱环节问题，制定解决方案，对可能存在隐患的元器件进行更换，在机组停机时消除存在的隐患。

（2）为防止变频器辅助触点误发信号造成设备误动，协调变频器厂家技术人员优化控制逻辑；针对甲引风机在乙引风机跳闸后，自动调节输出指令增加导致变频器超载的问题，依据挡板门开度及变频器输出电流，在 DCS 逻辑和变频器组态里进行优化，确保今后变频器运行电流限制在额定值内。

（3）针对 RB 功能虽然已投入，但因辅机跳闸信号未发出，造成 RB 功能未触发的问题，制定变频切工频性能试验方案，组织进行热力系统相关设备的热态试验，待停机机会完善 DCS 系统函数关系以满足变频切工频投入条件。

（4）加强运行人员对现场新增设备的培训力度，熟悉和掌握设备性能，提高风险掌控能力。制定变频器跳闸事故应急预案，提高运行人员异常情况下迅速判断事故、正确调整的水平。

（5）加强隐患排查力度，重点排查技术和管理上存在的隐患和薄弱环节；持续开展热控逻辑梳理及隐患排查治理工作，深刻吸取此次事故教训，把技术环节抓严、抓深、抓细、抓实。

九、 定位器损坏造成锅炉排料偏少导致机组停运

2017 年 12 月 24 日，某电厂流化床 100MW 机组，上网负荷 47MW。正常运行中，因床料无法流化导致机组停运。

（一）事件过程

23 时 14 分，机组上网负荷 47MW，炉膛负压 −32Pa，一次风量为 29.62m³/s（标准状态），床压为 3.14kPa，床温为 838℃，机组正常运行。

23 时 15 分，运行人员发现锅炉床压急剧升高，司炉立即将流化风量加到最大，但流化风量仍快速下降，造成主联锁动作，两条给煤线跳闸。

23 时 30 分，2 号一次风机风量低，运行人员就地检查发现 2 号一次风机进口气动调节门处于关闭位置。调节门重启过程中，在开度 30% 处卡涩，随即通知检修处理。

24 时，2 号一次风机气动调节门处理完毕，重新启动 2 号一次风机，但床料无法流化起来，通过紧急直排床料仍然无法流化，此时主蒸汽温度降至 410℃，机组无法维持运，1 时 8 分机组打闸停机。

（二）事件原因查找与分析

1. 现场检查

机组停运后，专业人员进行现场检查：

（1）拆开2号一次风机进口调节门（气动门）气源管检查，发现有水迹。

（2）打开炉膛人孔门发现炉内床料过多，目测床料高度为1.6~1.9m。

（3）清除床料的过程中未发现焦块，床料大部分为细沙状，与以往的颗粒状差别较大。

（4）检查锅炉耐火材料完好，无脱落现象。

（5）一次风机进口气动调节门定位器损坏。

2. 原因分析

针对本事件，结合上述检查，分析认为：

（1）2号一次风机进口调节门异常关闭原因。直接原因是一次风机进口调节门定位器损坏引起，间接原因是气源管带水迹。经检查，压缩空气干燥器运行正常、储气罐定期排水正常，但由于空气湿度大、管路长，造成了用气端（特别是较低位置用气端）压缩空气带水，对定位器损坏和调节门的正常运行产生影响。

（2）造成本次停机事件的原因。主要原因是炉内床料过细，引起床层上移、锅炉排渣不畅；运行中锅炉排料偏少，床料堆积后，床压升高（最高达到10kPa），床料流化恶化；与此同时，2号一次风机进口调节门异常关闭，高床压下，1号一次风机的出力无法正常流化床料，最终造成机组停运。

3. 本次事件暴露出的问题

（1）运行人员处理突发问题的经验不足，出现问题后未能在最短时间内完成处理。

（2）专业管理不到位，压缩空气含水严重，容易导致热控装置堵塞和损坏、冬季仪表管的冻裂，但未能及时发现。

（三）事件处理与防范

1. 事件处理

针对本事件运行及机务人员进行了以下处理：

（1）排出炉内全部床料，选用合格的启动床料，确保正常开机。

（2）检查处理炉膛风帽，脱落的风帽重新点固，确保流化正常。

（3）检查旋风分离器，清除隐患，确保返料设备正常。

（4）清理水平烟道（一、三级过热器）积灰，确保烟道畅通。

（5）检查风烟系统，消除烟风道漏风及一、二次风窜风情况。

（6）检查压缩空气干燥器、保证仪用气源达到规程要求。

（7）加强人员技术培训，提高运行人员处理突发事件的能力，确保机组正常运行。

2. 处理与防范措施

热工采取了以下处理与防范措施：

（1）更换气动调节门定位器，经调试正常后投入运行。

（2）解体故障的气动调节门定位器，发现内部存在带水情况，通知机务专业处理，确保仪用气源干燥度。

（3）确保仪用气源系统排水电磁阀可靠，缩短定期排水电磁阀排水间隔，提高压缩空气品质。

第二节　测量仪表及部件故障分析处理与防范

本节收集了因测量仪表异常引起的机组故障 7 起，分别为高温造成轴瓦振动传感器故障导致汽轮机跳闸、高压旁路阀后温度测量元件故障导致机组跳闸、发电机定子冷却水差压开关故障及接线错误造成保护误动、MEH 转速测量故障导致机组跳闸、中压调节阀 LVDT 线圈故障导致机组停机、转速传感器故障引起超速保护动作机组跳闸、给水泵汽轮机低压主汽门快速关闭导致机组跳闸。

这些案例收集的主要是重要测量仪表异常引发的机组故障事件，包括了振动、转速、温度、差压开关、LVDT 反馈、速关阀行程等。机组日常运行中应定期对这些关键系统的测量仪表进行重点检查。

一、高温造成轴瓦振动传感器故障导致汽轮机跳闸

2017 年 8 月 12 日，某厂 1 号燃气轮机/2 号燃气轮机/1 号汽轮机二拖一模式正常运行，总负荷为 190MW，抽汽供热流量为 44t/h。

（一）事件过程

17 时 20 分，1 号汽轮机 1 号瓦振出现瞬间波动至 199μm，时间持续约 2s，导致 10 号机组 ETS 轴瓦振动大保护动作，1 号汽轮机主汽门关闭跳闸，1、2 号燃气轮机快速减负荷保护动作，两台燃气轮机负荷均减至 22MW。

（二）事件原因查找与分析

检查 1 号瓦振动信号异常前后历史数据，1～4 号轴振 X/Y 方向、2～4 号瓦振无大幅波动现象；1～4 号轴瓦温、回油温度均无异常变化。

检查 1 号瓦振探头，其安装位置在靠近高压缸侧，引出线跨过汽封上部与高压外缸保温接触，1 号瓦振探头外壳温度为 80℃，轴径处约为 270℃，探头及其引出线都处于高温环境。

检查 1 号瓦振探头信号历史曲线发现，8 月 10 日 6 点 47 分，在 1 号机冲转前，曾发生异常突变，波动范围在 10～20μm 之间，并网后 6 时 47 分，又发生一次异常突变，峰值达到 190μm，见图 5-10。因信号达保护动作值持续时间未超过 1s（本特利 3500 装置保护动作输出设置为延时 1s），故未触发汽轮机 ETS 保护动作，因此分析推断 1 号瓦振探头存在缺陷，但未得到有效消缺处理。据了解，当时运行人员采纳维护人员的建议，退出轴瓦振动大保护，继续开机；开机后，运行未发现信号波动，于 8 月 12 日运行当值恢复瓦振保护投入。不久 1 号瓦振再次异常并触发了汽轮机 ETS 动作。

事件后电厂热控人员检查瓦振探头型号为本特利 9200 型，探头及随后的电缆均不耐高温。但 1 号瓦振探头安装位置离高压缸距离较近，信号线部分穿过轴径处温度较高。拆下 1 号瓦振探头就地信号电缆进行检查，发现电缆已因高温变形，因此判断事件原因，是高温造成测量探头信号异常，最终引起保护误动。此外，在检查中还发现该保护信号电缆存在对接情况，并且部分电缆没有屏蔽层，也是机组长期运行的安全隐患。

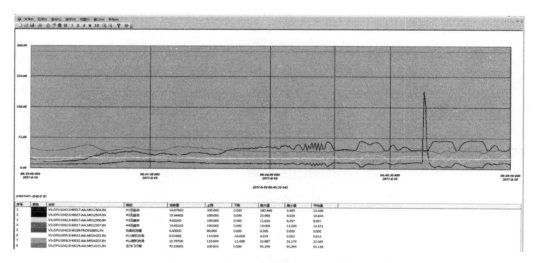

图 5-10　8 月 10 日 1 号瓦振信号波动曲线

本次事件暴露出设备缺陷管理工作落实不到位，技术管理存在隐患：

（1）运行部门未履行正常的设备报缺程序，交接班未对设备异常情况进行详细交底。

（2）设备维护部未履行热工主保护投撤管理制度，设备缺陷未按正常流程进行处理，保护投撤存在随意性，且未记录检修交代事项，未对设备缺陷进行详细交代。

（三）事件处理与防范

事件后，采取了以下处理与防范措施：

（1）1、2 号瓦振探头及电缆重新选型更换，确保满足高温环境稳定工作要求。

（2）对测量元件引出线进行更换，同时避开高温区域，增加隔离挡板。

（3）优化瓦振/轴振保护逻辑，避免单点保护误动。

（4）加强现场及信号历史曲线的巡检与数据分析，严格执行主保护投撤、检修交待、设备缺陷处理等技术管理制度。

二、 高压旁路阀后温度测量元件故障导致机组跳闸

2017 年 7 月 10 日，某电厂 4 号机组启动过程中，因水冷壁流量低低保护动作，锅炉 MFT 动作，汽轮机跳闸。

（一）事件过程

机组带初负荷 46MW，4 时 30 分 1 秒，高压旁路阀后温度由 250℃突升至 450℃，因高压旁路阀后温度测量故障（超量程输出），导致高压旁路阀快关。主汽压力突升，4 号炉贮水箱水位下降，立即开大过冷水调节阀开度，过冷水流量由 11t/h 上升到 50t/h；同时检查电动给水泵勺管开度，把电动给水泵勺管切至手动，开大勺管开度。在操作期间贮水箱水位仍快速下降，4 时 31 分 8 秒，贮水箱水位低引起锅炉循环泵跳闸。4 时 31 分 11 秒水冷壁流量低低保护动作，锅炉 MFT 动作，汽轮机跳闸。

（二）事件原因查找与分析

热控人员检查 4 号机组高压旁路阀后温度变送器和热电偶温度元件，测量温度变送器输出电流为 21.75mA，测量热电偶主备用芯线电压均在−5～100mV 之间跳变，线间电阻

则在 2~1000Ω 之间跳变。根据罗斯蒙特 248 温度变送器说明，当温度变送器输入断路时，温度变送器输出为 21.75mA，仪控值班人员判断高压旁路阀后温度元件已损坏。

检查热电偶温度元件的外观整体性，发现热电偶接线盒与金属套管连接处有晃动现象，晃动时热电偶温度元件线间阻值跳变明显（见图 5-11）。

图 5-11　热电偶金属套管

热电偶温度元件在多次晃动拉扯测试后，内部 4 根接线全部断裂，接线盒与金属套管直接分离脱开。温度元件更换后高旁阀后温度正常。

进一步检查、综合分析后认为，该厂高压旁路阀为侧进下出布置，在机组启动阶段，高压旁路阀开启和高压旁路喷水减温调节阀开启，管路的介质流向和压力都发生改变，高压旁路阀后管道振动较大，造成了高压旁路阀后热电偶温度元件接线盒与金属套管连接处松动，内部接线因振动产生的应力而断裂。温度变送器输出故障电流为 21.75mA，超过量程高限 400℃，导致高压旁路阀快关动作。

因此本次事件原因，是高压旁路阀后温度测量元件故障，导致高压旁路阀快关动作，贮水箱水位快速下降，锅炉循环泵跳闸，引起水冷壁流量低低保护动作。

（三）事件处理与防范

在机组检修时，就地加装保护套管来固定高压旁路阀后热电偶温度元件，减少管道振动引起元件晃动。此外采取了以下防范措施：

（1）修改温度变送器故障电流输出值由 21.75mA 改为 3.75mA，将 DCS 侧高压旁路阀后温度在旁路操作画面显示，并增加 DCS 侧与旁路侧温度偏差大于 20℃光字报警信号。

（2）清查全厂各台机组逻辑中存在的单点保护，并做好评估完善工作。

三、 发电机定子冷却水差压开关故障及接线错误， 造成保护误动

2017 年 7 月 24 日，某公司 2 号机组 300MW，发电功率为 260MW，主辅设备正常运行中机组跳闸。

（一）事件过程

当时，机组参数与设备状态均显示正常，15 时 55 分机组跳闸。DCS 首出故障信号为"发电机断水保护"动作，发电机冷却水系统"断水"信号灯亮。

随后，运行人员检查 2 号发电机冷却水参数正常，现场检查发电机定子冷却水泵及相关系统运行正常。

（二）事件原因查找与分析

事件后，热控人员检查"发电机断水保护"信号，来自三个独立取样的定子冷却水进出口差压开关51PdS15-3～5。查DCS历史数据，15时55分，差压开关4动作（DCS状态为1），差压开关3未动作（DCS状态为0），差压开关5在DCS历史库中未做记录。查看3个差压开关的实时状态，差压开关3、4、5的状态分别为0、1、1，确认由于开关4、5故障误发信号，触发"发电机断水保护"动作。进一步检查发现，差压开关4故障损坏，差压开关5内接线错误（因标号不清引起）。

在操作员画面上，未设计定子冷却水保护投入状态显示，3个保护输入信号仅显示其中一个。这是2号机组长时间运行，却无法发现差压开关5的信号线接线错误的根本原因。

综上所述，本次事故的原因可以概括如下：

（1）直接原因是差压开关4损坏，导致"三取二"保护逻辑动作。

（2）主要原因是运行人员长期无法有效地监控发电机定子冷却水断水保护的运行状态（包括保护输入信号）。由于主保护设计不完善，长达数月的机组运行过程中，运行人员居然未发现差压开关5的信号不正确。

（3）热控人员检修中，工作疏忽、接线错误、以及工程验收人员不仔细，也是本次事故的重要原因。

（4）专业技术管理不到位，检修后未开展保护传动试验，未确认保护信号动作正确性。

（5）发电机定子冷却水断水保护历史数据不健全、保护信号未采用发电机定子冷却水模拟量流量信号，也给日常保护的维护中信号数据的查询、信号变化趋势监控带来诸多不便。

（三）事件处理与防范

（1）完善发电机定子冷却水保护的投/退管理系统。根据公司要求，热工主设备保护的投/退、日常监控，是由运行人员、负责生产的总工或副总经理负责；热工专业应提供完善的热工保护运行状况的监控画面，至少包括热工保护是否投入、热工保护的各输入信号是否正常（或显示数值）。

（2）宜采用发电机定子冷却水模拟量流量信号作为保护信号。根据DL/T 591—2010《火力发电厂汽轮发电机的检测与控制技术条件》中3.5"发电机定子绕组冷却水流量低是发电机保护跳闸的条件，应采用三个独立的变送器或开关的测量方式，不宜采用通过测量发电机定子冷却水定子绕组冷却水进出口差压的方式测量"，以及4.4.1"当响应速度和可靠性满足要求时，主要辅机的联锁信号宜采用模拟量变送器"的要求，建议将发电机定子出入口两端差压开关量信号改进为模拟量信号，便于日常维护时查看发电机定子冷却水流量的趋势。

（3）将参与联锁保护的信号，全部加到操作画面及历史数据库，以备监控和查询。

（4）加强热工现场工作的验收管理工作。主重要连锁保护的工作结束后，应仔细验收，防止意外事件的发生。

（5）严格执行保护传动管理规定，在检修后按规定开展保护传动试验，确保保护动作正确性。

四、 MEH转速测量传感器故障导致机组跳闸

2017年4月28日，某电厂机组负荷200MW，总煤量95t/h，2A、2D、2E磨煤机运行，一次风机、送风机、引风机、2B密封风机运行正常，脱硫、脱硝、除灰系统运行正

常；给水量为 594t/h，汽动给水泵转速信号 MEH1、MEH2、MEH3 正常，转速在 3956～4062r/min 之间波动，主蒸汽参数为 567℃/17.1MPa；再热蒸汽参数为 567℃/2.92MPa；辅助蒸汽本机自带，启动锅炉备用，汽动给水泵运行正常，电动给水泵备用。

（一）事件过程

13 时 40 分 47 秒，MEH1 转速由 4062r/min 突降至 1318.75r/min，"转速 1 故障"报警（MEH1 转速与三选中后的 MEH 转速偏差大于或等于 100r/min，延时 0.25s 触发）。13 时 40 分 51 秒，MEH1 转速突增至 9991.49r/min。

自 13 时 45 分 56 秒，MEH1 转速在 0～10108r/min 之间频繁波动。

13 时 44 分 55 秒，MEH2 转速由 4062r/min 突降至 113.93r/min，"转速 2 故障"报警（MEH2 转速与三选中后的 MEH 转速偏差大于或等于 100r/min，延时 0.25s 触发）。自 13 时 46 分 58 秒，MEH2 转速在 3187r/min 至 14r/min 之间波动。

13 时 46 分 3 秒，MEH1 转速跳变为 1438.65r/min，MEH2 转速为跳变 0r/min，MEH3 转速为 4311.36r/min。转速设定值为 4149.27r/min。

13 时 46 分 33 秒，设定转速与 MEH 三选中转速偏差大于或等于 1000r/min，延时 30s 触发"MEH 转速故障"启动跳给水泵汽轮机保护，给水流量开始降低。

13 时 46 分 54 秒，给水流量小于或等于 200t/h，延时 10s，触发给水流量低跳 MFT 保护。

（二）事件原因查找与分析

汽动给水泵跳闸前，现场没有相关检修工作，未发现有人使用通信设备。检查曲线记录与报警记录，MEH1、MEH2 转速在 0r/min 到 10000r/min 间跳变，发"转速 1 故障"及"转速 2 故障"报警，说明 MEH1、MEH2 转速确已发生故障，转速反馈变为 0r/min，MEH3 转速为 4311.36r/min，汽动给水泵转速为"三取中"，MEH1、MEH2、MEH3 三取中后的 MEH 转速为 0r/min，此时转速设定为 4149.25r/min，选中后的转速与转速设定值偏差为 4149.25r/min，大于保护动作值（反馈转速与转速设定值偏差大于 1000r/min 时发出"MEH 转速故障"信号延时 30s 跳汽动给水泵），30s 后触发"MEH 转速故障"保护跳给水泵汽轮机。随后给水流量突降，触发给水流量低跳 MFT 保护。

机组跳闸后，热控专业对转速保护卡、脉冲卡及其电缆接线进行检查，模件无故障报警信息，电缆无破皮、接地和线间绝缘无不良情况。因此，判断探头故障引发"转速信号故障"。

根据上述分析，本次机组跳闸原因，是汽动给水泵 MEH1、MEH2 转速探头故障，造成设定转速与 MEH 三选中转速偏差大于或等于 1000r/min，导致"MEH 转速故障"保护动作引起。

本次事件暴露出以下问题：

（1）MEH 转速测量原设计方案，为东汽提供的 DF6202 磁电式转速探头，将脉冲信号直接输入 DCS 系统提供的高速脉冲卡（DP820）。目前 MEH1、MEH2 使用 DF6202 磁电式转速探头测量，经测速保护卡（BR）卡后进入高速脉冲卡（DP820）进行转速计算。本次事件说明，MEH1、MEH2 转速测量回路不可靠。

（2）此次未出现故障的 MEH3 转速测量，使用东汽提供的 CS-1 磁阻式探头，经转速测量保护卡（BR）卡后进入 DCS 高速脉冲卡（DP820）进行转速计算。2016 年初，2 号机

发电厂热工故障分析处理与预控措施（第二辑）

给水泵汽轮机 MEH3 发生转速故障，对转速探头和脉冲卡进行检查，未发现故障原因。经分析认为是 MEH3 的磁电探头输出电压超出高速脉冲卡接收信号的电压上限，对 MEH3 进行试验性改造，使用磁阻探头配置测速保护卡，降低脉冲信号的电压后使用至今。

（三）事件处理与防范

（1）鉴于本次 MEH1、MEH2 转速故障，且现场不具备更换故障转速探头的条件（单系列给水泵，如更换需停机 2~3 天）保留无故障的 MEH3 及控制回路，通过通信点在 DCS 系统内取给水泵汽轮机超速保护的转速，MTSI1 和 MTSI2 两个测点替换 MEH1、MEH2。

（2）给水泵汽轮机 MEH 转速控制采用三取中的逻辑关系不变，通过给水泵汽轮机 MTSI1、MTSI2 和 MEH3 实现给水泵汽轮机 MEH 转速三取中控制。

（3）设置 MTSI1 与 MTSI2 偏差值，MTS1 正偏差，MTSI2 负偏差，偏差暂定 20r/min，使给水泵汽轮机 MEH3 始终保持中值，控制给水泵汽轮机转速，避免因转速故障造成调节系统扰动。

（4）逻辑修改后，经传动测试合格，三级验收后投运，观察无异常后投入给水泵汽轮机 MEH 转速自动控制和给水泵汽轮机 MEH 转速故障跳闸给水泵保护。

（5）利用停机机会对 1 号机 MEH1、MEH2、MEH3 及 2 号机 MEH1、MEH2 转速测量回路进行改造。

五、 中压调节阀 LVDT 线圈故障导致机组停机

2017 年 8 月 15 日，某电厂 1 号机组负荷 25MW，中压供热量为 70t/h，低压供热量为 180t/h，主蒸汽压力为 6.8MPa，中压抽汽压力为 4.0MPa，汽轮机排汽压力为 1.01MPa，BF 方式，Ⅳ自动位控制中压抽汽压力，GV 顺序阀模式，自动跟踪背压，A、B、C 磨煤机运行，汽动给水泵运行，电动给水泵备用。

（一）事件过程

6 时 36 分，集控室突然听到汽机房有较大的蒸汽泄漏声音，同时监盘发现中压供热量突增至 100t/h，最高至 135t/h，判断中压供热安全门动作，立即下令减少中压供热量，维持 1 号机组稳定运行，汇报相关领导。

6 时 55 分，中压供热量降至 0t/h，蒸汽泄漏声音无改变。进一步现场检查发现中压供热安全门保温棉被冲开（目测约 20cm），蒸汽泄漏声音较大，人无法靠近；盘面检查Ⅳ阀反馈增大，GV 全开，低压供热量降至 156t/h，背压压力下降较快，最低至 0.86MPa（0.85MPa 延时 5s 保护将动作）。

6 时 58 分，将汽动给水泵倒至电动给水泵运行，手动打跳给水泵汽轮机，减少中压用汽量，同时增加锅炉负荷，保证背压压力在保护动作值以上。

因中压供热安全门无法隔离，该安全门在集控室通往汽机房 12m 平台大门旁边约 5m 处，且被冲开的保温棉处泄漏有增大迹象，开始怀疑中压供热安全门处管道有裂纹，为防止事故进一步扩大，威胁人身和设备安全；7 时 18 分，汇报中调后值长下令将中、低压供热倒往 2 号机组供热，1 号锅炉手动 MFT，汽轮机、发电机联跳，厂用电切换正常，机组停备。

8 时 10 分，将 1 号机组热负荷转移至 2 号机组供给。

122

（二）事件原因查找与分析

1号机组停运后，现场检查1号机组中压供热安全门，发现该安全门阀体一螺栓掉落。处理过程中发现Ⅳ1阀反馈为100%，机组停运后Ⅳ1阀反馈仍然为100%，而就地为关闭状态，怀疑事件过程中Ⅳ1阀反馈与实际不符，联系热控专业检查。

热控专业检查，发现1号机组汽轮机中压调节阀1（Ⅳ1）反馈装置（LVDT）内部线圈故障，导致运行过程中Ⅳ1反馈显示值由11%突升至100%。Ⅳ1伺服卡内开阀指令值小于反馈值，根据伺服卡内闭环控制回路，Ⅳ1伺服卡内持续发关阀指令，导致Ⅳ1阀实际开度由11%至全关；中压供热抽汽压力快速上升，中压供热安全门动作，中压抽汽流量增加，同时背压排汽压力降低。为维持背压排汽压力，高压调节阀自动全开，进一步增大中压抽汽压力，造成安全门不能及时回座，加上该安全门阀体螺栓处持续泄漏，为防止事故进一步扩大，威胁人身和设备安全，手动MFT。

本次事件暴露出以下问题：

（1）设备预防性检查不到位，停机期间未对LVDT装置进行全面检查。

（2）中压调节门Ⅳ1反馈装置LVDT未设置冗余功能。

（3）中压供热安全门安装过程旁站监督不力，质量三级验收不到位。

（三）事件处理与防范

事件后，对故障的中压调节门Ⅳ1反馈装置LVDT进行了更换，采取以下防范措施：

（1）加强设备预防性检查，对LVDT装置除定期进行全面检查外，逢停必检，以便及时发现异常。

（2）分析螺栓掉落原因，加强设备隐患排查力度，对安全门螺栓等附件进行全面排查。

（3）加强专业技术管理，结合此次非停教训，进一步梳理类似单点调节的控制设备，制定相应整改及防范措施。

（4）对LVDT装置进行技术改造，对机组调节阀阀位反馈LVDT进行冗余配置，并更换为耐高温型LVDT。

六、 转速传感器故障引起超速保护动作跳闸机组

2017年8月28日，某电厂2号机组负荷760MW，主蒸汽压力为21MPa，主蒸汽温度为605℃，再热蒸汽温度为603℃。磨煤机B、C、D、E、F5台运行。

（一）事件过程

7时27分，2号机组快速减负荷（FCB）动作，2号汽轮机跳闸，逆功率动作，发电机跳闸。汽轮机跳闸首出原因：超速保护装置A侧动作（O/S SYS1）。汽轮机跳闸后运行检查高、中压自动主汽门及调节阀、各抽汽止回门均动作关闭，汽轮机转速下降；发电机逆功率保护动作，发电机主开关、灭磁开关动作跳闸；磨煤机2B、2F动作跳闸，磨煤机2C、2D、2E保持运行，高、低压旁路动作正常，2号机组锅炉FCB快速减负荷动作正确；立即汇报领导并联系检修检查处理。

10时30分，处理完毕，2号汽轮机开始程控走步冲转，10时52分发电机并网。

（二）事件原因查找与分析

事件后，热控人员立即至现场对跳闸具体原因进行排查。调取历史记录，发现2号汽轮机转速模块测点3从7时20分57秒开始大幅度晃动，引发了此次跳机。进一步检查确

认 2 号汽轮机转速探头 3 故障。

根据上述检查，分析判断本次事件原因是 BRAUN 超速保护装置自检程序启动，转速 3 探头信号故障，转速大幅度晃动且不定时发信号，在 BRAUN 超速保护装置自检到转速 1 测速模件时，转速 1 超速保护输出，同时转速 3 的探头信号故障发信输出，满足超速三取二逻辑判断条件，误发信号，汽轮机跳闸。本次事件暴露出以下问题：

（1）2 号汽轮机转速探头 3 故障；

（2）BRAUN 超速保护装置参数设置不够合理。不能避免自检巡测中，任一探头信号故障导致的误动。重要报警设置不够完善，不能及时提醒发现异常。

（三）事件处理与防范

（1）将故障转速探头 3 接线拆除后暂并接入转速探头 4 信号，取消 BRAUN 超速保护装置（O/S SYS 1）通道自动检测，待 2 号机组停机检修时更换转速探头 3 并恢复接线。

（2）BRAUN 超速保护装置自检程序，在任一转速探头故障时，存在满足三取二条件输出信号的可能。修改测试模块程序，当任一传感器故障时取消自动巡检功能，待热控人员确认故障消除后再恢复自动检测功能。为防止在机组运行中超速保护装置拒动，目前暂采用由热控人员每天一次手动测试方式代替自检功能。

（3）做好转速回路故障的处理预案，对恢复自检功能前的检查步骤进行细化，以操作卡形式明确检查内容和步序，避免误操作造成事故扩大。

（4）2 号机组下次停机时，设置好 BRAUN 超速保护装置备用模块参数，以作备用。

（5）两台机组停机时，在 DCS 的综合报警画面增加汽轮机转速显示、偏差报警和转速表故障信号。

（6）加强大屏汽轮机信号报警监视，在主趋势画面增加 6 个超速保护动作信号，以及时发现异常并通知热控人员处理。

（7）随机组大修，对转速探头进行定期更换。

七、 给水泵汽轮机低压主汽门快速关闭导致机组跳闸

2017 年 4 月 22 日，某电厂 2 号机组负荷 513MW，给水泵汽轮机转速 4587r/min，省煤器进口给水流量为 1509t/h，机组 AGC 方式运行，无给水泵汽轮机相关运行操作和检修工作。

（一）事件过程

11 时 34 分 49 秒，给水泵汽轮机低压主汽门关闭，事件记录"给水泵汽轮机低压主汽门关闭"信号发出。

11 时 34 分 59 秒 562 毫秒，锅炉 MFT，首出原因为"给水流量低低"，机炉大联锁动作正常。

（二）事件原因查找与分析

1. 检查给水泵汽轮机及汽动给水泵顺序记录和历史记录

11 时 34 分 49 秒 520 毫秒，给水泵汽轮机低压主汽门全关，给水泵汽轮机转速开始下降，给水流量同时开始下降。

11 时 34 分 50 秒，给水主控 PID 自动丢失（即给水切手动），2s 后机组协调自动切除。

11 时 34 分 56 秒，"给水流量低报警"信号发出，1s 后低二值（364t/h，定值为 389t/h）发出。

11 时 34 分 59 秒，锅炉 MFT 发出；11 时 34 分 59 秒 760 毫秒，联跳给水泵汽轮机。

查阅历史曲线，低压主汽门开信号消失，关信号立即发出（两信号几乎同时到达），可判断为低压主汽门快速关闭，同时，低压主汽门快关电磁阀 1 和快关电磁阀 2 均正常（"1"状态，未失电，为 24V DC 供电），见图 5-12。

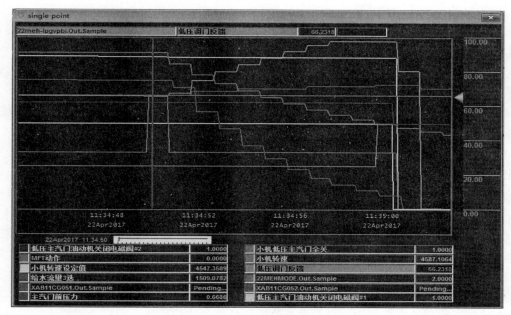

图 5-12　跳闸曲线

2. 现场设备检查情况

检查 2 号给水泵汽轮机 METS 控制柜，交、直流空开无跳闸；电源模块和电源冗余装置工作正常，电源监视继电器无报警；实测 24V 电压正常，无欠压、波动现象；TR1、TR2 跳闸继电器和布朗超速表工作正常，无报警；接线端子无松动；柜内 DCS 控制器工作无异常，未发生切换情况。

检查给水泵汽轮机低压主汽门就地设备，油管路无泄漏，进油手动门为正常开启状态；跳闸电磁阀无异常，防爆线圈及电缆无破损；低压主汽门在关位，行程开关外观良好，盖子紧固，功能正常，接线无松动；中间接线箱防护正常，箱内端子无松动；电缆保护软管接头无脱落，外观无破损。

3. EH 油质化验情况

当天 16 时 48 分，化验 2 号机 EH 颗粒度 5 级，水分为 56.9mg/L，油品符合要求。

4. 功能试验

因 2 号机恢复运行，不具备试验条件。于当晚 22 时左右进行 1 号机给水泵汽轮机实际挂闸模拟低压主汽门关闭试验。

（1）电源切换试验。将 METS 机柜内 QF1、QF3 空开拉下（QF1 提供第一路仪表电源、QF3 提供第一路电磁阀动力电源），检查给水泵汽轮机低压主汽门保持开位，未关闭。恢复断开空开，又将 METS 机柜内 QF2、QF4 空开拉下（QF2 提供第二路仪表电源、QF4 提供第二路电磁阀动力电源），检查给水泵汽轮机低压主汽门保持开位，未关闭。试验结果正常，符合设计要求。

（2）对电磁阀单通道控制继电器失电进行试验，在 METS 逻辑中：

1）将低压主汽门快关电磁阀 1 的 A 通道指令释放，检查给水泵汽轮机低压主汽门保持开位。

2）将低压主汽门快关电磁阀 2 的 A 通道指令释放，检查给水泵汽轮机低压主汽门保持开位。

3）将低压主汽门快关电磁阀 1 的 A、B 通道指令同时释放，给水泵汽轮机低压主汽门关闭。

4）将低压主汽门快关电磁阀 2 的 A、B 通道指令同时释放，给水泵汽轮机低压主汽门关闭。

5）将低压主汽门快关电磁阀 1 的 A 通道指令释放，同时将低压主汽门快关电磁阀 2 的 A 通道指令释放，检查给水泵汽轮机低压主汽门保持开位。

6）将低压主汽门快关电磁阀 1 的 B 通道指令释放，同时将低压主汽门快关电磁阀 2 的 A 通道指令释放，检查给水泵汽轮机低压主汽门保持开位。

试验结果正常，符合设计要求。

（3）模拟就地关闭 EH 油供油手动门试验。与运行人员一起就地关闭给水泵汽轮机 EH 油供油手动门，给水泵汽轮机低压调节阀迅速关闭，低压主汽门慢慢关下（时长约 5min 50s 左右）。此现象与 2 号机组给水泵汽轮机低压主汽门快关而调节阀未关闭现象不符，排除就地误关 EH 油供油手动门的情况。

5. 事件原因分析

本次机组跳闸的直接原因，是给水泵汽轮机低压主汽门快速关闭后造成给水流量低低，导致机组 MFT 引起。低压主汽门快速关闭的原因只能是给水泵汽轮机跳闸指令驱动，但本次低压主汽门关闭并非给水泵汽轮机跳闸指令所致，机务人员从给水泵汽轮机低压主汽门油路图分析，导致低压主汽门快速关闭的原因只能是单向阀动作（开启），使低压主汽门油动机油缸工作腔室的油泄到回油通路中，而单向阀动作（开启）的原因有以下几种可能：

（1）任一快关电磁阀两个通道指令均释放，但从机组跳闸动作记录来看可以排除。

（2）油路（油质、滤网）瞬间发生问题致油动机内油路不畅，导致单向阀弹簧力与压力油压不平衡而发生单向阀动作泄油。事后，给水泵汽轮机在恢复过程未出现类似关主汽门情况（挂闸及冲转均正常）。

因此，低压主汽门快速关闭的原因不明。本次事件暴露出：单台小汽轮配置对机组安全运行要求更高，需进行专题研究，从运行及维护角度提高给水泵汽轮机系统可靠性。

（三）事件处理与防范

（1）联系汽轮机厂从油路结构及控制方面协助进行深入分析。

（2）2 号机组停运后进行低压主汽门关闭试验。

（3）利用停运机会，对 2 号给水泵汽轮机油路及低压主汽门系统进行全面检查。

第三节　管路故障分析处理与防范

本节收集了因管路异常引起的机组故障 7 起，分别为 A 侧二次风量瞬时堵塞导致机组跳闸、给水流量差压变送器平衡阀芯泄漏导致机组跳闸、压力表部件漏水引起真空破坏阀误开导致机组跳闸、取样管堵塞导致机组跳闸、真空测量取样管 U 形弯积水导致机组跳闸、机组润滑油压开关接头漏油导致机组跳闸、变送器垫片老化泄漏引起汽包水位低导致机组跳闸。这些案例只是比较有代表性的几起，实际上管路异常是热控系统中最常见的故障，相似案例发生的概率大，极易引发机组故障。因此热控人员应重点关注并举一反三，深入检查，发现问题及时整改。

一、　A 侧二次风量瞬时堵塞导致机组跳闸

2017 年 8 月 31 日，某电厂 1 号 330MW 机组稳定运行在 150MW，总风量为 412t/h，B、C 和 E 3 台磨煤机运行，总煤量为 55t/h。

（一）事件过程

11 时 12 分 45 秒，左侧热二次风流量持续波动后突然下降为零，锅炉总风量由原来的 412t/h 降至 292t/h，小于总风量的动作值 300t/h，触发"锅炉总风量小于 25％"MFT 保护动作，锅炉灭火，机组跳闸。

（二）事件原因查找与分析

根据总风量低保护定值 300t/h 推算机组满负荷时，锅炉总风量应为 1200t/h。按照锅炉在 150MW 时尾部烟气含氧量 5.5％（稳燃的需要）计算，机组 150MW 时，锅炉总风量约为 686t/h（假定效率恒定），比实测风量高 60％。如果理论计算风量与实测风量基本一致时，即使左侧二次测量装置完全堵塞，总风量低保护也不应动作。因此，风量测量问题是本次非停原因所在。

1. 原因分析

经分析造成风量测量不准的原因，有以下几点：

（1）1 号炉是干排渣，炉底密封不严，有严重的漏风现象。

（2）风量流量计选型错误。2010 年 1 号炉二次风量流量计改造时，将原来的机翼式流量计更换为插入式多点均速喉径流量装置（简称多喉径）。机翼式流量计输出的是烟气全压与静压之差，多喉径流量计输出的是其入口内部静压与其喉部静压之差。尽管两者测量原理不相同，但是，在更新风量流量计后，并没有进行过风量标定，仍然沿用原来的风量计算公式。

（3）多喉径风量流量计是淘汰型产品。国电阳宗海公司、国电费县热电在使用过程中发现，多喉径流量计极易发生堵塞、维护量极大，最终被迫淘汰。即使是最新改进型美国进口 AM-CAMS 多喉径巴类，在国电肇庆试用中在也存在同样的问题。

（4）二次风现场取样初始端未保温，导致水蒸气凝结、黏灰，减小了取样通道直径。

2. 反映出的问题

综上所述分析，本次事件的直接原因，是 1 号炉左侧二次风量多喉径流量计瞬时堵塞造成，同时反映出以下问题：

（1）多喉径流量计有易堵塞的天生缺陷导致了本次事件，改造选用该流量计属于选型错误。

（2）流量计改造后，不仅原理不一样，甚至没有进行流量标定，加上炉膛底部密封不佳，无法确定测其量准确性。

（3）未认真执行定期取样管路吹扫工作，加上二次风现场取样初始端未保温，造成水

蒸气凝结、黏灰，从而减小取样通道直径，降低测量可靠性。

（三）事件处理与防范

风烟系统的多喉径流量计，是被实践反复证实是不适用的流量计，应予以改造。针对本次事故的原因，提出如下整改建议：

（1）利用检修机会，淘汰多喉径流量计，推荐更换为不锈钢防堵矩阵式风量测量装置。

（2）风量测量装置更换后，应进行必要的风量标定。

（3）定期做好对风量测量装置进行吹灰疏通工作。

（4）对热二次风量取样初始端进行保温。

二、 给水流量差压变送器平衡阀芯泄漏导致机组跳闸

2017 年 12 月 17 日，某电厂 1 号机组带热网运行，AGC、AVC 投运，电负荷为120MW，脱硝、脱硫装置正常投入。甲、乙引风机、送风机运行，甲、乙磨煤机、甲、乙排粉机运行。机组 1 号给水泵变频运行，2 号给水泵备用。发电机-变压器组出口 201 开关合，主变压器中性点合入，厂用标准运行方式。

（一）事件过程

21 时 11 分，1 号炉 CRT 画面显示给水流量 1 变零，给水自动将 1 号给水泵变频指令由 76％升至 87.5％，使得 1 号给水泵变频指令与反馈偏差大切除了给水自动，给水泵变频指令维持在 87.5％运行。后运行人员手动调整，21 时 12 分，1 号炉灭火保护动作，首出"汽包水位高跳闸"。

（二）事件原因查找与分析

热控人员检查发现 1 号炉给水流量 1 差压变送器三阀组平衡阀阀芯泄漏严重，造成给水流量 1 显示到零，由于此时 1 号给水泵在变频自动，给水自动将给水泵变频指令由 76％升至 87.5％后，造成给水泵变频指令与反馈偏差大，给水自动被自动切除。

由于运行人员手动调节不及时，造成汽包水位高保护动作，机组跳闸。

（三）事件处理与防范

更换差压变送器三阀组平衡阀后，给水流量 1 恢复正常。本次事件虽是变送器三阀组平衡阀阀芯泄漏引起，但反映了运行人员事故处理水平不足。

（1）对全厂流量变送器进行检查，对长期运行的流量变送器，利用停机机会安排检修，及时发现缺陷，予以消除。

（2）在 DCS 系统中加入锅炉给水流量高、低异常报警，在流量变送器出现泄漏等异常时及时发出警告信号，提醒运行人员及时采取手动调节，避免因发现不及时导致事故。

（3）增加给水流量信号测点，实现"三取中"冗余处理。

（4）加强运行人员培训，提高运行人员事故处理能力。

三、 压力表部件漏水引起真空破坏阀误开， 导致机组跳闸

2017 年 8 月 10 日 13 时 53 分 51 秒，2 号机组负荷 248MW，真空为－91.8kPa，设备状态与参数无异常显示，发生"凝汽器真空低保护"动作，机组跳闸。

（一）事件过程

13 时 54 分，2 号机组大屏幕真空低二值（小于 90.5kPa）报警。

13 时 54 分 5 秒，2 号机真空为 87kPa，备用真空泵联启。

13 时 54 分 9 秒，凝汽器真空低（小于 85kPa）报警。

13 时 54 分 17 秒，真空为 81kPa，2 号机组跳闸；DCS 首出故障信号为"凝汽器真空低保护"动作，厂用变压器自投成功。

13 时 59 分 42 秒，真空至最低值 60.23kPa。

（二）事件原因查找与分析

控制室检查发现，DCS 中凝汽器真空破坏电动阀自动开启。解除禁操按钮，关闭真空破坏阀后又自行开启。

现场检查发现，12.6m 层的 2 号机组 A 汽动给水泵出口压力表漏水（仪表安装在给水泵汽轮机罩壳内），漏水在地面扩散并沿地表孔洞往下流淌。6.3m 层 2 号机组真空破坏门附近地面，以及连接真空破坏门中间端子箱上方进线孔的周围有积水，中间端子箱内接线端子潮湿。A 汽动给水泵出口压力表解体后发现，压力表弹性部件焊接处开裂。该压力表量程为 0～25MPa。

事故过程分析：A 汽动给水泵出口压力弹性元件开裂后，仪表漏水从汽轮机平台滴落到真空破坏门中间端子箱上；漏水沿中间端子箱上方进线孔间隙流入其内部，导致 2 号机组真空破坏门信号线短路，开方向信号接通打开了真空破坏门，凝汽器真空被破坏，机组跳闸。

综上所述，本次事故的直接原因是给水泵出口压力表弹性部件开裂，漏水进入 2 号机组无防雨水功能的真空破坏门中间端子箱，使 2 号机组真空破坏门开方向信号线短路，开方向信号接通引起。

本次事件暴露出以下问题：

（1）现场接线盒，未采取可靠的防雨水措施。

（2）压力表校验时，未进行耐压试验，使压力表内弹性元件焊接质量隐患未能及时发现。

（3）给水泵出口压力仪表取样点及仪表安装位置不合适，一旦发生仪表损坏会影响其他设备的安全。

（4）针对室外的机柜、接线盒防雨水功能，DL/T 774 和 DL/T 261—2012《火力发电厂热工自动化系统可靠性评估技术导则》等均有明确的要求。热控人员对此重视不够。

此次非停事件，表面上看是设备进水造成，深层次分析是对设备位置不合理和因设备故障造成的风险评估不到位，使该隐患没有得到及时发现。

（三）事件处理与防范

目前火电系统，没有针对仪表选型的规程/规范；各项规程对于室内中间端子箱的防雨水功能强调程度不够。但 DCS 电子间内、汽机房内往往会出现一些令人意想不到的由水或汽引起的设备故障导致的不安全事件，提出如下防范措施：

（1）所有中间端子箱顶部孔洞应密封，确保防水可靠。

（2）重新选择中间端子箱型号。根据 DL/T 261—2012《火力发电厂热工自动化系统可靠性评估技术导则》中 6.1.1.1.d）.1）"机柜、接线盒的进/出电缆，应从柜、盒底部进入，在做好防护的情况下可由侧面进入"（无法界定是否做好防护，曾发生过雨水沿保护套管内壁进入一次风机动叶执行器内部的事件）的要求，选择只有下方有电缆孔洞的中间端子箱，才能杜绝端子箱进水的可能。

（3）适当增大压力表量程。保证测量稳定压力时，正常运行压力应为量程的 $1/3\sim2/3$，即仪表量程应不小于实际工作压力的 1.5 倍。

（4）改进给水泵出口压力表的取样点。将给水泵出口压力表的取样点往下游方向移动，远离危险区域，选择在合适位置安装压力表（即使仪表损坏，不会给其他设备带来任何影响的地方），并按规程要求安装热工仪表。

（5）重新选择真空破坏门中间端子箱的安装位置，远离可能产生设备隐患的位置。

（6）组织对全厂所有一次设备进行全面排查，举一反三进行整改，确保类似事件不再发生。对电缆由上进入的中间端子箱或易被误碰的设备等，立即采取临时防水、防雨和防误碰措施，并制定整改计划落实整改。

（7）明确各级人员安全岗位职责，增强全员安全防范意识，提高对重要设备的检修维护和运行巡回检查质量，消除安全"死角"。

四、取样管堵塞导致机组跳闸

2017 年 2 月 20 日，某电厂 2 号机组运行工况：机组负荷为 240MW、主蒸汽流量为 902t/h、给水压力为 16.4MPa、汽包水位为 -30mm、给水流量为 912t/h、真空为 -100kPa；A、B、C、D、E 磨煤机运行；热网循环泵 4 台运行，一台备用；热网疏水泵两台运行，一台备用，热网疏水流量 471t/h。

（一）事件过程

18 点 18 分，机组跳闸，首出故障信号为"真空低保护跳闸"，主汽门、再热汽门、调速汽门关闭，各段抽汽止回门关闭，热网汽侧退出，汽轮机转速下降，主油泵联启，油压正常。2 号机发电机主开关断开，首出故障信号为"程序逆功率保护跳闸"、锅炉 MFT，首出故障信号为"汽轮机跳闸，机组负荷大于 20%"。

机组跳闸后，机组长检查各项保护动作正确，立即投入主汽至轴封汽源，防止大轴骤冷，启动电动给水泵维持锅炉水位，锅炉调整至吹扫风量，检查 ETS 画面低真空保护接点 1、2 动作，核对机组真空趋势及机组排汽温度并无明显变化，热工检查判断为低真空保护误动作。处理后立即组织机组点火，18 点 50 分点火；19 点 22 分，汽轮机冲转；20 点 21 分，机组并网；22 点 30 分，机组投入 AGC。

2 号机组停机前热网供水温度为 73℃、回水温度为 47℃。机组跳闸后，热网供水最低温度降至 45℃。电厂积极协调热负荷调度中心调配热网负荷，21 点 5 分，投入 2 号机热网，热网供回水温度逐渐恢复正常。

（二）事件原因查找与分析

事件后，热控人员赶到集控室，调阅历史曲线，确认跳闸原因为真空低压力开关 4 取 2 导致了真空低保护动作触发 EST 跳闸。其中 2 号开关动作时间为 2017 年 2 月 20 日 18 时 17 分 17 秒，1 号开关动作时间为 2017 年 2 月 20 日 18 时 18 分 54 秒，两个开关动作时间相隔 1min 27s。

现场检查安装的 4 个压力开关，未发现异常，确认为误动作。随后用新的压力开关更换 1、2 号压力开关。

对相关电缆进行绝缘检查，测量绝缘完好：①1 号开关信号电缆线间绝缘 3.34GΩ，对地绝缘分别为 1.92GΩ 和 1.36GΩ；②2 号开关信号电缆线间绝缘 4.35GΩ，对地绝缘分别为 2.31GΩ 和 2.13GΩ。

在实验室对拆下的 1、2 号压力开关进行校验，其中 1 号压力开关的动作值为 -80.3kPa，2 号压力开关的动作值为 -79kPa，压力开关动作值正常，定值无明显漂移。

由此分析当时 1、2 号开关是正常动作，取样管路内真空值达到了动作值，但实际机组真空并没有变化，经分析原因为仪表取样管路堵塞。

经过对仪表管路的检查清理，发现仪表管路中存在微小非金属屑，能够堵塞试验模块中的节流孔（孔径 0.8mm），造成真空保护测点异常动作。

哈尔滨汽轮机厂设计汽轮机真空低保护取样管路经过了试验装置，从装置中分成两路，每路取样各带 2 个压力开关，这 4 个压力开关通过两"或"—"与"的四取二的方式组成汽轮机真空低保护逻辑。正常情况下应该为 1、3 号开关中的一只与 2、4 号开关中的一只同时动作构成保护动作条件，而现场取样管路检查发现保护开关安装位置不正确，实际动作的 1、2 号开关均安装在实验装置的同一路取样管路上，这样当取样管路堵塞时 1、2 号开关同时动作，从而导致汽轮机真空低跳闸。现场实际安装如图 5-13 所示。

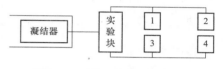

图 5-13　现场错误安装开关图

经过以上检查分析此次事件原因，为热工保护逻辑与测点实际安装位置不匹配，由于取样管路堵塞造成真空测点异常动作，造成机组停运。

本次事件暴露出以下问题：

（1）隐患排查流于形式。真空低保护开关现场安装与实际保护逻辑不匹配，未实现真正意义上的四取二的隐患没有排查到位。

（2）保护传动方案不完善。未进行真空低保护逻辑的在线试验，冷态下只进行了现场单点传动，未对电磁阀进行传动试验。

（3）专业管理存在漏洞。对重要设备保护联锁没有指定专人负责管理，对保护传动方案中不合理内容麻痹大意，未能进行整改。

（4）专业人员技术素质培训不到位，未对现场测点安装方式和保护逻辑认真核对图纸进行校对，未能查出现场重要保护联锁与取样安装存在的问题。

（5）检修项目不全面。未在检修中对真空取样管路和试验模块进行吹扫检查工作，使得取样管路中存在异物，堵塞测量管路。

（三）事件处理与防范

（1）调整现场真空保护开关接线和相关标识，使得取样位置与逻辑相对应，实现真正的四取二逻辑，并进行传动试验。对其他保护开关及变送器进行深入隐患排查工作，核对测点的取样位置和管路，对存在问题的取样结构及时进行整改，彻底消除同类共性问题，堵塞管理漏洞。

（2）完善热工专业汽轮机、锅炉保护系统作业指导书，对传动内容、试验方法与试验条件的正确性及可行性进行认真检查梳理，实际条件允许的保护项目，均应从信号源头传动，试验结果项中应标明通道试验结果，开关状态显示结果；传动试验结束后应断开试验电磁阀电源，以防止设备误动。

（3）加强专业管理，列出所有保护传动项目，逐项梳理试验方法及条件，落实每项的责任人及监督人。加大日常隐患排查力度，对热工逻辑分系统逐一进行有深度的隐患排查，从现场安装取样到 DCS 逻辑和电缆及现场执行机构，深入开展热工的隐患排查，对排查出的隐患进行监督落实整改。

（4）吸取本次事故教训，对所有热控人员进行有针对性的培训，重点是重要保护、联锁和自动系统的隐患排查内容，核对现场安装图纸和说明书，尽快提高人员排查隐患的技术水平，避免同类事件发生。

（5）清理真空保护的取样管路和试验模块，并完善检修作业指导书；在检查校验真空系统仪表的同时，增加检查吹取样管路和试验模块的工作内容。

五、 真空测量取样管 U 形弯积水导致机组跳闸

2017 年 8 月 11 日，某电厂 5 号机组正常运行中，因真空开关取样表管存在的 U 形弯积水，导致机组跳闸。

（一）事件过程

1 时 10 分，5 号机组正常运行中发生事故音响，发电机解列，汽轮机打闸，锅炉灭火。ETS 首出故障信号"真空低保护动作"。

（二）事件原因查找与分析

机组跳闸后，运行人员和检修人员检查 5 号机组抽真空系统、空冷岛等系统未发现异常。热控人员校验保护开关定值准确，测量电缆绝缘符合要求，真空低保护通道试验正常，检查真空开关取样表管开路，发现有两个 U 形弯，怀疑 U 形弯可能存在积水现象。

调取 DCS 历史曲线，可见真空低保护动作，启动热工保护动作出口，2s 后自动恢复。通过比对 DCS 历史曲线记录，5 号机负荷 255MW 时稳定运行超过 30min，排汽压力及各设备都稳定运行，没有发生大的波动及切换操作。

据上检查分析，判断本次事件原因，是真空低保护开关的取样表管存在的 U 形弯积水，堵塞取样表管，造成真空压力开关误发信号造成机组真空低保护动作。

本次事件暴露出热控人员规程要求与专业知识掌握不足，没有意识到测量真空的变送器与取源位置中间存在 U 形弯头，可能导致水塞现象发生。

（三）事件处理与防范

机组停运后，立即组织检修人员打开真空低保护压力开关二次门下口，排净取样表管 U 形弯积水，同时采取了以下防范措施：

（1）在真空低保护开关回路新加装一个压力变送器，随时监测母管压力情况，并增加真空降至 -35kPa 时报警信号，当发现表管有积水现象时，及时处理。

（2）利用停机时按规程要求进行整改，重新铺设压力取样回路，消除 U 形弯头。

六、 机组润滑油压开关接头漏油导致机组跳闸

2017 年 4 月 6 日，某电厂 1 号机组负荷 520MW，AGC 运行方式。磨煤机 1B、1C、1D 运行，磨煤机 1A 备用。主汽压 21.26MPa，主蒸汽温度为 563.74/567.96℃，再热蒸汽温度为 566.60/568.92℃。

（一）事件过程

9 时 38 分 37 秒，DCS 发出一级报警信号"润滑油压低动作"，汽轮机跳闸、发电机逆

功率动作解列、锅炉 MFT 动作，汽轮机跳闸，检查汽轮机跳闸首出故障信号为"汽轮机润滑油压低低"。

运行人员立即手动启动汽轮机交流辅助油泵，检查汽轮机润滑油压 0.3MPa，主油箱油位正常，确认汽轮机 TSI 画面轴承金属及回油温度、振动均等相关参数正常；确认机组大联锁动作结果正常；调整凝汽器和除氧器水位正常，关闭主、再热蒸汽减温水手动门；关闭脱硝供氨手动总门；拉开发电机出口刀闸，投入跳闸磨煤机蒸汽惰化。

（二）事件原因查找与分析

机组跳闸后，热控专业到现场检查，确认润滑油压低开关取样管路接头处漏油严重，对接头紧固处理后压力开关恢复正常。测量各测量回路线间、和对地绝缘，均合格。

检查主机润滑油压力低保护逻辑，为压力开关为三取二设计；但三块压力开关取样管路共用一根母管，母管三通处接头为卡套式接头；运行中由于振动、热胀冷缩等原因，造成接头松动后润滑油外漏，引起润滑油压低压力开关三取二动作信号误发，直接导致机组跳闸。

本次事件暴露出以下问题：

（1）主机润滑油压力低保护用压力开关取样管路设计不合理，没有独立布置；三块压力开关取样共用一根母管，不符合《防止电力生产事故的二十五项重点要求》9.4.3"保护信号应遵循从取样点到输入模件全程相对独立"的原则。

（2）取样管路接头使用不合理，存在松动泄漏的隐患。

（3）检查维护不及时，未能及时发现接头渗漏。

（三）事件处理与防范

（1）全面梳理主重要保护测点取样形式，按独立布置原则整改测点及取样管路。

（2）结合检修工作，将卡套式接头改造为焊接式接头，避免松动泄漏的可能。

（3）加强检修维护管理，提升检修维护工作质量，增加点检巡检频率。

七、 变送器垫片老化泄漏引起汽包水位低导致机组跳闸

2017 年 2 月 13 日，某电厂 6 号机组负荷 177MW，主蒸汽压力为 11.8MPa，主蒸汽温度为 535.5℃，再热蒸汽温度为 535.4℃，A、B 一次风机、送风机、引风机运行，A、B、C 层给粉机投运，A、B、C 制粉系统运行，协调投运，两台汽动给水泵运行，电动给水泵备用，给水自动投运行。

（一）事件过程

16 时 20 分 45 秒，6 号炉汽包水位为−37.4mm，6C 电动给水泵出口流量测点由 0 跃变为 607、451t/h（两个模拟量，就地检查：流量测点负压侧漏），最小流量阀联关，总给水流量突然上升至 995t/h，6A、6B 汽动给水泵出力自动快速减少为 1.2t/h，汽包水位下降。

16 时 22 分 38 秒，6 号炉水位低至−300mm，MFT 保护动作，首出原因"汽包水位低"。

16 时 25 分 59 秒，6 号发电机减负荷至 66MW，6 号机组跳闸，汽轮机 ETS 首显"DEH 停机"，DEH 跳闸原因首次故障显示"供热跳机"。立即汇报省调度中心所。

（二）事件原因查找与分析

接通知后，热控人员到达现场，将电动给水泵最小流量阀超弛开强制，手动点操开启电动给水泵最小流量阀，启动 6C 电动给水泵，缓慢向 6 号炉汽包上水。检查发现 6 号机

6C 电动给水泵出口流量变送器 2 三阀组负压侧垫片泄漏。调出历史曲线记录查阅，分析事件原因：

（1）当时 6 号机组负荷 182MW，总给水流量自动投入，16 时 20 分 59 秒，总给水流量由 674.5t/h 突变至 995.5t/h，因电动给水泵出口流量变送器 2 三阀组负压侧垫片泄漏，造成电动给水泵出口流量数值突变增大，A、B 汽动给水泵转速减小，给水补给不足导致汽包水位低 MFT 动作。

（2）针对 DCS 画面显示 6 号机组停机首次故障信号是"供热停机"问题，检查组态，造成"供热停机"的原因有两项：中压排汽压力高高（≥0.55MPa）或低低（≤0.05MPa）。中缸排汽蝶阀开度保持 57% 未变，抽汽压力测点不会突升，由此判断造成供热停机的原因只能是抽汽压力低低。调出历史数据曲线查看，停机前中压排汽压力保持 0.14MPa 未变，停机 4min 后中压排汽压力曲线才突降至 0，且机组运行时该测点历史曲线呈阶梯状而不是平滑曲线。经分析，原因是中压排汽压力测点历史数据收集存在死区，死区设置为 1（100ms 内测点的变化趋势无法收集），因历史数据采集时间较长，"供热停机"信号触发前未收集到测点的变化趋势引起。

（3）6 号机组中压排汽压力低低保护投入，6 号炉 MFT 动作后供热未及时退出，连续抽汽使 6 号机中压排汽压力低至保护动作值，导致停机信号发出，汽轮机跳闸。

本次事件暴露出以下问题：

（1）6 号机组给水流量变送器运行时间长、垫片老化造成泄漏。

（2）机组给水自动控制系统所用的给水流量信号，使用电动给水泵、汽动给水泵出口流量总和，当电动给水泵出口流量突升时，逻辑误判断为电动给水泵运行、减小汽动给水泵出力，导致汽包水位低。

（3）中压排汽压力测点历史数据收集死区为 1（100ms 内测点的变化趋势无法收集），死区过大，影响故障时历史数据的正常收集。

（4）6 号机组、7 号机组中压排汽压力低跳机保护投退状况，运行、维护人员不熟悉。

（5）DCS 操作员画面没有中压排汽压力测点，不便于运行人员对机组运行参数的监视。

（6）6 号机组供热快关阀，存在受力不均时无法开关缺陷，导致锅炉灭火后，运行人员只能关闭供热快关阀后的供热电动蝶阀解列供热系统，但供热电动蝶阀行程长约 3min，造成中压排汽压力低机组跳闸。

（三）事件处理与防范

更换高压变送器垫片，对 6 号机组供热蝶阀进行检修，同时采取以下防范措施：

（1）制定垫片的管理办法，利用停机机会检查 6 号机组主要承压变送器垫片状况，消除垫片隐患。

（2）总给水流量使用炉侧流量测点计算（冬季不再切换为机侧流量测点），或者在 DCS 中增加电动给水泵运行信号，判断电动给水泵流量是否计入给水总流量计算。

（3）减小 DCS 历史曲线采集的死区，咨询新华厂家技术人员后，将 3 个中压排汽压力测点的采集死区更改为 0，保证历史曲线能有效采集和记录中压排汽压力真实数据。

（4）对 6 号机组、7 号机组重要保护逻辑进行排查，掌握保护的投退状况。

（5）由专业人员对增加"灭火保护动作后联锁关闭供热快关阀，解列供热"逻辑的可行性进行认证。如可靠，利用机组停机时完成逻辑修改。

（6）在 DCS 操作员画面增加中压排汽压力测点显示，便于运行监视。

第四节 线缆故障分析处理与防范

本节收集了因线缆异常引起的机组故障 12 起，分别为给水泵汽轮机切换阀航空插头接触不良导致机组跳闸、发电机断水保护信号电缆破损导致机组跳闸、高压加热器出口门控制电缆短路导致机组跳闸、电缆线芯中间接头氧化导致机组跳闸、机组轴向位移电缆线芯绝缘磨损导致跳机事件、多股线头误碰引起燃气轮机组低压 CO_2 气体灭火系统误喷、高压缸温度测量元件引出线故障导致机组跳闸、轴振探头接线端子松动导致机组跳闸、排汽装置真空开关接头松动导致机组跳闸、接线接触不良造成给水泵液力耦合器控制电源同时失去导致机组跳闸、TA 端子连片松动引起全炉膛无火导致机组跳闸、循环水泵蝶阀电源线松动导致机组跳闸。线缆管路异常是热控系统中最常见的异常，导致机组跳闸案例时有发生，应是热控人员重点关注的问题。

一、 给水泵汽轮机切换阀航空插头接触不良导致机组跳闸

2017 年 3 月 12 日，某电厂 1 号机组正常运行中跳闸，首出故障信号为"汽包水位高四值"。

（一）事件过程

19 点 23 分 26 秒，1 号机组运行中锅炉 MFT 跳闸，首出故障信号为"汽包水位高三值"。

19 点 23 分 28 秒，汽轮机跳闸，首出故障信号为"汽包水位高四值"，随后主汽门、再热汽门、调速汽门关闭，各段抽汽止回门关闭，热网汽侧退出，汽轮机转速下降，主油泵联起，油压正常。

19 点 32 分，热控人员到达集控室，调阅历史曲线，确认跳闸原因为"汽包水位高三值"导致锅炉 MFT 灭火，"汽包水位高四值"导致汽轮机跳闸。

机组跳闸后，1 号机机组长检查各项保护动作正确，立即投入主蒸汽至轴封汽源，防止大轴骤冷，启动电动给水泵维持锅炉水位，锅炉调整至吹扫风量。

检查确认事件原因后，运行人员立即进行机组启动，19 点 42 分点火，20 点 18 分汽轮机转速升至 3000r/min，21 点 16 分，机组并网。

（二）事件原因查找与分析

热控人员就地检查汽包水位，给水流量等重要测点无异常，检查 DCS 系统操作记录画面、报警记录画面和历史曲线后，初步分析认为给水泵汽轮机切换阀调节滞后，切换阀指令先递减后递增，最大开度为 47%，给水泵转速调节指令与反馈偏差大于 1000r/min 以后，给水调节系统切为手动，此后切换阀从 6% 开度迅速开启至 59%，给水流量突增，造成汽包水位高保护动作。

1. 查阅历史记录及曲线显示

19 点 21 分 3 秒，1 给水泵汽轮机低压调节阀全开状态，切换阀指令为 19%，反馈为 16%。20s 时指令变为 21%，切换阀反馈变为 6%，实际转速也下降。

19 点 21 分 50 秒，汽动给水泵由于设定转速与实际转速偏差超过 1000r，汽动给水泵切除自动，2s 后切换阀指令由 21％上升到 47％，切换阀没有动作反馈维持为 6％。给水泵汽轮机切换阀指令自动跟踪到 47％后，切换阀按照指令快速打开反馈到 59％，此时水位"高一值"光字牌信号报警。

19 点 23 分 9 秒，汽包水位"高二值"，联锁打开事故放水门。

19 点 23 分 25 秒，汽包水位"高三值"，锅炉 MFT 动作，3s 后汽包水位"高四值"，汽轮机跳闸。

2. 事件原因分析

事件发生后，各专业人员对就地设备检查未发现异常；热控人员对切换阀进行静态试验，阀门动作正常，未出现卡涩及迟缓现象。

13 日 3 时 00 分，进行热态试验时，发现阀门摆动问题仍旧存在，相关专业人员分析，初步判断可能是就地控制系统故障引起；再次对就地控制系统设备检查，发现晃动切换阀航空插头时，就地控制柜的故障指示灯发出报警，由此确定为航空插头原因造成阀门控制线松动，引起阀门指令晃动是事件的主要原因。伺服阀的接线图见图 5-14。

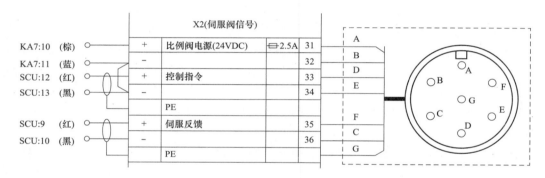

图 5-14　伺服阀接线图

热控人员随后打开航空插头及插座内的接线，检查各线焊接良好，并没有发现有接线松动情况，但是在插接航空插头后，扭动接线，依然会发出故障报警指示。因此确定原因为航空插头的连接或接触部分，由于给水泵汽轮机长期存在高频振动，造成线路虚接或插头的接插部分接触不良，导致伺服阀失控引起，见图 5-15。

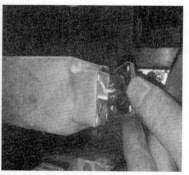

图 5-15　航空插头及插座内的接线

1、2号机组汽动给水泵在负荷大时，四段抽汽的低压汽源无法满足汽动给水泵转速要求，此时需要切换为冷再的高压汽源运行，由于蒸汽参数较高，阀门开度较小，调节阀门的节流严重，系统从调节阀门到汽源管道振动明显，汽源管道上的热工压力取样管和温度测点套管频繁损坏，多次进行带压堵漏处理。热工将温度测量改为壁温测量，压力取样改为金属软管测量，依旧频繁损坏。为防止由于振动导致接线松动，2016年11月在1号机组检修中热工将阀门本体固定的控制接线盒改造拆离阀体。

改造后，控制箱接线处没有发生过接线松动的问题。但是伺服阀端的航空插头由于无法脱离阀门本体，只进行了固定检查，无更可靠的防范措施。在事故发生后，热工将伺服阀的航空插头用绝缘胶布重新固定，让其与伺服阀一起振动，减少接头处的电缆晃动。在固定伺服阀接线后，再次进行切换阀带负荷试验，控制系统恢复正常运行。

本次事件暴露出以下问题：

（1）对设备振动存在的安全风险分析不够全面，没有考虑到振动对所有电气元件的影响，只是认为接线盒内的接线会由于振动导致松动，没有意识到伺服阀航空插头处的接线及内部电路板也会存在此问题。

（2）热工专业人员未能对振动引起切换阀的接线松动提出合理有效的防范措施方案。

（3）专业技术培训不够，对给水泵汽轮机伺服阀失电或接线松动时，伺服阀如何动作、调节功能如何变化不了解，对引起的后果认识不足。

（4）热工DCS系统控制联锁逻辑不够合理，给水系统切除自动后只进行了软光字牌报警，未接入硬光字牌，导致运行人员不能第一时间发现故障。

（5）专业管理存在问题。定期工作安排不合理，对给水泵汽轮机汽源系统振动易引发损坏的设备没有安排定期巡检，不能及时发现设备异常。对给水泵汽轮机振动存在的隐患认识不够，没有安排专人管理，定期记录各类故障试验数据。

（三）事件处理与防范

针对给水泵汽轮机切换阀控制箱和接头做专项整改，将能够移位的接线盒或接线头全部远离设备本体，以减少连接处的振动。检修期间对伺服阀的接头及端子箱进行检查，对可能松动的端子及接头进行紧固。此外采取以下措施：

（1）对目前存在的问题联系厂家和其他厂技术人员，在暂时无法处理系统振动的情况下，加强监视且做好事故预想，避免出现此类事件。

（2）加强热控人员技术培训，让大家熟悉给水泵汽轮机切换阀的各项参数。利用小修对给水泵汽轮机切换阀进行故障试验，掌握系统故障时的各类设备状态。针对本次事故，开展给水泵汽轮机伺服阀控制器故障的专题培训。

（3）同类事件举一反三，加强1、2号给水泵汽轮机切换阀定期巡检，每日一次。重点检查切换阀运行状态和故障指示，并留下检查痕迹，出现问题立即整改处理。

（4）为便于运行人员及时发现汽包水位的变化，将水位高二值光字报警由120mm改为80mm，低二值光字报警由-180mm改为-80mm。待机组停备时增加给水泵汽轮机切换阀指令与反馈偏差大超过5%切除自动条件并报警。

（5）针对航空插头连接可能产生接触不良问题的处理，建议检修结束、试验正常完成后，可将插座和插头涂上一层环氧树脂，起到密封作用（减缓接触处的氧化），同时减缓接触部分因振动产生的接触不良。

二、 发电机断水保护信号电缆破损导致机组跳闸

2017 年 8 月 16 日，某电厂 4 号机组各主要参数与设备状态显示正常。运行中，因发电机断水保护信号电缆破损导致机组跳闸。

（一）事件过程

事件前，主要参数显示：负荷为 183.6MW，主蒸汽压力为 12.59MPa，主蒸汽温度为 528.6℃，真空为 −93.65kPa，再热蒸汽压力为 2.14MPa，再热蒸汽温度为 535.4℃，主蒸汽流量为 544.0t/h，给水流量为 524.4t/h，总煤量为 135.3t/h，2、4、5 号制粉系统运行。

15 时 45 分 13 秒，4 号汽轮机跳闸，机组与系统解列。ETS 首出故障信号为"发电机主保护 1 跳闸""发电机主保护 2 跳闸"。

（二）事件原因查找与分析

机组跳闸后，运行人员检查 4 号发电机非电量保护屏，15 时 45 分 13 秒"发电机断水保护动作"报文显示，立即通知电气专业和热控专业人员组织进行检查。电气专业人员检查保护装置插件无过热、开焊等异常现象。

热控专业检查 DCS 送至非电量保护屏 C 的发电机断水保护信号，经查阅历史曲线无保护动作信号输出（发电机断水保护逻辑为流量开关信号 ≤30t/h 三取二延时 28s 和温度开关信号 ≥85℃ 三取二延时 5s 组成或门逻辑，按照不同模件布置输出两路，通过硬接线方式送至电气保护屏 C，当动作条件满足时，延时 2s 电气保护装置输出发电机跳闸信号）。

1. 原因查找

设备管理部组织热控、电气专业人员分析，判断可能存在的两个方面疑点造成发电机跳闸。一是 DCS 送至非电量保护屏 C 的发电机断水保护信号电缆短路。二是非电量保护屏保护装置内部元件故障。热控、电气人员配合，将 DCS 侧和保护屏 C 侧的信号线解开，分别检查信号电缆和保护装置：

（1）电气专业对保护装置进行模拟试验，用短接线的方式模拟输入信号，保护报文发出"发电机断水保护动作"信号，断开信号线"发电机断水保护动作"消失，排除保护装置本身误发保护动作信号的可能性。

（2）热控专业对该电缆进行测试，发现存在短接现象。立即组织人员对该电缆进行更换，对换下的电缆做进一步检查，发现电缆存在破损痕迹（见图 5-16），经检测存在时通时断现象。

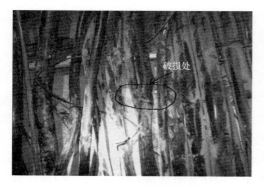

图 5-16　电缆破损痕迹

经查询，在机组跳闸之前，"特殊消防系统维护"人员在电缆夹层内进行工作，检查电缆槽盒内部的感温电缆情况，对槽盒内的感温电缆进行过拽动。

根据上述检查，分析判断本次事件的原因，是 DCS 送至非电量保护屏 C 的发电机断水保护信号电缆存在破损，"特殊消防系统维护"人员在电缆夹层内进行工作时，拽动了该信号电缆，导致信号电缆短路发出发电机断水保护信号，引起发电机跳闸。

2. 暴露的问题

（1）隐患排查存在死角。按照集团《火力发电设备隐患排查治理手册》进行隐患排查，但在机组检修期间只对主要保护信号电缆进行检查，忽略了与电气接口保护信号电缆的检查，体现出隐患排查治理工作尚需进一步深入与细致。

（2）技术管理把关不严。发电机断水保护信号虽采用二选一的方式送至电气保护屏 C，未考虑到因某一信号电缆发生短路故障引发的严重后果，暴露出专业管理人员对主要保护逻辑关系的设计、配置把关不够严谨。

（三）事件处理与防范

更换破损的电缆，保护信号传动试验正常后恢复正常运行。同时采取以下防范措施：

（1）对主要保护信号电缆进行全面检查，制定详细的保护信号电缆测试计划，对发现问题制定整改计划，消除同类型安全隐患。

（2）在机组检修期间，在非电量保护屏 C 内搭建继电器硬回路，实现三取二逻辑关系，输出至电气保护装置。

三、 高压加热器出口门控制电缆短路导致机组跳闸

2017 年 12 月 6 日，某电厂 1 号机组正常运行，因汽包水位低 MFT。

（一）事件过程

13 时 27 分，3 号高压加热器出口门关闭。13 时 30 分，汽动给水泵超速保护跳闸，电动给水泵联启。13 时 31 分，锅炉汽包水位达到－250mm，汽包水位低保护动作，锅炉 MFT 动作，1 号机跳闸。

（二）事件原因查找与分析

经查历史记录曲线显示，1 号机组 3 号高压加热器出口电动门突关，因高压加热器出口电动门本身故障关闭不能联开高压加热器三通阀，造成主给水中断，汽包低水位保护动作，锅炉 MFT 动作。

经现场检查，1 号机组 3 号高压加热器出口电动门突关原因，是该电动门控制电缆绝缘破损后短路故障导致。2017 年 6 月 23 日 1 号汽轮机 4.5m 层乙侧主蒸汽管道上试验温度测点套管断裂脱落，泄漏点上方电缆桥架长度 12m 区域内热控电缆因高温绝缘损坏，因当时检查该电缆绝缘合格、无明显损坏故未更换。但实际上由于该阀门控制电缆临近事故区域，电缆线芯绝缘受高温影响已有破损，历经 5 个多月的运行后，因振动等原因造成电缆破损处接地事件，引发 1 号机组 3 号高压加热器出口门突关。

本次事件暴露出以下问题：

（1）高压加热器出口门突关后，运行值班人员未能准确判断故障原因，及时采取有效措施，对给水中断问题进行正确处理。

（2）隐患排查工作不细，1 号机组高压加热器出口门控制电缆内部绝缘损伤情况未能及时发现。

（三）事件处理与防范

（1）组织人员全面检查 1 号机组机侧所有热控电缆，消除故障隐患。增加 1、2 号机组高压加热器出口电动门非指令关闭连开高压加热器旁路三通阀逻辑。

（2）加强设备缺陷管理，发现缺陷及时通知检修并登记缺陷，加强对挂起缺陷的管理。

（3）根据实际需要，增设 1、2 号机组重要参数声光报警功能，为运行应急处理提供时间。

（4）加强对全能值班员的技能培训，针对异常情况的判断分析及应急处理进行专题培训，认真开展事故预想，强化事故应急处理能力。

四、电缆线芯中间接头氧化导致机组跳闸

2017 年 12 月 17 日，某电厂 5 号机组负荷为 570MW，主蒸汽压力为 21.47MPa，主蒸汽温度为 567.25℃，再热蒸汽温度为 563.01℃，A、B、C、D、E 磨煤机运行，总煤量为 287t/h，A、B 给水泵运行，甲、乙一次风机、送风机、引风机运行，机组 AGC 投入。

（一）事件过程

3 时 19 分 24 秒，乙侧一次风机前轴承温度 2 由 49.49℃上升，90s 后超过报警值 90℃。

3 时 20 分 58 秒，超过保护动作值 95℃（最高 115℃）。6s 后"一次风机轴承温度保护"动作，立盘发"任一次风机跳闸"，乙侧一次风机跳闸，一次风压由 7.9kPa 快速下降，最低 1.09kPa，运行人员进行给煤、给水的操作调整。3 时 22 分 30 秒，手动紧停 D 磨煤机。

3 时 24 分 38 秒，锅炉主保护"炉膛压力高高"保护动作，锅炉 MFT，汽轮机跳闸，机组解列。

（二）事件原因查找与分析

1. 事件原因查找

（1）查阅 DCS 事件记录。3 时 19 分 24 秒，乙侧一次风机前轴承温度 2 由 49.49℃上升。3 时 20 分 54 秒，达到报警值 90℃。

3 时 20 分 58 秒，达到保护值 95℃（最高 115℃）。6s 后乙侧一次风机轴承温度保护动作，乙侧一次风机跳闸，一次风压力由 7.95kPa 快速下降，最低 1.09kPa。首出故障信号为"一次风机轴承温度保护"动作。

3 时 24 分 38 秒，锅炉主保护动作，首出故障信号为"炉膛压力高高"动作，汽轮机跳闸保护首出故障信号为"锅炉主燃料跳闸"。

（2）一次风机前轴承温度测点检查。检查确认乙侧一次风机前轴承温度 2 测点故障引起温度异常上升，3 时 19 分 24 秒乙侧一次风机前轴承温度 2 由 49.49℃上升，3 时 20 分 58 秒超过保护值 95.49℃，3 时 21 分 4 秒乙侧一次风机跳闸。整个过程中，乙侧一次风机前轴承温度 1 测量值保持在 44℃左右；温度保护速率限制是 3℃/s（主编意见：应改为 5℃/s）。本次温度上升速率低于速率限制设置值。

停机后检查乙侧一次风机前轴承温度 2 测点元件（热电阻）及引线阻值绝缘正常，测量热电阻元件阻值为 112Ω（对应温度值约为 31℃），但 DCS 远方显示 44.4℃，初步判断元件接线盒与 DCS 机柜之间的信号电缆线路电阻异常；检查信号电缆，发现信号电缆及线芯绝缘正常，但热电阻三根线芯线路电阻存在 4Ω 偏差。分析认为该温度测点信号电缆线芯存在中间接头，接头氧化老化引起接触电阻增加，造成其温度测量值异常波动。现场一

次风机轴承温度 1 和 2 布置形式见图 5-17。

（3）锅炉运行调整及燃烧情况检查。乙侧一次风机跳闸后，因 RB 未投，运行人员未对磨煤机容量风挡板开度做出相应调整。一次风母管压力快速下降，因未设置一次风母管压力低保护，五台磨煤机依然保持运行状态。

乙侧一次风机跳闸后，B 侧风机动叶处于自动状态而自动增加出力。

现场检查记录发现，在乙侧一次风机跳闸后，手动停 D 磨煤机之前，5 台磨煤机共 5 个燃烧器火焰检测消失，分别是 A3、A6、D1、E1、E6。

图 5-17　轴承温度 1 和 2 布置图

3 时 24 分 37 秒炉膛压力 659Pa，3 时 24 分 39 秒 862 毫秒，炉膛发生爆燃，压力高高三个压力开关动作，锅炉 MFT，炉膛压力模拟量最高 4000Pa。同时一次风母管压力因为炉膛正压快速上升 5.9kPa。

2. 事件原因分析

因乙侧一次风机前轴承温度 2 测点故障，引起温度不正常上升（上升速率低于速率限制设置值）并超过保护值，导致乙侧一次风机跳闸。

乙侧一次风机跳闸后因 RB 未投，运行人员未对磨煤机容量风挡板开度做出相应调整，一次风母管压力快速下降，因未设置一次风母管压力低保护，五台磨煤机依然保持运行状态，大量的煤粉在磨煤机筒体与粉管内沉积，在甲侧一次风机出力自动增加的情况下（在自动状态，甲侧一次风机动叶反馈阶梯式上升至 63%），一次风机母管压力缓慢上升，一次风机母管压力上升导致大量的煤粉进入炉膛，引起燃烧极不稳定，其中较多未燃尽煤粉积聚在炉膛内发生爆燃。

本次事件暴露出以下问题：

（1）机组 RB 未投入。2008 年进行了 RB 控制试验，但因 5 号机组经过 3 次协调控制优化，2017 年 12 月机组协调优化和试验工作完成；RB 控制，因还未重新进行静态试验和动态试验，故暂未投运。

（2）机组燃油系统长期不在备用状态（燃油系统在备用状态后燃油温度较高，存在安全隐患）。

（3）因火焰检测信号存在偷窥和误检（锅炉 MFT 动作后，多个火焰检测信号依然显示有火），磨煤机火焰检测丧失保护未投入。

（4）磨煤机未设置一次风量低低或一次风压低低保护（一次风压较低时，锅炉燃烧存在安全隐患）。

（5）热工设备检修维护不到位，对乙侧一次风机轴承温度测点存在的故障隐患未能及时发现，并采取有效方案和办法予以彻底消除。

（6）发电部运行管理不到位，对运行人员的技术管理和监督指导不够。乙侧一次风机跳闸后处理不当，事故处理过程中对一次风机、制粉、给水、燃油系统的处置存在不足，未能有效控制故障范围的扩大和发展。

（7）生产技术部设备技术管理不到位，对设备检修维护技术管理不够细化。

（三）事件处理与防范

（1）热工检修部对 5 号机组乙侧一次风机轴承温度测点 2 电缆进行更换，保证阻值、绝缘符合要求。同时对 5 号机组炉侧主要辅机控制电缆及线芯进行排查，对阻值、绝缘不符合要求的电缆进行更换。

（2）热工检修部对火焰检测装置进行全面排查，对火焰检测装置存在问题进行分类汇总，利用机组检修对火焰检测进行检查处理，消除火焰检测存在问题。

（3）暂调换 5 号机组乙侧一次风机轴承温度测点 2 热电阻线芯，使用阻值不同的线芯作为热阻公共端，同时对该温度测点保护进行优化，增加相邻测点越限作为验证条件。

（4）发电部加强运行管理和人员培训，特别是重要辅机跳闸事故处理方面的操作调整知识技能培训，提高运行人员的业务技术素质和事故处理能力，加强对各值班员当班期间的监视、操作、调整的监督检查和指导。

（5）生产技术部加强生产技术管理，严格管控设备检修维护和运行管理，加强各种技术措施执行情况的监督检查，加强生产管理的监督、检查、指导工作。

（6）2018 年完成燃油系统冷却系统完善，解决燃油系统备用时温度高问题。

（7）2018 年内完成各台机组 RB 功能完善、动静态试验，投入各台机组的 RB 功能。

（8）对磨煤机保护增加一次风量或一次风压保护的可行性进行调研，参照同类型机组磨煤机保护设置完善磨煤机一次风压保护。

（9）将一次风机前、后轴承温度报警值由大于或等于 90℃，修改为大于或等于 80℃。

五、 机组轴向位移电缆线芯绝缘磨损导致跳机事件

2017 年 11 月 4 日，某电厂 1 号机组负荷 380MW 运行，因汽轮机轴向位移大导致机组跳闸。

（一）事件过程

6 时 3 分 18 秒，1 号机组负荷 458MW，轴向位移 1 指示值 0.000mm，轴向位移 2 指示值 0.001mm，轴向位移 3 指示值 0.015mm，推力瓦温度 65℃，机组其他参数正常，机组正常运行。

6 时 7 分 1 秒，轴向位移 3 指示值由 0.015mm 升高到 0.305mm，轴向位移 1、2 指示值无变化。

6 时 34 分 27 秒，轴向位移 3 指示值由 0.305mm 升高到 0.475mm，轴向位移 1、2 指示值无变化，之后轴向位移 3 指示值在 0.35mm 左右波动。

7 时 58 分 30 秒，轴向位移 1、2 显示值开始向上波动，分别至 0.152、0.136mm。

8 时 20 分 26 秒 1 号机组负荷 500MW，轴向位移 2 达到 0.6mm 报警，运行人员解除 AGC 手动降负荷至 400MW，负荷下降同时轴向位移 1、2 指示值依然向上波动。

9 时 3 分 4 秒，1 号机组负荷 380MW，轴向位移 1 指示值 0.802mm，轴向位移 2 指示值 0.807mm，达到保护动作值 0.8mm，ETS 轴向位移大保护动作，汽轮机跳闸，锅炉 MFT。

（二）事件原因查找与分析

本次事件由轴向位移 1、2 指示值达到保护动作值 0.8mm，满足信号三取二保护动作

停机。经查事件原因，是由于汽轮机 2 瓦处轴向位移电缆线芯绝缘磨损，见图 5-18，导致轴向位移信号电缆线接地，对轴向位移指示值产生干扰，最终达到保护动作值。

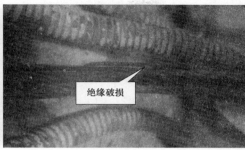

图 5-18　2 瓦处电缆破损情况

现场检查发现，轴向位移电缆在施工中存在以下问题：

（1）轴向位移电缆线芯绝缘磨损的原因，是由于机组汽轮机二瓦轴承箱处电缆槽盒至接线盒处环境温度相对较高，电缆长期处于温度较高的环境易导致绝缘老化变脆、汽轮机振动使电缆与蛇皮穿线管发生摩擦引起。

（2）信号电缆线芯在进出电缆槽盒时未采取绝缘防护措施。

（三）事件处理与防范

该事件反映出，电缆敷设施工时，没有考虑电缆长期运行的环境温度要求，机组检修过程中，隐患排查工作存在死角，未对主要设备、特别是主机保护电缆进行全面检查，及时发现电缆所处的环境温度高隐患；在轴向位移显示值变化时的风险预控及异常处理能力不足。事件后采取了以下防范措施：

（1）机组停运检修期间，更换 TSI 系统控制信号电缆，整改电缆槽盒与接线盒。

（2）重视隐蔽区域隐患的排查，开展专项电缆防磨防碰检查和电缆接线、电缆套管接头专项检查。

（3）制定电缆定期检查计划，利用机组停运机会，定期测试重要电缆的绝缘电阻。

（4）完善故障处理和风险控制预案，加强专业人员现场安全意识和专业技能培训，提高现场检查时的安全意识、检修工艺质量和异常事件的处理能力。

六、　多股线头误碰，引起燃气轮机组低压 CO_2 气体灭火系统误喷

某燃气轮机电厂建有 4 台 M701 燃气轮机联合循环机组，在每台燃气汽轮机罩壳内分别设置一套独立的低压 CO_2 灭火系统，每套独立的灭火系统由两套独立的喷放管网组成，一套喷放管网为大流量喷放，另一套喷放管网为小流量喷放。低压 CO_2 灭火系统设有手动和自动相结合的火灾探测和报警装置，由手动报警按钮、报警探测器和消防控制设备等部分组成。所用手动报警按钮、报警探测器和消防控制设备都连接在火灾控制盘的不同位置上。

（一）事件过程

2017 年 2 月 25 日，21 时 30 分，4 号机组停运，消防人员接到当班值长通知：4 号机组燃气轮机罩壳低压 CO_2 灭火系统喷发。

21时45分左右，消防人员到达4号机低压CO_2灭火系统CO_2储罐间，首先查看低压CO_2灭火系统灭火控制器报警情况和气体喷射情况，检查确认：

（1）一、二次喷放气动阀为关闭状态，一、二次喷放气动阀后压力开关未动作，防火挡板动作关闭，防火挡板气动阀后压力开关动作。

（2）CO_2储罐出口至一、二次喷放气动阀管道结冰。

（3）消防控制盘报"4pt燃气轮机罩壳CO_2手动喷放信号""4号燃气轮机罩壳防火挡板启动管路压力开关报警"。

以上检查确认说明低压CO_2灭火系统发生了误喷。

（二）事件原因查找与分析

消防人员经当值值长协商，暂时不对灭火控制器进行复位，先根据报警信息"4pt燃气轮机罩壳CO_2手动喷放信号"，对现场6个手动喷放按钮控制箱（LCP）进行检查，"手动喷放信号"接线图见图5-19，接线箱内均为并联连接。

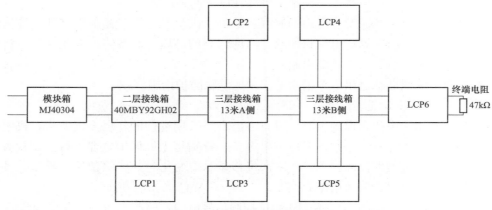

图5-19　手动喷放信号接线图

注：LCP为手动喷放按钮控制箱。

在消防模块箱MJ40304内，拆除手动喷放信号监视模块进线电缆，测量手动喷放信号监视模块两进线电缆对地绝缘为∞，线间无电压，两根进线电缆对地电压3～7V DC之间波动，对地电压异常，线间电阻为56kΩ（回路中并接有47kΩ终端电阻），正常。

分别拆除6个手动喷放按钮控制箱（LCP）内的"手动喷放"线路端子排的上端子，对各个手动喷放按钮回路进行检查测试，手动喷放按钮回路正常。对从接线箱至手动喷放按钮控制箱（LCP）线路进行测量，发现线路还是有对地电压，两根进线电缆对地电压均为3～7V DC之间波动，判断线路有问题。

3月2日，热控人员和消防人员对手动喷放线路再次进行检查，对接线箱、模块箱、控制箱（LCP）之间的线路逐段拆线检查，除燃气轮机罩壳东侧6.5m层LCP 6控制箱线路异常外，其他线路对地、线间绝缘阻值均为∞，线间无电压，线对地电压均为0V DC，线路正常。

LCP 6控制箱线路异常检查：当拆除13m层B侧消防防爆接线箱到LCP 6控制箱"手动喷放信号"线路后，测得线路线对地绝缘阻值为∞，线间无电压，两根出线电缆对地电压3～7V DC之间波动，线间电阻为56kΩ，初步判断为此段线路电缆可能有接地导致"手动喷放"信号误发。

针对上述情况热控人员和消防人员对此段线缆进行了外观检查并把此段电缆全部退出电缆套管检查，发现没有明显破损，当重新进行接线后，再次测量时发现电缆各项数据已正常，线对地、线间绝缘阻值为∞，线间、线对地电压均为 0V DC。"手动喷放"信号误发原因未明。

3 月 15 日，结合 4 号机组停机机会，热控人员和消防人员对整个处理过程进行重新整理后，认定误喷放唯一可能存在原因是 LCP 6 控制箱进线线路存在异常，对 LCP 6 控制箱进线电缆全部退出电缆套管重新进行了检查，未发现异常。对 LCP 6 控制箱内接线线路进行模拟试验，发现 LCP 6 控制箱内端子排"手喷信号"的负极和"止喷信号"的正极，因接线相近，同时均为多股电缆，存在有短接的可能，并且短接时故障现象与"手喷信号"误喷时的现象完全一致，短接时"手动喷放信号"两根出线电缆对地电压 3～7V DC 之间波动。低压 CO_2 灭火系统控制盘会触发"燃气轮机罩壳 CO_2 手动喷放"信号，LCP 6 控制箱内端子排接线见图 5-20。

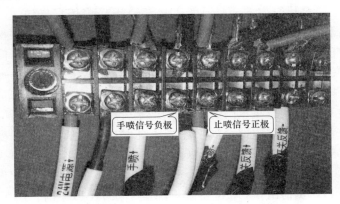

图 5-20 LCP 6 控制箱内端子排接线图

经过上述检查和分析，认为本次 4 号机组燃气轮机罩壳低压 CO_2 灭火系统异常喷放的原因为：LCP 6 控制箱内端子排"手喷信号"的负极和"止喷信号"的正极，因接线相近，同时均为多股电缆，在设备早期接线不规范、有裸露线头隐患存在的情况下，因振动等原因发生了短接，导致"燃气轮机罩壳 CO_2 手动喷放"信号误发，低压 CO_2 灭火系统误启动。

本次事件暴露：设备隐患排查不彻底，端子排接线存在隐蔽缺陷未被发现，说明设备点检水平仍需提高。

（三）事件处理与防范

为保证安全生产，避免此类故障重复发生，针对设备存在的问题采取如下处理措施。

（1）将全厂 4 台 M701 燃气轮机低压 CO_2 灭火系统手动喷放按钮控制箱内的接线线头，全部改为 Y 形冷压绝缘端子。

（2）对全厂所有的热工保护信号接线端子进行仔细检查，针对多股接线线头并接至同一端子的统一改为 Y 形冷压绝缘端子。

（3）对端子接线的信号进行分类标记，配以不同颜色套管。主保护类信号采用红色；一般保护信号采用黄色。

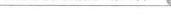

七、 高压缸温度测量元件引出线故障导致机组跳闸

2017 年 2 月 20 日 19 时 23 分，某电厂 4 号机组（1000MW）负荷 922MW，AGC、一次调频投入，机组运行正常中，因高压缸排汽温度高跳闸。

（一）事件过程

19 时 23 分 13 秒，高压缸主汽门关闭，机组负荷由 922MW 下降到 646MW，3s 后超高压缸主汽门关闭，机组负荷由 646MW 下降到 303MW 并持续下降，低于 250MW 时延迟 3s 后机组跳闸，ETS 首出故障信号为"高压缸排汽温度高"。

（二）事件原因查找与分析

1. 原因分析

跳闸后，利用历史曲线及 SOE 事件追忆，对汽轮机跳闸过程分析如下：

18 时 40 分左右，高压缸内部金属温度 1 开始在 164℃、558℃ 之间来回呈间歇性跳变。

19 时 18 分左右，高压缸内部金属温度 3 由 556℃ 降至 440℃ 左右。

19 时 23 分 13 秒，高压缸内部金属温度 1 由 559℃ 下降至 349℃。根据高压缸内部金属温度 1、2、3 实时值计算的高压缸内部金属温度切除高压缸保护计算值，由 530℃ 变至 430℃；而此时排汽温度为 427℃，满足切除高压缸条件（高压缸内部金属切除高压缸保护计算值"减"高压排汽温度＜35℃）。

19 时 23 分 16 秒，高压缸主汽门关闭，高压缸切除，负荷由 922MW 下降为 646MW。

19 时 23 分 19 秒，高压缸内部金属切超高压缸保护计算值由 480℃ 变至 395℃，此时排汽温度为 427℃，满足高压缸切除条件（高压缸内部金属切超高压缸保护计算值"减"高压排汽温度＜0℃），关闭高压缸主汽门，负荷由 646MW 下降为 303MW。

19 时 23 分 39 秒，负荷由 303MW 持续下降至 250MW 以下时，满足汽轮机跳闸条件（高压缸内部金属温度 1、2、3 温度元件故障且负荷小于 250MW，延时 3s），触发汽轮机跳闸条件，机组跳闸。

2. 事件后现场检查

（1）现场检查温度元件端子箱内部情况，发现高压缸内部金属温度 1、3 测点信号线对地电阻较低，绝缘下降。

（2）拆除接线盒附近保温材料，发现有微量蒸汽飘出；现场检查未发现汽缸本体有漏点，判断应是轴封漏汽所致。即轴封漏汽，高温蒸汽渗入接线盒，导致接线盒内补偿导线绝缘被烫伤，绝缘下降引发温度测量值跳变。

（3）接线盒贴汽轮机外壁安装，温度元件接线盒内部测温达 104℃，接线盒附近保温层表面温度在 95 度℃ 左右。

根据上述检查情况，综合分析得出本次事件原因是：高压缸内部金属温度 1、3 测点元件引出线与信号线，在长期高温下绝缘老化，轴封蒸汽漏汽进入接线盒后导致绝缘进一步下降而引起温度跳变。

（三）事件处理与防范

事件后，采取临时处理方法，将温度元件导线加装防烫黄蜡管，并通过瓷接头将接线端子引到端子盒外。将接线盒附近保温层铁皮扒开散热，并增加一台吹风机对接线盒进行降温。此外制定了以下防范措施：

（1）对轴封漏汽进行检查处理，降低轴封漏气，待机组停机时予以消除。

（2）将高压缸内部温度参与的切缸、保护定值的计算等相关条件暂解除，同时对 DEH 相关测点、逻辑的合理性进行检查确认。

（3）使用吹风机后，定期检查接线盒处和接线端子温度情况。

（4）机组检修时，采用铠装热电偶替代常规热电偶；为消除轴封漏汽对接线盒的影响，将此接线盒移至附近平台，远离汽轮机本体。

（5）机组检修时，将所有高温环境中的接线盒，尽量移位至环境温度较低的地方。

八、轴振探头接线端子松动导致机组跳闸

2017 年 1 月 23 日，某电厂 1 号机组负荷 490MW，主蒸汽温度为 564℃，再热蒸汽温度为 562℃，A、B、C、D、E 磨煤机运行，给水流量为 1338.9t/h，发电机 9Y 轴振为 82.64μm，协调投入。

（一）事件过程

7 时 2 分，1 号机组发电机振动 9Y 测点在 82～113μm 之间跳变，当班值长立即电话通知热工值班人员到现场检查。热工值班员接到电话后于 7 时 30 分到现场，检查怀疑振动探头或信号线接头松动，要求退出该点保护进一步检查。

7 时 50 分，当班值长电话请示生产副总经理，同意退出保护进行检查，并填写《退出 1 号汽轮机 9X、9Y 向大轴振动保护》审批单，完成审批。热控人员在接到保护退出审批单后，开始对该保护实施退出。由于振动保护在 ETS 逻辑中只有总的切除功能，无法单个解除，为避免机组其他振动测点实际大时失去保护，决定在 1 号机组 TSI 机柜内拆除 1 号机组汽轮机 9X、9Y 向"大轴振动大停机"至 ETS 机柜硬接线。热控人员在解除 9X 保护接线后完成包扎，准备继续拆除 9Y 保护接线端子排 DZZJ 的 83 端子时，当螺丝刀刚接触到接线端子螺钉时，立即发生机组跳闸。ETS 首出故障信号为"大轴振动大停机"，ETS 停机输入信号显示 9Y 轴承振动停机信号显示为"1"，FSSS 首出故障信号为"汽轮机跳闸且旁路关闭"。

1 号机组停机原因查明后，2017 年 1 月 23 日 9 时 32 分 1 号机组系统恢复，并网成功。

（二）事件原因查找与分析

热控人员调出 DCS 历史曲线记录，查看 9Y 趋势，发现机组跳闸瞬间，模拟量趋势显示正常（79.15μm），立即到就地检查 9Y 轴承振动延伸电缆、前置器，均完好、无异常；检查 ETS 机柜 9Y 轴承振动大停机开关量信号正常。检查 TSI 机柜端子排 DZZJ 的 83、84 端子发现短路，将端子排 DZZJ 的 83、84 端子两端的信号线拆除，短路依然存在，进一步检查 83 端子，发现内部金属松动，用万用表欧姆挡测量两个端子之间电阻值为 7.6Ω。立即对端子排 DZZJ 的 83、84 端子进行更换处理。

1. 事件的原因

（1）直接原因：ETS 保护投退逻辑设计不完善且 ETS 存在单点保护现象，在单点振动信号异常时无法实现对该点的保护投退，只能通过拆线的方式退出保护。在解除"1 号汽轮机 9X、9Y 向大轴振动"保护时，9Y 振动大信号误发引起。

（2）根本原因：9Y 接线端子排 DZZJ 的 83、84 端子存在隐蔽缺陷，83 端子内部金属松动，83、84 端子之间电阻值为 7.6Ω，存在短路现象是导致本次非停的根本原因。

（3）间接原因：热控值班人员在进行重大保护投退操作时，风险预估不足，考虑不充分，也是导致此次事件的原因之一。

2. 暴露出的问题

（1）汽轮机轴振信号回路存在设备缺陷。

（2）ETS 中保护投退逻辑设计不完善，无法实现对单个振动测点的保护投退功能。

（3）ETS 中轴振动大保护均为单点保护，存在较大的误动风险。

（4）端子排存在隐蔽缺陷未被发现，设备点检水平仍需提高，设备隐患排查不彻底。

（三）事件处理与防范

（1）利用停机期间，对 9Y 振动信号探头、信号回路、屏蔽及接地可靠性进行检查，确保振动探头及回路符合规程要求。

（2）对所有的热工保护接线端子进行仔细检查，针对同类型不可靠的端子，更换为可靠性高的进口品牌端子。并对端子接线的信号进行分类标记并着以不同颜色套管。主保护类：红色；一般保护：黄色。

（3）完善 ETS 保护投退逻辑，并对 DCS 系统逻辑存在的设计缺陷及隐患进行排查（必要时，委托具有相关资质且实力较强的热工院、电科院进行检查），提出书面报告，并采取相应措施逐条完成整改、优化。

（4）严格执行机组重大保护投、退操作制度，完善所有《保护投、退操作标准卡》，重新报公司领导审批，审批完成后严格按照《保护投、退操作标准卡》执行。

（5）举一反三，提高保护投退风险意识，对重大保护投退制定风险预案，做好风险预判，完善应急处置方案并定期演练。

（6）针对汽轮机机组轴振单点保护逻辑，调研其他同类型电厂的保护逻辑设置，结合实际情况，提出合理的保护逻辑优化方案。

（7）加强重大操作的监督力度，对威胁机组安全运行的操作加强管控。

九、 排汽装置真空开关接头松动导致机组跳闸

2017 年 6 月 17 日，某电厂 2 号机组冷态启动并于 14 时 57 分并网，机组负荷 303MW 运行中跳闸，首出故障信号为"排汽装置真空低停机"。

（一）事件过程

19 时 42 分，当时负荷 303MW，空冷岛运行正常，2B、2C 真空泵运行，排汽装置真空为 -72.2kPa 时，机组跳闸，ETS 首出"排汽装置真空低停机"，机组大联锁动作正常。

原因查明后，20 时 3 分，锅炉点火。22 时 15 分，2 号机组并网带负荷。

（二）事件原因查找与分析

经热控专业到现场检查，发现 4 个排汽装置真空低压力开关中的 63/LV1-1 和 63/LV1-4 号开关接头有松动，接头漏气导致排汽装置真空低保护动作。

热控专业打开 1、4 号开关接头检查，内有密封垫但未紧固到位，更换密封垫后紧固，同时对 2、3 号开关也进行检查与紧固。

排汽装置真空低停机 ETS 动作逻辑见图 5-21。

上述检查表明，本次事件的直接原因是两只排汽装置真空低压力开关检修、校验后，开关接头未紧固到位，机组启动后振动导致接头慢慢松动漏气，进而造成真空低压力开关

动作触发引起。

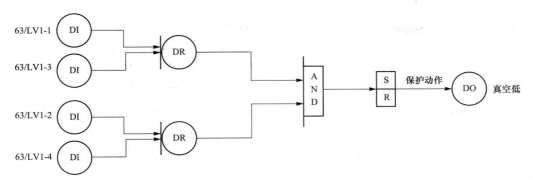

图 5-21　排汽装置真空低停机 ETS 动作逻辑

本次事件暴露出以下问题：

（1）检修作业文件包不完善，未规范开关检修、校验后的检查项目。

（2）热控专业在机组检修后，对检修设备质量验收把关不到位，未能及时发现隐患。

（3）检修后，未将主要保护设备纳入重点检查对象。

（4）检修人员责任心不强、检修培训不到位。

（三）事件处理与防范

（1）修编完善检修作业文件包，规范开关检修、校验后的检查项目。

（2）严格按照检修作业文件包进行检修后的三级质量验收。

（3）根据主保护清单，检修后由专业主管负责组织重点检查，部门、公司进行抽查。

（4）检修前组织检修单位、专业人员学习检修管理手册，明确职责，增强人员责任心。

十、　接线接触不良造成给水泵液力耦合器控制电源同时失去导致机组跳闸

某机组给水系统配置 3 台 35％BMCR 电动给水泵，每台电动给水泵就地控制柜内配置德国 PHOENIX CONTACT（菲尼克斯）24V DC 电源转换模块，为控制柜内 PLC 和电液执行器提供 24V DC 电源。PLC 型号为德国 SIEMENS SIMATIC（西门子）S7-200，电动给水泵液力耦合器和控制系统为德国 VOITH TURB（福伊特）成套配置。

A/B/C 电动给水泵就地控制柜供电电源（AC220V）分别来自 1 号机组锅炉/汽轮机的 2 号电源柜（10BRC03）第一排电源母排的 17、21 号和 25 号的电源开关，该电源空开型号为法国 Frschneider（施耐德）C65N C6A，电源进线线径为 3mm² 的多股软线。

（一）事件过程

2017 年 9 月 8 日，1 号机组事故发生前主要参数：电负荷为 655MW、给水流量为 2103t/h、主蒸汽压力为 24.53MPa、总燃料量为 254t/h、总风量为 2270t/h、主蒸汽温度为 564℃、再热蒸汽温度为 560℃，A、B、C、D、F 磨煤机运行，A、B、C 电动给水泵运行，A 勺管开度为 79.45％；B 电动给水泵勺管开度为 78.69％；C 电动给水泵勺管开度为 79.42％。18 时 34 分 7 秒，A、B、C 3 台给水泵勺管反馈变为坏点，值长命令运行人员立即检查设备参数，同时巡检人员迅速去就地核实 A、B、C 3 台电动给水泵勺管实际开度。

18 时 34 分 11 秒，给水流量下降至 1880t/h，值长令迅速退出 AGC 降负荷。

18 时 34 分 16 秒，退出 AGC，给水流量下降至 1537t/h。

18 时 34 分 35 秒，给水流量降至 256.88t/h，给水流量低低保护动作，锅炉 MFT，机组跳闸。

18 时 34 分 38 秒，A、B、C 电动给水泵跳闸。

18 时 38 分，巡检人员汇报 A、B、C 3 台电动给水泵勺管均全部关闭，确认就地勺管控制柜全处于失电状态。

18 时 50 秒，热控维护人员对勺管控制柜的供电电源柜（10BRC03）进行检查，发现"盘内母线电源监视指示"灯已熄灭。随即检查柜内电源，发现柜内第一排空开电源全部失去。

19 时 20 秒恢复电动给水泵勺管控制柜供电电源。

（二）事件原因查找与分析

机组跳闸后，调取 SOE 报表信息，确认锅炉 MFT 首出原因为"给水流量低低"。

调取机组跳闸时机组主要参数的历史曲线，显示锅炉 MFT 动作前 30s 内给水流量快速降低，3 台电动给水泵勺管开度同一时刻内瞬间到 0%，在 18 时 34 分 35 秒，触发给水流量低低保护，锅炉 MFT。

1. 核查 DCS 保护逻辑

锅炉 MFT 给水流量低低保护："给水流量低于 269.8t/h，三取二，延时 3s 触发锅炉 MFT"。

电动给水泵保护条件中包含的"MFT 联锁跳闸条件"逻辑为"负荷大于 200MW 且锅炉 MFT 动作，延时 1s 跳闸电动给水泵"。

2. 检查电动给水泵就地设备

根据运行人员反映，18 时 38 分，在就地确认 3 台电动给水泵均停运，勺管控制柜全处于失电状态，勺管全部关到 0%。检查就地勺管控制柜，确认勺管控制柜内的设备状态正常、无损坏迹象，电源恢复后能够正常调节勺管。

热工维护人员事故发生后，对 1 号机组锅炉/汽轮机公用的 2 号电源柜（10BRC03）进行检查，发现"盘内母线电源监视指示"灯已熄灭。检查电源柜用户配置，电源柜内用户分配情况见表 5-1。第一排空开上的负载为原始设计的电源用户，第二排空开上的负载为 2016 年 6 月份整改时增加的电源用户。

表 5-1　　　　　　　　　　　　电源柜内用户分配表

第一排空开	第二排空开
1. 2 备用	1. C 给煤机控制电源
3. 电动给水泵 C 转速、振动电源	2. C 给煤机控制电源
4. 机头转速表	
5. 机尾转速表	
6. 7 备用	
8. 氢气纯度分析系统	
9. 氢气检测仪	

检查电源柜内接线情况如图 5-22 所示。电源切换装置输出 220V AC，通过柜内电缆连接至柜内电源母线铜排，再通过线径为 3mm 的电缆将电源连接至各排空开上，其中一路接至第一排空开的 7 号空开上端，并通过其并联的电源连接片为第一排其他空开提供电源，

同时通过柜门上的"盘内母排电源监视指示"灯监控第一排空开电源连接片的电压。电源连接片连至每个空开的插入片宽度为 5.5mm、厚度为 2mm、插入片深度为 15mm,其接线原理图如图 5-23 所示。

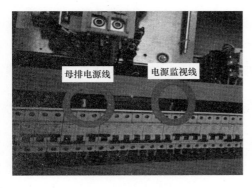

图 5-22 铜排与空气断路器连接方式图　　图 5-23 空气断路器上端电源连接片原理图

3. 勺管控制柜失电原因分析

询问负责抢修的维护人员得知,在发现电源柜(10BRC03)"盘内母线电源监视指示(第一排)"灯熄灭后,用万用表检测电源柜第一排电源连接片电压,确认电压为 0V。进一步检查发现公用电源进线连接处出现过热氧化,导致布置在第一排的所有设备同时失电。故障点位置如图 5-24 所示。该连接处过热氧化,应是接触不良引起。

为了分析第一排 7 号空开上端进线发热氧化的可能性,找到与故障同类型的空气断路器,产品外观如图 5-25 所示。故障电源进线为螺孔点接触方式,对于电源回路采用该接线方式,长时间运行后有可能产生氧化过热现象。

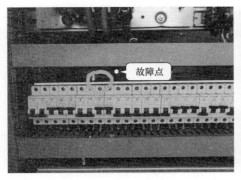

图 5-24 故障点位置图　　　　　图 5-25 故障设备同类型的空气断路器

经以上现场检查情况,综合分析得出述结论:勺管控制柜供电电源的公用电源线与 7 号空开上端连接处过热氧化,接触电阻过大导致供电电源中断使勺管控制柜失电、造成 PLC、电液执行器失电,3 台给水泵勺管(由就地 PLC 控制)同时关到 0%,给水流量低低触发锅炉 MFT。

4. 暴露的主要问题

(1)电源柜空开进线设计不合理。仅设计一路进线,没有采取双路冗余措施。

(2)电源连接方式不合理。电源回路采用螺孔单点接触连接方式,长时间运行容易引发过热，导致供电中断。

（3）控制勺管的电液执行器不具备失电保位功能，不符合规程要求。

（4）热工可靠性查评工作不到位。

（三）事件处理与防范

（1）对电源柜内的第一排空开进线进行镀锡处理，防止过热氧化；同时增加一路电源进线，实现电源双路冗余功能。

（2）对电源接线方式进行整改，利用停机机会对其他类似的电源线进行镀锡处理，确保热工设备供电的可靠性。

（3）联系电动给水泵液力耦合器厂家，确定给水泵勺管控制回路增加保位电磁阀方案，确保勺管失电后，电动给水泵勺管位置保持不变。

（4）加强热工日常维护工作，按照 DL/T 261《火力发电厂热工自动化系统可靠性评估技术导则》要求，做好热工可靠性深入查评工作。

十一、 TA 端子连片松动引起全炉膛无火， 导致机组跳闸

（一）事件过程

2017 年 9 月 4 日，某电厂 2 号机组负荷 616MW，AGC 投入，500kV 系统正常运行方式。10 时 24 分，2B、2D 磨煤机、2B 一次风机、2B 引风机、2B 送风机、5、6 号空气压缩机、2B 凝结水泵、2B 循环水泵、2A 浆液循环泵、2B 浆液循环泵失电，锅炉 MFT，首出"全炉膛无火"，ETS 首出"MFT"，2 号机组跳闸；6kV 2A 段快切装置动作成功，母线切至备用电源供电；6kV 2B 段母线电压到 0，工作电源跳闸，备用电源未自投。

（二）事件原因查找与分析

检查报警、故障信号，显示如下：

（1）2 号发电机-变压器组保护 C 柜、D 柜 T35-Ⅰ、T35-Ⅱ保护装置"高压厂用变压器分支零序过流"信号发出，K486C、486D（跳 6kV 2B 段进线断路器出口继电器）动作。

（2）保护 E 柜"热工保护动作"信号发出，出口继电器动作。

（3）发电机-变压器组故障录波器及厂用电故障录波器启动。

（4）6kV 2B 段母线电压互感器"低电压一段、低电压二段、跳闸、告警"报警信号灯亮，6kV 2B 段母线进线开关及分路负荷无保护动作信号。

检查 2 号机组制粉系统自下而上的布置方式是 A→B→C→D→E→F，机组停运前 F 制粉系统已停备，根据记录显示：

（5）10 时 24 分 6 秒，6kV 2B 段进线断路器跳闸，2B 引风机、送风机、一次风机、汽动给水泵前置泵和 2B、2D 磨煤机等失去动力电源。

（6）10 时 24 分 9 秒，一次风压力由 11.98kPa 开始大幅下降至 4.5kPa。

（7）10 时 24 分 16 秒，相应的辅机停止信号送至 DCS［在 6kV 2B 段失电，母线低电压保护动作过程中，低电压Ⅱ段动作值 30V，动作时限为 9s（延时），失电期间无此信号］。

（8）10 时 24 分 18 秒，机组引风机触发 RB，RB 动作正常，A 层等离子拉弧启动。因 RB 动作前 2B、2D 磨煤机已丧失出力，RB 动作时只剩下 2A、2C、2E 磨煤机运行，所以 RB 动作过程中不再对磨煤机进行切除动作。

（9）10 时 24 分 28 秒、30 秒、32 秒因火焰检测信号消失相继 2C、2E、2A 制粉系统跳闸（由于 B、D 层制粉系统的失电停运，导致制粉系统断层燃烧，加之一次风压下降，一次风携粉能力差，炉膛内部燃烧恶化。

（10）10 时 24 分 34 秒，全炉膛无火触发 MFT 动作。

1）事件直接原因。查询 SOE 记录和 DCS 历史趋势（如图 5-26 所示）。

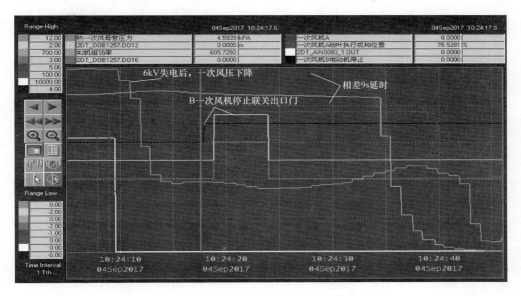

图 5-26 一次风机停止联关出口门趋势图

10 时 24 分 6 秒，6kV 2B 段进线断路器发生跳闸后，10 时 24 分 9 秒，一次风压力由 11.98kPa 开始大幅下降至 4.5kPa；10 时 24 分 16 秒，2B 引风机、2B、2D 磨煤机、2B 送风机、2B 一次风机、2B 汽动给水泵前置泵发生失电停运。由于单侧辅机的跳闸，在 10 时 24 分 18 秒触发了 RB 动作。

2B 一次风机、2B、2D 磨煤机、2B 引风机和 2B 送风机从 10 时 24 分 6 秒失电开始，失去动力电源 9s 后，相应的辅机停运信号才送至 DCS，造成所有联锁动作滞后。特别是在 2B 一次风机及 2B、2D 磨煤机失电、出力减小过程中，因未发跳闸信号，导致 2B 一次风机出口电动门和跳闸磨煤机出口小风门未联锁关闭，一定程度上加剧了一次风压的快速下降和锅炉燃烧的恶化，10 时 24 分 28 秒、30 秒、32 秒，2C、2E、2A 磨分别因火焰检测信号消失跳闸，锅炉 MFT "全炉膛无火"触发，机组跳闸。最终导致锅炉 MFT（如图 5-27 所示）。

分析认为本次 2 号机组跳闸的直接原因是：由于 6kV 2B 段进线开关跳闸后，导致 2 号机组一系列重要辅机发生失电，锅炉燃烧恶化，触发 "全炉膛无火" MFT 动作。

2）6kV 2B 段进线断路器跳闸原因。非停发生后，查看 2 号发电机-变压器组故障录波器波形，显示如下：

10 时 24 分 4 秒 585 毫秒，6kV 2B 段母线的 B 相电压下降至 0.1kV，A、C 相电压升高至 6.22kV 和 6.19kV，零序电压升高至 6.16kV。

10 时 24 分 4 秒 564 毫秒，6kV 2B 段母线进线断路器零序电流为 0A。

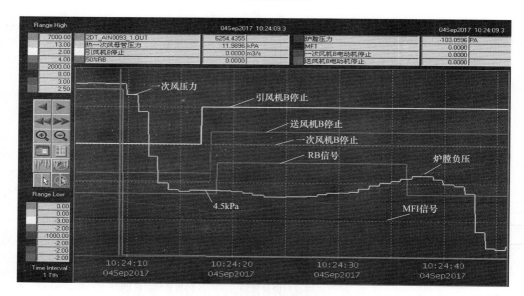

图 5-27　非停过程中相关辅机运行趋势图

10 时 24 分 4 秒 585 毫秒，6kV 2B 段母线进线断路器零序电流增加至 190A，1183ms 后，6kV 2B 段母线进线开关零序电流减小至 0A，如图 5-28 所示。

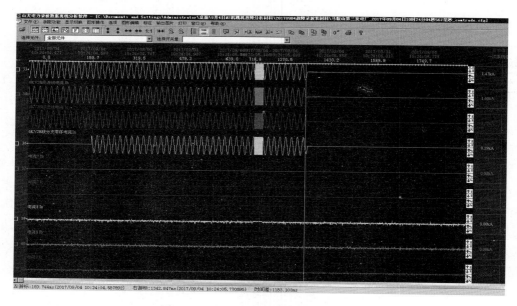

图 5-28　6kV 2B 段进线开关零序电流

对 6kV 2B 段各分路负荷分别转冷备用，测量绝缘以查找故障点。查至 2B 浆液循环泵时，回路绝缘为 0.5MΩ，随即校验保护装置。

保护人员校验该保护装置（装置型号：阿海珐 P127 电动机综合保护装置）的过程中，发现在端子上口（零序 TA 电流入口处）通入电流后，装置没有采样电流，检查发现该电流端子连接片松动，对其紧固后，校验保护动作正常，如图 5-29 所示。

图 5-29　开关柜内部松动的零序 TA 端子连片

对电动机及电缆回路拆开分别检查，电动机绝缘正常，电缆 B 相绝缘接近 0MΩ。2B 浆液循环泵高压电缆绝缘电阻数据如表 5-2 脱硫 2B 浆液循环泵高压电缆绝缘电阻所示。

表 5-2　　　　　　　　　　　脱硫 2B 浆液循环泵高压电缆绝缘电阻

相别	R_{15}（MΩ）	R_{60}（MΩ）	吸收比
A	22400	27400	1.20
B	0.5	0.5	—
C	20000	22600	1.13

由于 6kV 2B 浆液循环泵零序 TA 二次端子连片松动，致使电机综保装置未采集到零序电流，从而导致 6kV 2B 浆液循环泵开关保护未动作（电机综保装置零序过流动作值一次值 50A，动作时限 0.5s）。因此，引起 2 号高压厂用变压器保护 T35 6kV 2B 段分支零序过流保护越级动作（高压厂用变压器零序过流保护动作一次值 90A，动作时限为 1.1s），跳开运行中的 6kV 2B 段进线断路器。2 号高压厂用变压器零序过流保护动作闭锁 6kV 2B 段厂用电快切，6kV 2B 段失电，母线低电压保护动作（低电压Ⅰ段动作值 40.4V，动作时限 0.5s，低电压Ⅱ段动作值 30V，动作时限 9s），跳开 2B 段所有负荷。

由于在 6kV 2B 段失电、母线低电压保护动作过程中，由于低电压Ⅱ段动作值 30V，动作时限为 9s，造成前述各主要辅机的停运信号触发延后。

总结上述 6kV 2B 段进线断路器跳闸原因为：2B 浆液循环泵 6kV 高压电缆 B 相发生单相接地故障，由于开关零序 TA 二次回路端子连片松动导致 2B 浆液循环泵综保装置未动作，从而引起 2 号高压厂用变压器 2B 段分支零序过流保护越级动作，造成 6kV 2B 段母线失电，后续引发 2B、2D 磨煤机、5、6 号空压机、2B 凝结水泵、2B 送风机、2B 循环水泵、2B 一次风机、2B 引风机、2A 浆液循环泵、2B 浆液循环泵等辅机跳闸，锅炉 MFT。

3）2B 浆液循环泵 6kV 高压电缆 B 相击穿原因分析。经过查找，检查发现 2B 浆液循环泵 6kV 高压电缆 B 相距开关柜约 120m，2 号锅炉房电缆桥架 90°折弯处被击穿，外部无机械伤痕。经分析，原因可能为电缆在制造过程中绝缘偏心、绝缘屏蔽厚度不均匀、绝缘内有杂质、内外屏蔽有突起等隐患；由于电缆在运行过程中折弯处磁场分布不均匀，加重了隐藏缺陷的劣化，经过运行一段时间后发生击穿故障。

4）2B 浆液循环泵开关柜内零序电流连片松动的原因分析。可能因施工方擅自施工引起，也可能因端子连片恢复过程中紧固不够引起。

（三）事件处理与防范

在继电保护装置校验和回路检修工作中，为保证回路的正确性，规定：

（1）在传动试验和通流试验结束后，回路上不允许再进行其他工作。

（2）在保护校验过程中，为了防止 TA 回路（特别是零序 TA）分流，通常会将端子连片打开，保证通入保护装置的电流和校验仪电流一致。

（3）保护校验完成后，将连片恢复，最后通流，以验证回路的完整性。

上述的回路采样、保护校验、通流、和传动试验等工作中，设备部门做了见证，说明之前的工作应该没有问题。

本次事件原因，可能连片恢复或有人擅自施工引起，为此采取以下防范：

1）今后校验，连片恢复后再进行一次通流试验并进行见证，以便有连片松动问题可及时发现。

2）加强检修维护人员的安全意识培训，任何检修维护工作应由监护人员复核。

十二、 循环水泵蝶阀电源线松动导致机组跳闸

2017 年 11 月 9 日，某电厂 1 号机组为 145MW 机组。机组负荷为 91MW，A、B 引风机、送风机、排粉机运行，A 循环泵和 B 给水泵运行，环保设施均投运正常。

（一）事件过程

9 时 3 分运行人员发现真空快速下降，1 号机组快速减负荷。检查发现 1 号机 A 循环水泵跳闸，B 循环水泵未联启，A、B 循环水泵出口蝶阀显示中间位，显示黄色，远方手动启动不成功，9 时 7 分 1 号机组锅炉 MFT，汽轮机跳闸，发电机解列，FSSS 首出记忆"汽轮机跳闸"，ETS 首出记忆"真空低跳闸"。进一步检查，1 号机厂用电切换正常，1、4 号工业水泵和电动消防泵显示跳闸，检查 400V 水工 I 段，发现 400V 水工 I A、I B 段失电，工作电源与备用电源接地保护动作。

断开所有负荷开关，测量母线绝缘良好、母线恢复送电。逐个检查发现 3、4 号工业水泵房车间盘 A 路电源三相熔断器全部熔断，B 路电源 A 相熔断器熔断，测量 A、B 两路电源电缆对地绝缘均为零，将该车间盘停电。检查其他动力回路正常，逐步恢复负荷供电，恢复工业水、消防水系统运行。

10 时 0 分值长下令 1 号炉点火，12 时 55 分 1 号机冲转，13 时 40 分 1 号发电机与系统并列。14 时 35 分 1 号高压厂用变压器供 6kV I A、I B 段运行，备用电源 601A、601B 断路器恢复备用。

（二）事件原因查找与分析

1. 1 号机组跳闸原因分析

因 A 循环水泵出口蝶阀关闭，联跳 A 循环水泵，B 循环水泵联启不成功，造成循环水中断，导致 1 号机组真空低跳机。

2. 循环水泵蝶阀电磁阀关闭原因分析

经查报警记录，9 时 2 分 10 秒，1 号机组 A 循环水泵出口蝶阀液压油电磁阀 YV1、YV2 失电，蝶阀关闭，停泵指令发出，A 循环水泵停运，B 循环水泵联启未成功。9 时 4 分 19 秒，"真空低"保护信号发出，汽轮机跳闸，联锁锅炉 MFT，发电机解列。

原因分析如下：

经现场检查，1号机组A、B循环水泵出口蝶阀控制回路现场布置在两台控制柜内，每个蝶阀的电磁阀电源设计为两路24V直流电源模块冗余切换后分别供电。1号机组A循环水泵出口蝶阀因水工400V Ⅰ段失电后，电源冗余切换继电器动作正常，但UPS提供的24V直流电源柜内的接线端子松动，造成YV1、YV2带电不正常，导致出口蝶阀关闭。

通过历史数据及组态检查，B泵联锁启动的逻辑关系是"A循环水泵蝶阀20%位置反馈"与"B循环水泵备用且A泵未运行"超弛开启B泵。A循环水泵蝶阀关闭过程中20%位置反馈信号由就地行程开关送至DCS系统，关闭过程中行程开关动作0.5s后随即消失；DCS系统该组态页设置的扫描周期为480ms，联锁B循环水泵的组态条件中"20%位置反馈"块的序号为1530，输出连接的"AND"块的序号为1400；DCS本页在扫描周期内，处理顺序为由小到大，逻辑关系："AND"块在后，"20%位置反馈"块在前，数据处理时先处理"AND"块数据，此时未监测到"1"，下一个处理周期（480ms）时，"20%位置反馈"因持续时间短，"AND"块未采集到，条件判断不满足，因此联锁B泵条件未触发（高优先级，不受允许条件限制）；因水工Ⅰ段失电，B泵出口蝶阀失电，蝶阀的关反馈信号通过控制回路继电器辅助触点输出至DCS，关反馈消失，B泵启动条件不满足（允许条件：入口电动门全开且出口蝶阀全关），运行人员手动启动未成功。

控制回路失电后，蝶阀开关状态消失，DCS显示处于中间状态（全开、全关显示黄色），因YV1/YV2为电磁阀得失电控制，电磁阀无反馈状态。

电磁阀状态动作过程为YV1带电、YV2带电蝶阀打开；YV1失电、YV2失电，蝶阀全关；YV1带电、YV2失电，阀门保持。

循环水泵出口蝶阀控制回路电源为水工IA、IB段切换后输入，电磁阀备用电源为UPS电源，原计划1号机组利用停机机会，增加一路化水Ⅰ段电源及电源无扰切换装置，因实施条件为1、2号机组同时停运（原因：原水工电源通过接触器两路切换，输出至两台机组四台循环水泵，无法单独隔离），但7月至今，1号机组一直连续运行，因此化水Ⅰ段电源未进行改造。

3. 水工400V失电原因分析

现场检查：3、4号工业水泵房车间盘电源A三相熔断器熔断、3、4号工业水泵房车间盘电源B一相熔断器熔断，电缆绝缘均到零，故障点正在查找。其他设备绝缘良好。熔断器额定电流400A，4S1、4S01保护接地定值为456A，动作时间0.3s。速断定值5837A。电缆型号：VV22 3×150+1×70. 电缆长度约300m。

保护动作值检查：此次均为接地保护动作，工作电源动作值为697A，备用电源动作值671A。动作值未达到速断值，速断保护未动作，故障原因应为接地短路。

3、4号工业水泵房车间盘电源A、B电缆走向相同，应在同一位置发生电缆损伤，3、4号工业水泵房车间盘电源A、B开关事故前均在合位（开关上口均带电）。由于电缆故障，3、4号工业水泵房车间盘电源A断路器三相熔断器熔断，3、4号工业水泵房车间盘电源B开关一相（A相）熔断器熔断，导致工作电源4S1断路器接地保护动作，4S01自动切换后跳闸，水工Ⅰ段失电。

本次暴露问题：

1）隐患排查不到位。2016年9月曾进行3、4号工业水泵房车间盘电源A、B电缆的绝缘试验，试验合格，未能发现电缆绝缘薄弱的隐患。而热工逻辑隐患排查过程中，未能发现循环水泵联锁条件中存在的时序计算问题，对短联锁信号未进行逻辑保持，导致备用泵联锁未成功。

2）因检修工艺不良造成接线松动。跳机后，经现场检查，1号A循环水泵出口蝶阀电源继电器接线松动，电源接触不良，造成YV1、YV2带电不正常。接线松动原因为，工作人员工艺纪律不良，为事件的发生留下隐患。

3）技术管理不到位。在改造后组织进行了现场三级验收，但没有发现继电器接线松动隐患。

（三）事件处理与防范

消除绝缘故障，紧固接线后，恢复机组运行。专业研究后，采取以下防范措施：

（1）排查车间盘电缆，消除电缆绝缘不良隐患。

（2）结合热工逻辑隐患排查活动，按照热工组态逻辑指导意见，重点对重要机组保护、重要辅机保护、联锁的逻辑进行排查，汇总排查问题落实整改。

（3）利用机组停机机会，定期开展相关电源冗余切换试验（针对本次循泵蝶阀24V直流电源模块故障，由专业制定定期切换试验计划，落实执行），防止类似事件再次发生。

（4）加强培训，严格工艺纪律，提高检修质量。对其他三台泵的接线情况进行排查，消除类似隐患。

（5）严格技术管理标准，提高三级验收的有效性，确保改造后设备完好无隐患。

第五节　测量与控制装置故障分析处理与防范

本节收集了因独立装置异常引发的机组故障7起，分别为冷却风机接触器触点异常导致MFT、层火焰检测失去跳磨煤机导致机组跳闸、振动传感器故障引起信号突变导致机组跳闸、汽轮机"超速保护"误动作导致机组跳闸、TSI振动大保护二点信号同时误动作导致机组跳闸、TSI振动单点信号误动导致机组跳闸、高压加热器入口三通阀控制单元故障与处理不当导致机组跳闸。这些重要的独立的装置直接决定了机组的保护，其重要性程度应等同于重要系统的DCS，给予足够的重视。

一、冷却风机控制箱接触器触点接触不良误发信号导致MFT

2017年8月9日，某电厂5机组（600MW）负荷461MW，主蒸汽压力为21.5MPa，主蒸汽温度为561℃，火焰检测器探头冷却风压力6.6kPa。5A火焰检测器冷却风机运行，5B火焰检测器冷却风机备用。

（一）事件过程

13时25分3秒，5A火焰检测器冷却风机运行信号消失，停止信号未发出，火焰检测器探头冷却风压力6.6kPa。

13时25分6秒，5号炉MFT保护动作，机组跳闸。首出记忆为"丧失火焰检测器冷却风"。运行人员就地检查5A探头冷却风机实际处于运行状态。

（二）事件原因查找与分析

热控人员查阅历史曲线：

13时25分3秒，5A冷却风机运行信号消失，火焰检测器冷却风母管风压指示正常

（6.6kPa）。

13 时 25 分 6 秒，锅炉 MFT 动作；13 时 25 分 7 秒，5A 冷却风机运行信号恢复正常。

13 时 56 分至 13 时 59 分，5A 冷却风机运行信号波动 3 次后消失。

14 时 9 分，热工进行接线检查及通道测试，判断热工回路及模件正常。

电气人员就地检查 5A 火焰检测器冷却风机交流接触器在吸合状态，且 5A 火焰检测器冷却风机在运行状态，测量 5A 火焰检测器冷却风机接触器"已启"辅助触点（发送给热工）为断开状态，判断该接点接触不良。

根据上述检查，分析本次事件发生的原因是：5A 火焰检测冷却风机交流接触器辅助触点接触不良误发信号，导致冷却风机全停保护动作引起。

本次事件暴露出以下问题：

（1）火焰检测器冷却风机全停保护设计不规范，未采用冗余设计。

（2）火焰检测器冷却风机联锁不规范，原设计中，要求冷风压力低，才可以联锁启动 5B 火焰检测器冷却风机。但是，当时火焰检测器冷却风压并不低，最终导致联锁失败，保护动作。

（三）事件处理与防范

（1）更换 5A、5B 火焰检测器冷却风机控制交流接触器。

（2）优化火焰检测器冷风机全停保护逻辑。由于火焰检测器冷却风压力低采用三取二逻辑判断，其内涵已经包括火焰检测器冷却风机全停，而且可靠性高；因此，火焰检测器冷却风机全停保护，以防误动为主，增加风机"已停"信号作辅助判断。新逻辑见图 5-30。

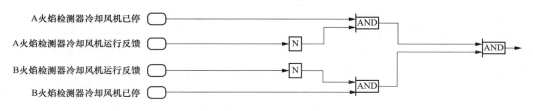

图 5-30 优化后的火焰检测冷却风机全停判断条件

（3）对火焰检测器冷却风机联锁进行优化。根据"宁多启动，勿少启动"风机的原则，对原联锁进行优化。优化逻辑如图 5-31 所示。

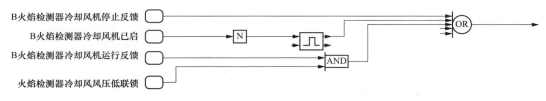

图 5-31 优化后的火焰检测冷却风机联锁启动判断条件

（4）排查机组其他联锁保护逻辑，发现类似问题，及时改进。

二、层火焰检测失去跳磨煤机导致机组跳闸

2017 年 4 月 19 日，某电厂 2 号机组负荷 38.8 万 kW 运行中，主蒸汽压力 18.48MPa，锅炉给水、燃料及送风机、一次风机、引风机为自动状态，机组协调，AGC、一次调频控

制投运。运行中"全炉膛火焰丧失"触发 MFT 动作。

（一）事件过程

当时各项参数保持稳定，A、B、C、E、F 磨煤机运行，D 磨煤机备用，锅炉总风量为 1314t/h，炉膛负压为－32.44Pa，实际煤量为 170t/h，锅炉燃烧无异常指征。

15 时 49 分 43 秒，E 磨煤机因 1 号、3 号角火焰检测无火跳闸（两个或两个以上燃烧器无火，延时 3s，跳磨）。

15 时 49 分 44 秒，C 磨煤机因 1 号、3 号火焰检测无火跳闸，F 磨煤机因 1 号、4 号角火焰检测无火跳闸。

15 时 50 分 23 秒，B 磨煤机因 2 号、3 号角火焰检测无火跳闸。

15 时 50 分 32 秒，A 磨煤机因 1 号、4 号角火焰检测无火跳闸；同时触发锅炉"全炉膛火焰丧失"MFT 动作。

（二）事件原因查找与分析

C、E、F 磨煤机在 2s 内均因"磨煤机运行时，燃烧器 2 个或 2 个以上燃烧器无火"条件触发跳闸，造成锅炉燃烧波动过大，引发 A、B 磨煤机先后因火焰检测无火跳闸，进而导致"全炉膛火焰丧失"触发，锅炉 MFT。期间由于跳磨煤机时间间隔过短，运行人员未能进行相关紧急操作。因此，C、E、F 磨煤机的同时跳闸是本次非停的直接原因。但非停发生前机组各项参数保持稳定，锅炉燃烧无异常指征。因此，C、E、F 磨煤机因锅炉燃烧失稳导致火焰检测同时失去的佐证不足。

考虑到 C、E、F 磨煤机，以及备用的 D 磨煤机和油层火焰检测模拟量信号在 15 时 49 分 43 秒同时变为坏质量，且其中多个火焰检测发出故障信号。检查 2 号机组所有火焰检测的电源及信号传输回路，发现 C、D、E 磨煤机和所有油层火焰检测配置在同一火焰检测管理系统通信链路，A、B 磨煤机火焰检测配置在另外一火焰检测管理系统通信链路中。根据火焰检测配置及故障信息，结合非停发生前火焰检测信号异常发生的规律，分析认为，本次事件发生最大的可能原因：是火焰检测管理系统发生接地异常、强干扰信号窜入通信链路等问题，导致配置在同一通信链路上的 C、E、F 磨煤机的火焰检测同时发生信号故障的可能性较大。

本次事件暴露出以下问题：

（1）锅炉的多台磨煤机及油层的火焰检测，在同一条火焰检测管理系统通信链路中，一旦链路发生异常，将导致配置在链路上所有火焰检测信号同时故障，不符合热工重要信号独立配置、风险分散的原则；

（2）火焰检测管理系统的通信电缆布置不规范，就地火焰检测接线柜防尘效果差。

（三）事件处理与防范

（1）目前，已取消机组火焰检测管理系统的串联通信回路，确保单个火焰检测系统的独立性和热工重要保护信号的可靠性。

（2）同火焰检测厂家进行沟通，对本次非停中异常火焰检测的故障代码及产生机理做进一步分析；同时根据分析结果，利用后续机组停机，对火焰检测管理系统的通信链路进行测试和试验。

（3）对就地火焰检测接线柜进行改造，提高防尘效果。

（4）2 号机组火焰检测电源配置为：由一路保安段 220V AC 和一路厂用电 220V AC 经接触器切换后供至两只 24V 直流电源模块，两路直流电源并联对锅炉所有 44 只火焰检测装置供电。存在当出现接触器切换时间过长或切换失败时，造成所有火焰检测装置失电、机组跳闸的可能。因此，对火焰检测电源系统进行改造，增加一个电源接触器，与原有接触器形成冗余配置，两个接触器分别设置保安段优先和厂用电优先，同时各向一个24V直流电源模块供电，改造后可保证单路220V AC电源失去或单个接触器异常时，各火焰检测的24V直流供电仍为正常。

（5）根据本次非停的经验教训，对涉及其他热工保护系统的信号取样、供电系统开展统一梳理和隐患排查。

三、TSI振动信号异常引起信号突变导致机组跳闸

2017年5月27日，某电厂2号机负荷为265MW，主蒸汽温度为545℃、主蒸汽压力为18.0MPa、再热蒸汽温度为543℃、再热蒸汽压力为3.1MPa、对外供汽量为45t/h，运行中，振动信号突变导致机组跳闸。

（一）事件过程

当时，7号轴承振动X方向53.53μm、Y方向40.74μm；8号轴承振动X方向125.03μm、Y方向80.61μm。

11时42分，2号机7号轴承振动X方向振动测点突变，最高达299μm，2号机组跳闸，ETS首出"振动大跳机"，破坏真空紧急停机。

11时55分盘车投入正常。发电部、设备部各专业技术人员通过就地检查，历史数据查阅，综合分析后判断2号机跳闸原因为7瓦X方向保护测点故障，造成保护误动作。排除故障后，2号机组于14时13开始点火，于17时19机组并网。

（二）事件原因查找与分析

1. 原因分析

（1）检查振动保护逻辑及历史数据分析：2号机振动大跳机保护逻辑，如下任一满足时输出跳闸汽轮机：

1）本轴瓦振动保护值（254μm）与上本轴瓦另一方向振动报警值（125μm）。

2）本轴瓦振动大保护值与上相邻轴瓦同方向振动报警值。

当时运行工况下，8号轴瓦X向振动振值为124~126μm，7号轴瓦X向振动传感器异常跳变超过254μm，若7号轴瓦X向振动异常跳变超过254μm时，8号轴瓦X向振动振值瞬时值大于125μm，则保护逻辑动作输出跳机信号，AST电磁阀动作跳机。

根据上述综合分析，热控人员初步判断本次事件为7瓦X向振动信号测量异常引起。

（2）现场检查分析处理：热控人员对电子间TSI机柜7号轴瓦X向振动模件状态、软件显示、机柜内接线、电缆屏蔽进行检查，无异常。就地测量前置器供电正常－26V，振动探头间隙电压为13V，交流电压值变化正常，就地晃动接线振动测点无异常跳变，排除接线松动原因。但在此期间7X向振动测点仍多次出现异常跳变情况，因此怀疑7号轴瓦X振动探头或前置器故障。更换同类型前置器备件后，DCS画面7号轴瓦X向振动测点显示正常，盘车后数据变化也正常无跳变，由此确认7号轴瓦X向振动前置器故障（具体故障原因待送厂家检测后确认）。

综上所述，7号轴瓦X向振动前置器故障导致7号轴瓦X向振动信号发生跳变超过保护动作值254μm，与此同时8号轴瓦X振动大于报警值125μm，满足保护动作条件，输出

振动大跳机信号至 ETS 遮断汽轮机，导致本次机组跳闸。

2. 暴露出的问题

（1）2 号机组因发电机转子自投产以来存在热弯曲振动大现象，经过加配重后运行中 8X 轴承振动约为 $120\mu m$（报警值为 $125\mu m$），各专业人员没有意识到问题的严重性，没有针对此现象制定切实可行的防止保护误动的预防措施。

（2）热工专业设备管理存在问题，对振动测量前置器设备劣化情况掌握不全面，风险预控不到位。

（三）事件处理与防范

（1）机组运行过程中 8X 振动约为 $120\mu m$，当振动达到 $125\mu m$ 时，7X、8Y 振动保护将成为单点保护，为防止保护误动，征求发电机厂家意见，暂时将 8 瓦振动报警值由 $125\mu m$ 改为 $140\mu m$。

（2）将故障前置器送检，根据检测结果，举一反一对其他前置器进行全面排查。

（3）利用停机机会举一反三，彻底检查 TSI 系统，排查探头、屏蔽、信号线、前置器等各个环节的隐患，提高设备运行的可靠性。

（4）利用停机机会优化发电机转子配重方案，降低 8 号轴瓦轴振幅值。

（5）专业技术人员加强对重要设备及保护逻辑的掌握程度，全方位开展设备隐患排查治理工作，切实解决设备存在的隐性问题。

四、 TSI 振动大保护二点信号同时误动作导致机组跳闸

2017 年 12 月 1 日，某电厂 1 号机组汽轮机功率回路自动、单阀运行，负荷为 107MW，主蒸汽压力为 11.7MPa，主蒸汽温度为 536℃，真空为 -98kPa，3 号轴振为 $46\mu m$，4 号轴振为 $179\mu m$、4 号瓦振为 $9.9\mu m$、5 号轴振为 $145\mu m$、5 号瓦振为 $36\mu m$。

（一）事件过程

21 时 42 分 3 秒，1 号机组发"汽轮机跳闸"光字牌报警，汽轮机保护首出故障信号为"轴承振动大动作"，联跳发电机，锅炉 MFT 跳闸。

更换 4 号轴振探头、延长线，经现场检查汽轮机振动无异常，于 12 月 2 日 00 时 40 分 1 号机组重新启机并网。

（二）事件原因查找与分析

机组跳闸后，现场人员在 1 号机组 4 号轴承座附近检查未有明显的振动，就地实测振动 $5\mu m$，用听针倾听 4 号轴承座无异音，低压缸内部无异音，低压缸前后轴封无摩擦声。

热控人员到现场后，查看 DCS 中 ETS 信号记录、轴振保护逻辑和历史记录曲线：

（1）查阅 ETS 跳闸记录：21 时 42 分 03 秒，首出原因"轴承振动大动作"。

（2）查看 TSI 轴振保护逻辑为"任一轴振达到高Ⅱ值且相邻轴振达到高Ⅰ值"，则触发保护动作停机（即 4 号轴振高Ⅱ值与 5 号轴振高Ⅰ值，或 4 号轴振高Ⅱ值与 3 号轴振高Ⅰ值）。

（3）查看 4 号轴振 DCS 历史曲线：

1）自 11 月 27 日开机后 5 号轴振均稳定在 $142\mu m$ 左右，高于报警值 $125\mu m$。

2）查阅 1 号机检修前 9 月 13—28 日 4 号轴振曲线，在 $13\mu m$ 左右平稳波动，没有跳变现象，说明 4 号轴振正常，振动检测装置无异常。

3）查阅 1 号机组检修开机后 4 号轴振曲线：

a. 11 月 27—30 日 21 时 30 分，4 号轴振曲线一直平稳显示 $13\mu m$ 左右。

b. 11 月 30 日 21 时 46 分—22 时 10 分，4 号轴振曲线开始小幅跳动，最大值 $70\mu m$，之后恢复正常 $13\mu m$ 左右。

c. 12 月 1 日 1 时 10 分—8 时 40 分，4 号轴振值出现较大波动，最高达到 $120\mu m$，之后波动幅度变小。

d. 12 月 1 日 17 时 30 分—21 时 20 分，波动加剧，瞬间值达到 $260\mu m$。

e. 21 时 41 分 59 秒，4 号轴振突升至 $257\mu m$ 且持续时间 4s（见图 5-32）。超过机组跳闸值。

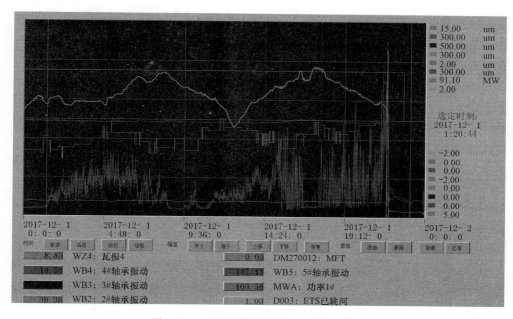

图 5-32　1 号机检修开机后 4 号轴振曲线

从记录曲线分析，认为探头、前置器及延长电缆有故障劣化趋势。

（4）调取相关参数的历史曲线，检查记录如下：

1）机组跳闸前机组润滑油温度、各轴承回油及轴瓦温度未发现明显变化，排除轴瓦与轴颈摩擦引起转子位置变化及振动的可能性。

2）机组跳闸前，高/中压缸上下缸温差，最大分别为 18℃/1.5℃，符合标准要求。

3）机组跳闸前轴向位移、差胀、轴封压力、轴封温度无异常变化，排除轴封进水引起轴瓦振动的可能。

（5）检查检修记录：

1）检测证书显示，2009 年和 2013 年两次大修期间，4 号轴振探头送检检测正常。2017 年 11 月小修期间对 TSI 系统进行检查，未发现异常。

2）将拆除的探头送西安热工院进行检定，检定结果未见异常。

（6）现场设备检查：

1）检查振动探头安装盒、振动探头安装、探头与延伸电缆接头、前置器侧插头以及接线，均紧固无松动，就地振动接线盒正常。

2）检查 TSI 机柜处接地电缆连接正常，屏蔽电缆就地浮空，机柜处接地符合要求。查阅 DCS 历史记录，与 4 号轴振在同一模件上的 1 号轴振测点数据无突变现象，用 500V 绝缘表测量接线盒至 TSI 模件的电缆绝缘大于 200MΩ。可排除干扰及模件故障可能性。

3）测量 4 号轴振探头及延长线的阻值分别为 7.7Ω 和 1.3Ω，探头型号 3300XL 编号：02I00LSL，延长线型号 330130-040-00-00（8mm）编号：02I00KG，均为 2002 年出厂，为排除探头故障隐患进行了更换处理。

（7）根据上述检查分析，本次机组跳闸事件原因：

1）轴承振动大跳机：5 号轴振达到 142μm 左右（自机组启机后一直高于报警值 125μm），4 号轴振突升至 257μm（跳机值为 254μm），满足 TSI 振动大延时 4s 跳机保护条件。

2）4 号轴振突升原因：4 号轴振在机组跳闸前已多次出现过异常跳变，初步判断检测回路问题，探头送检后检测结果正常，不能排除的原因如下：

a. 探头老化故障。

b. 延长电缆由于运行时间过长而绝缘降低，不能有效消除外界干扰，导致测量信号跳变。

c. 机组长期运行，由于振动等原因导致接线松动，从而引起测量信号跳变。

（8）本次事件暴露出以下问题：

1）设备管理存在漏洞。TSI 探头使用已超过 15 年，因没有出现过异常，所以未能考虑到探头老化而提前更换探头。

2）各级人员的风险防范意识不强。虽然机组振动保护逻辑设计有较为完善的防误动逻辑，但是当 5 号轴振持续高于报警值未进行消除，事实上已经解除了 4 号轴振保护的防误动逻辑措施，使得 4 号轴振已成为单点保护。由于 4 号轴振自 11 月 27 日启动以来一直较小（不超过 15μm），各级人员未及时采取防范信号跳变导致保护误动的措施，风险意识不强。

3）保护管理和监督不到位。运行人员监盘质量差，热工专业人员对参与保护的重要信号日常巡检缺失，没有及时发现 4 号轴振存在跳变的缺陷。

4）报警信号显示功能不完善。5 号轴振报警后，光字牌常亮掩盖了其他振动信号报警，不便于运行人员及时发现异常。

（三）事件处理与防范

为保险起见，先更换探头、紧固电缆，密切监视机组运行状态。同时采取以下防范措施：

（1）为防范单点保护误动风险，在问题未解决之前，将 5 号轴振报警定值由原来 125μm 更改为 180μm；并对 5 号轴振超过报警值缺陷纳入重大缺陷管理，采取重点监视、巡检措施，并建立专门档案予以重点管理。

（2）为保证机组长期安全稳定运行，尽早利用机组停机机会开展动平衡试验，消除 5 号轴振超过报警值问题。

（3）加强设备信号的监视、巡检管理。列出需要定期巡检的重要保护信号历史曲线，缩短检查周期，定时、定期、明确专人负责进行，尽可能在缺陷发生早期被发现，并采取措施妥善处理，避免类似情况再次发生。

（4）完善信号报警系统功能。除集中光字牌报警外，对每个可能造成机组保护动作的信号设立二级光字牌报警，便于运行人员及时发现信号异常并联系检修维护人员处理。

（5）加强机组 TSI 系统的检修维护和校验管理，严格执行检修安装工艺，完善屏蔽、接地、绝缘处理以及电缆回路连接等环节的工艺要求，并严格执行和监督，提高 TSI 测量系统的可靠性。

（6）虽然目前机组大修间隔要求延长至 40000h，但由于热工设备在机组备用期间仍处于投运状态，需要加强设备寿命管理，关注实际投运时间较长的系统设备状态，加强巡检，及时安排送检校验，尽早发现设备异常，采取适当措施保证设备可靠性。

五、　TSI 振动保护单点信号误动导致机组跳闸

2017 年 12 月 8 日，某电厂 2 号机组主蒸汽压力为 12.18MPa，主蒸汽温度为 537℃，转速为 3003r/min，有功功率为 145.316MW。

（一）事件过程

汽轮机 3 号轴承 Y 方向振动突然在一秒钟内由 56.81μm 升至 269.80μm（保护定值为：报警值为 125μm，跳机值为 254μm），汽轮机轴振动过大停机为单点保护。

18 时 33 分 52 秒，"汽轮机轴振动过大停机信号"发出，相继发出"发电机热工保护动作"，"发电机-变压器组 220 断路器保护动作"，"发电机保护动作 3"停机指令。所有主汽门关闭，MFT 保护动作。

2 号机组负荷到 0MW，机组解列停机，ETS 跳机首出故障信号为"汽轮机轴振动过大停机信号"。

（二）事件原因查找与分析

1. 事件原因检查

2 号机跳闸后，调取 DCS 上的历史趋势查看，事发前 2 号机组负荷、主蒸汽压力、主蒸汽温度、3 号轴承回油温度、3 号轴承金属温度和 3 号轴承 X 方向振动均正常平稳。18 时 33 分 51 秒，3Y 轴承振动在 1s 内由 56.81μm 升到 269.80μm，经过 4s 降至 41.9μm。

现场检查 TSI 模件的状态、模件状态灯指示和 TSI 系统工作均正常；检测 3 号轴承 Y 方向振动信号回路，控制电缆金属屏蔽层接地均正常；测量信号线回路阻值显示，排除接地和短路的可能；检查 TSI 电子间盘柜内现场信号输入端子排的振动信号电缆接线、就地接线盒内的 TSI 前置器接线及 TSI 对应接线端子接线，均未发现松动现象。

用对讲机在 TSI 机柜前、柜后以及就地前置器处进行抗干扰试验，均有一定的波动，不排除信号受到干扰可能性。

调阅监控回放，未发现测点周边有焊接、打扫卫生等可能干扰测量值突变的工作。

2. 事件原因分析

2 号机组使用的 TSI 为本特利 3500 系统，汽轮机轴承振动保护设计方式为单点保护，DCS 的历史记录和跳机 SOE 显示，3 号轴承 Y 方向振动突升至 269.80μm（报警定值为 125μm，跳机定值为 254μm），"汽轮机轴振动过大停机信号"发出，导致 2 号机组解列停机。

3. 本次事件暴露出的问题

（1）管理工作不到位，1 号和 2 号机组 TSI 系统的各轴承振动保护测量点，于出厂时已按单点设计运行，不符合"DL/T 261—2012《火力发电厂热工自动化系统可靠性评估技

术导则》6.4.1.1.d.3：采用轴承相对振动信号作为振动保护的信号源，有防止单点信号误动的措施"的情况下，仅加强现场巡查力度，未对 TSI 逻辑采取防误动措施。

（2）举一反三进行梳理，发现汽轮机胀差也同样存在单点保护。

（3）技术培训管理工作不到位，本次 TSI 振动测量值发生突变后，公司维护人员得到当地电力科学研究院专家的帮助，采取对 3 号轴承 Y 向振动跳机值和 4 号轴承 Y 向振动跳机值延迟 5s 时间临时防干扰措施；但分析 TSI 事故日志等工作均不能独立完成，只能咨询设备厂家技术人员。

（三）事件处理与防范

通过各相关专业人员的充分讨论和研究，形成一致的意见采取临时控制措施：

（1）由热控人员提出异动申请，通过各级人员逐级审批同意，热控人员将 2 号机的 3、4 号轴承 Y 方向振动报警由原来的 3s 延时改为 1s，将 2 号机的 3、4 号轴承 Y 方向振动跳机延时由原来的 1s 延时改为 5s，并将改动值下装到 TSI 内。同时，按当地电力科学研究院专家的要求将通信笔记本与 TSI 连接，在线记录 TSI 系统数据，便于专家到后进行分析，热控人员将日志和 DCS 历史数据导出，并通知运行人员注意观察设备工作情况。

（2）依据集团公司的《火电机组热控系统可靠性评估细则》4.2.3 1）采用轴承相对振动信号作为振动保护的信号源，应有防止单点信号误动的措施。建议采用以下保护逻辑：

1）相邻任意轴振报警信号和本轴承振动保护信号进行"与"逻辑判断。

2）本轴 X（Y）向报警信号和本轴 Y（X）向保护动作信号进行"与"逻辑判断。

当 1）和 2）任意一项满足时发机组跳闸信号。

进行 1 号机和 2 号机 TSI 系统轴振的逻辑更改。机组停机一个月前完成逻辑更改异动手续和与本特利厂家到厂服务约定，待机组停机检修时，完成对 TSI 逻辑进行更改。

（3）依据《火电机组热控系统可靠性评估细则》4.2.3 中 4. 高、中、低压缸差胀保护，设计单点信号时宜设置 5~8s 延时；进行 1 号机和 2 号机 TSI 系统的逻辑更改。12 月 11 日完成胀差逻辑更改异动审批手续，12 月 15 日完成与本特利厂家到厂服务约定，待机组停机检修时，完成对 TSI 逻辑进行更改。

（4）咨询本特利公司近期培训计划，根据培训计划时间安排人员参加技术培训学习。

（5）联系本特利公司技术人员到厂，对 2 号汽轮机 3 号轴承 Y 方向振动突升的情况进行原因分析，准确判断探头测量值突升的原因，防止再次出现类似情况。

本书作者评述：

根据作者多年收集的汽轮机振动案例，因汽轮机本身问题，基本没有两个轴承同时达到跳机值的案例（干扰等产生的误动除外）。

因此本案例 2.3）与 3.1）中："3 号轴承 Y 向振动跳机值和 4 号轴承 Y 向振动跳机值延迟 5s 时间作临时防干扰措施"，此意见不妥，大大增大了振动拒动的可能性。

建议改为："任一轴承振动的保护动作值（假设为 X）与上任一个轴承振动显示值的增量（除 X 外），延时不超过 3s"。

六、 汽轮机 "超速保护" 误动作导致机组跳闸

2017 年 5 月 23 日，某电厂 5 号机组启动升负荷过程中，负荷 322MW，B、C、D 磨煤机运行，51 号引风机未启动，其他各风机运行正常，51 号给水泵汽轮机运行正常，52 号

给水泵汽轮机暖机，总煤量 174t/h。

（一）事件过程

1 时 35 分 7 秒，汽轮机 DEH 显示 "O/S PORT CH1 SYS 2 FAULT" 报警。

1 时 35 分 14 秒，5 号机组 "O/S PORT SYS 2 超速保护动作" 报警，汽轮机跳闸、发电机跳闸。因机组启动过程中，锅炉 MFT "失去再热器保护" 未投入，锅炉未联锁跳闸，其他各辅助设备联动正常。

1 时 35 分 15 秒 2 毫秒，主汽门开始关闭，DEH 显示机组转速为 3001r/min。

1 时 35 分 15 秒 839 毫秒，主汽门全部关闭，DEH 显示机组转速为 3001r/min，开始下降。

机组跳闸后汽轮机惰走期间，转速信号显示正常，无异常波动。记录事故发生时转速最高值后，对转速卡最高值进行复位，实时观察汽轮机惰走至 280r/min 转速过程中，最高转速值均未有显示超出 3000r/min 的情况。

机组重新挂闸后，进行超速试验。设置超速定值为 2850r/min。汽轮机升速至 2850r/min，跳闸正常，DEH 系统上显示各转速通道 "O/S PORT SYS 2 FAULT" 报警、"O/S PORT SYS 1 超速保护动作"、"O/S PORT SYS 2 超速保护动作"，检查转速模件上各通道最高值均正常达到跳闸值。

5 月 23 日 13 时 1 分，5 号机组并网。

（二）事件原因查找与分析

1. 事件原因排查

机组跳闸后，热控人员查看历史数据，机组跳闸前汽轮机 1、2、3、4 号瓦振动分别为 57.3、27.4、28.8、11.4μm，未见异常波动。到电子间检查 5 号机组转速模件 1~6，记录转速最高值分别为 3252、3380、3299、3335、3305、3331r/min；其中前 3 个转速为一组通道、后 3 个转速为一组通道。后三个转速通道中转速信号全部超出跳闸定值 3300r/min，触发 "O/S PORT SYS 2 超速保护动作" 信号（三取二）。

检查转速信号探头，为 2015 年改造的 BRAUN 品牌耐高温磁阻式探头，型号为 A2S-HT，安装于汽轮机二瓦测速盘处，共安装 9 个探头，使用 6 个，3 个备用。测量使用中的每个转速探头阻值，分别为 245、247、245、245、246、246Ω（白、绿线间测量），转速探头均未发现异常。

检查前置器处接线，测量所有探头信号线与屏蔽线间阻值均为无穷大。前置器输出信号电缆屏蔽线在 DEH 机柜处统一接地，断开前置器及 DEH 机柜接线，测量电缆绝缘值为无穷大，电缆线间无短路现象。检查测量 DEH 机柜接地、转速信号电缆屏蔽线在 DEH 机柜处接地正常。

检查转速探头至前置器、前置器至 DEH 机柜电缆均为单独信号电缆。重新检查、紧固所有探头、前置器、DEH 机柜侧接线端子，未发现松动。

机组跳闸前，DEH 上曾触发 "O/S PORT CH1 SYS 2 FAULT" 报警，因测速模件不具备记录报警历史的功能，无法检测到故障代码。检查第二组测速模件 1，未发现明显异常，安全起见，更换了第二组测速模件 1（型号为 E1655.41），重新设置参数。

检查测速模件电源，测速模件为 24V DC 供电，由 DEH 系统 CJJ11 柜内两路 24V DC 电源并联连接后供给，检查两路电源正常。

进行转速模件手动自检，所有模件自检正常。

2. 原因分析

（1）机组跳闸时，转速模件记录最高值均出现升高，且升高幅度基本一致；事件发生后观察转速信号，随汽轮机惰走正常下行未见波动，进行模件自检、设备检查、回路检查、超速试验，设备均正常工作，未见异常。

（2）DEH 上机组转速显示为 3001 r/min，未见明显上升。经咨询厂家，从转速模件测速信号输入至超速继电器动作的扫描时间为 15ms；DEH 上机组转速信号引自转速模件输出，为第一组测速模件三组转速信号中选高值。转速模件将转速信号输出至 DEH 系统并显示用时为 1~2s。查机组跳闸前 DEH 转速显示未异常升高，汽轮机 1、2、3、4 号瓦振动正常，汽轮机润滑油压为 350kPa，未出现异常波动；经发电部与网调沟通，电网系统也未发现异常。

（3）转速信号受强信号干扰，可能出现信号异常波动，致使转速信号波动至跳闸值。检查安装于二瓦测速盘的轴向位移、键相信号，同时期未发现异常波动。对干扰信号是否能造成 6 支转速探头及信号同时出现跳变，转速探头厂家已请德国专家进一步分析排查。

由上分析，本次事件的直接原因虽是汽轮机"超速保护"误动作，但"超速保护"误动作原因未查明。

（三）事件处理与防范

（1）更换第二组测速模件 1。

（2）每天巡视转速模件、检查转速最大值记录情况。发现异常情况及时处理。

七、 高压加热器入口三通阀控制单元故障与处理不当导致机组跳闸

2017 年 2 月 4 日，某电厂 12 号机组负荷 250MW，A、B、C、D 磨煤机正常运行，煤量为 133t/h，汽动给水泵正常运行，给水流量为 545t/h，主蒸汽流量为 666t/h。

（一）事件过程

21 时 30 分，高压加热器检修结束，运行人员准备逐步恢复高压加热器运行；23 时 11 分，高压加热器水侧注水完毕，进行 1 号高压加热器出口电动门关、开就地检查正常。

23 时 36 分 19 秒，远方开启 3 号高压加热器入口电动门，检查关反馈未消失，就地核实入口门实际未动。经一系列检查试验后，热控人员怀疑入口三通开关反馈跑位，准备重新定位。

0 时 58 分 35 秒，热控人员执行得到许可的 12 号机组高压加热器入口三通阀定位调试工作票，进行"开""关"反馈位置定位调试。

1 时 41 分 11 秒，入口门"开"反馈定位完成后，进行"关"反馈位置定位调试过程中，高压加热器出口门联锁关闭，给水流量突降为 0，汽包水位开始下降，最低降至 −280mm，同时汽动给水泵转速开始上升，最高上升至 5174r/min。

1 时 41 分 54 秒，单元长令就地电动开启高压加热器出口门，同时手打闸 D 磨煤机，降低总煤量至 66t/h，关小汽轮机阀位至 59%，机组负荷降至 230MW。之后进行了手动启动电动给水泵等抢救操作。

1 时 46 分 9 秒，汽包水位上升至 283mm，汽轮机跳闸，发电机解列，首出故障信号"汽包水位高"。

（二）事件原因查找与分析

1. 事件后，查找操作记录与历史数据记录

1时42分21秒，由于汽包水位下降过快，立即手动启动电动给水泵，电流为319A，勺管开度为69%，但因电动给水泵出口压力低于给水母管压力，此时基本无出力。

1时42分26秒，给水流量上升较快，立即切除汽包水位自动控制，手动降低汽动给水泵转速，汽动给水泵转速由5100r/min降至4580r/min。

1时42分28秒，由于高压加热器出口电动门就地手动开启，给水流量迅速恢复，最高至897t/h，泵出口流量为954t/h，减温水流量为35t/h，此时蒸汽流量为585t/h，汽包水位最低降至−278mm，开始快速回升。

1时43分2秒，汽包水位开始快速回升至−180mm，立即停止电动给水泵运行。此时给水量为757t/h，蒸汽流量为581t/h。

1时43分31秒，汽轮机调节阀由59%开大至63%，主蒸汽压力下降至16.25MPa。

1时43分52秒，由于给水量大于蒸汽量约170t/h，开启汽动给水泵再循环气动门，再循环气动门超时（大于8s）报黄闪，但给水流量由834t/h降至766t/h。

1时44分4秒，机组长发现给水泵汽轮机遥控方式切除，切至给水泵汽轮机MEH画面，反复试投遥控未成功后，投入给水泵汽轮机转速自动控制，设定转速4000r/min，由于汽动给水泵自动状态下转速变动率为300r/min，转速下降缓慢。

1时45分8秒，由于汽包水位上升很快，准备进行灭火不停机操作，启动电动给水泵，电动给水泵出口门因前次停运联锁关闭，立即手动开启。

1时45分11秒，汽包水位高高240mm，锅炉灭火，1s后手动打闸给水泵汽轮机。

1时45分46秒，由于汽包水位快速由170mm降至−56mm，手动将电动给水泵勺管由69%开大至76%，给水流量上涨至540t/h，此时蒸汽流量663t/h。

1时46分9秒，汽包水位上升至283mm，汽轮机跳闸，发电机解列。

2. 由上述过程记录分析，判断本次事件

（1）直接原因：12号机高压加热器入口三通阀控制单元故障，误发关反馈信号导致。

（2）主要原因：高压加热器出口阀联关逻辑设置不合理，存在安全隐患；热控专业在调试入口阀过程中考虑不充分，未退出相关联锁，工作票签发人、许可人、值班负责人、值长等相关人员未认真审核工作票安全措施，对工作的安全风险考虑不充分导致。

（3）运行人员在给水中断后，给水流量调整不当，处置不果断，对灭火后汽包水位调整的关键点掌握不熟练，造成事件的扩大，导致机组跳闸。

3. 本次事件暴露出以下问题

（1）对重要设备消缺、夜间消缺工作重视不足，各级人员对高压加热器检修工作跟踪不及时，热控、运行人员未能及时将现场异常情况逐级向专业、部门、公司领导进行汇报，对安全风险估计不足，对可能发生的异常应对措施考虑不充分。

（2）高压加热器阀组联锁逻辑不合理，两台机组高压加热器入口阀、出口阀联关逻辑中，均无高压加热器水位高条件，阀门信号一旦误发极可能造成给水中断。

（3）热控人员对高压加热器入口阀、出口阀设备情况不熟悉，对重要阀门的原理、告警原因未完全掌握，在阀门故障情况下不能及时、准确的判断并处理。

（4）热控工作票重要安全措施缺失、危险点没有针对性。在入口阀已出现故障先兆的

情况下，热控、运行人员在进行入口阀定位工作前，对阀门联锁逻辑关系不清楚，简单认为即使联关也能保证给水通路，未能充分考虑阀门故障状态下误发信号的可能，工作票中重要安全措施缺失；工作票中的危险点仅有触电、工具伤人、误碰设备等常规内容，未对联锁逻辑、信号误发等因素进行考虑。

（5）运行人员对联锁逻辑不熟悉，不清楚高压加热器入口阀"关"反馈信号会联关出口门，导致在签发出工作票时没有进行充分的事故预想，没有考虑到入口三通阀在故障的情况下有可能反馈错误的状态信息，导致高压加热器出口电动门联关使锅炉断水。

（6）运行人员对给水中断、汽包水位大幅波动的异常处理关键点掌握不细致，给水流量控制偏高，在汽包水位逐步回升时，未迅速减少给水流量，尤其在锅炉灭火后，未遵循汽包水位"就低不就高"的原则，未考虑锅炉灭火、汽包压力下降造成的虚假水位影响，电动给水泵流量控制不当。

（7）运行人员在异常处置过程中分工不明确，处置慌乱，对异常情况下汽动给水泵各方式的投切步骤不熟练，其他操作人员对汽动给水泵进行操作后未及时向机组长汇报。

（三）事件处理与防范

（1）设备部组织编制公司夜间消缺管理规定，明确各级人员责任，提高夜间消缺监护等级，加强夜间消缺技术支持，规范汇报程序，重要异常必须向公司主管领导汇报。

（2）设备部热控专业对高压加热器阀门联锁逻辑进行优化。

（3）设备部热控专业加强对热控工作票安全措施的审核，完善危险点分析及控制措施，热控检修工作必须全面考虑联锁逻辑后方可开展工作。

（4）设备部热控专业对高压加热器入口阀、出口阀的模件故障原因、故障处理等再次进行培训，必要时邀请厂家人员进行培训，以提高热控人员的技术水平。

（5）发电部吸取本次事件教训，组织各运行值利用仿真机开展灭火不停机、给水中断等故障的演练，对给水系统故障中，汽包水位调整的关键点进行熟练掌握。

（6）发电部组织人员熟悉、掌握目前高压加热器入口阀、出口阀联锁逻辑关系，同时提高事故处理时的监护等级，做好人员分工，提高班组人员解决问题的能力。

（7）设备部负责重要阀门、设备进行检修、传动，提高设备可靠性，发电部牵头做好逻辑联锁的传动工作。

（8）发电部应完善技术措施，明确在高压加热器出口门误关等给水系统异常情况下，必须关注给水系统压力、给水泵出口流量、汽动给水泵转速等关键参数，防止系统超压威胁人身、设备安全。

第六章

检修维护运行过程故障分析处理与防范

机组从设计到投产运行必须要经过基建、运行和检修维护等过程。上述过程阶段面对的重点不一致，对热控可靠性的影响方面也有所不同。总体来说新建机组的可靠性主要在于基建过程中的把控；投产年数不多的机组，其可靠性主要在于运行中的预控措施；而运行多年的机组，则主要由检修维护中的工艺水准来决定可靠性。

本章对上述 3 个阶段中的 35 起案例进行了分类，分别就安装过程中、运行过程中和维护过程中的热控故障引发的事故进行了分析和提炼。其中安装过程中问题主要集中在组态修改、接线规范性和电缆防护等方面；运行过程中的问题主要集中在运行操作和报警处理等方面；检修维护过程中的问题则主要集中在试验的规范性、检修操作的规范性和保护投撤的规范性等方面。希望借助本章节案例的分析、探讨、总结和提炼，能提高相关人员在不同阶段过程中运行、检修和维护操作的规范性和预控能力。

第一节　检修维护过程故障分析处理与防范

本节收集了因安装、维护工作失误引发机组故障 21 起，分别为交换机接线错误导致机组跳闸、旁路故障消缺过程误操作导致机组跳闸、误切 2QS2 开关造成机组功率输出坏点而导致机组跳闸、高压调节阀故障处理导致机组跳闸、组态修改错误造成空气预热器全停信号误发导致机组跳闸、组态存在残余点造成 MFT 指令误发导致机组跳闸、机组"胀差大"定值设置错误导致机组跳闸、检修一次风变送器时强制错误导致机组跳闸、错误强制A 一次风机停信号导致机组跳闸、解除保护时误操作导致机组跳闸、传动试验时误操作导致机组跳闸、保护功能块输出强置错误导致机组跳闸、检修操作错误导致机组跳闸、施工误碰就地循环水泵 D 出口阀控制柜电源导致机组跳闸、消缺过程高压排汽通风阀反馈消失导致机组跳闸、循环水泵出口液控蝶阀进水导致机组真空低跳闸、防喘放气阀位置开关安装脱落导致机组降负荷、给水勺管执行器连杆脱落导致机组跳闸、除氧器上水主调节阀阀杆脱落故障导致机组跳闸、高压调节门行程开关螺母松动引起的非停事件、一次风机动调头反馈轴末端轴承固定螺母松脱导致机组跳闸。这些案例多是机组安装调试期间发生的事件，案例的分析和总结有助于提高安装调试过程热控系统安装维护的规范性和可靠性。

一、　交换机接线错误导致机组跳闸

2017 年 9 月 21 日，某电厂 1 号 350MW 超临界供热机组负荷为 183MW 时，因 DCS

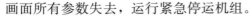

画面所有参数失去，运行紧急停运机组。

（一）事件过程

当时机组控制位于 CCS 方式，A、B、D 磨煤机运行，总煤量为 46.4t/h，给水流量为 576t/h，主蒸汽压力为 15MPa，主蒸汽温度为 573℃，汽动给水泵转速为 4869r/min，遥控控制方式运行。

16 点 46 分，1 号机组所有操作员站上 DCS 画面异常，所有测点无数值显示，所有设备无法操作且状态信号全无；16 点 50 分，运行人员接通知机组停运。

（二）事件原因查找与分析

热控人员到工程师站，调出控制器总览表，发现控制器设备状态全部显示异常，均为"DB"和"PTR"报警。ETS 画面首出故障信号显示为"锅炉故障停机"；同时发现操作画面调取缓慢，且操作画面数据全部显示灰色，设备无状态信号。

查看锅炉侧 MFT 首出故障信号为"引风机全停"，但是跳闸信号间歇性消失，判断为 DCS 网络数据异常；查看 SOE 记录，显示在 16 点 46 分 1 秒，1 号机组 6kV 炉后 A 段断路器分闸，16 点 49 分 14 秒，引风机 A、B 依次跳闸，导致 MFT 跳闸继电器动作。同时发现在线控制逻辑读取异常，在 event log 内有报错。判断控制器异常，安排人员到电子间检查，检查 1 号机组网络柜、交换机及电源切换装置，其状态灯均正常。后发现 16 点 40 分左右正在进行 2 号机组 DCS 数据库清理优化后的系统恢复工作，而 1 号机组 DCS 异常时正在进行 2 号机组 DCS 网络交换机重启工作，2 号机组 B 路根交换机（位于 2 号汽轮机电子间）刚刚启动完成，故初步判断和此项操作关联。

为尽快恢复 1 号机组 DCS 操作功能，对公用网络柜（位于 1 号汽轮机电子间）进行 1 号机组的 DCS 交换机重启，重启后所有控制器显示正常，控制器逻辑运算正常。重新启机后，机组各设备运行正常。

为进一步确认事故原因，17 点 10 分，再次重启 2 号机组 B 路根交换机，发现之前 1 号机组跳闸时的故障现象复现，由此确定 2 号机组 B 路根交换机的重启是导致 1 号机组 DCS 系统网络数据异常的直接原因。

经咨询 DCS 厂家，对两台机组的网络连接进一步检查，发现在 1 号机组汽轮机电子间公用网络柜内，2 号机组 B 路根交换机接至 2 号机组 B 路扩展交换机的网线，错误接到了 1 号机组 B 路根交换机上。经 DCS 厂家分析确认主要原因为：当 2 号机组 B 路根交换机重新启动后，因 2 号机组网络数据包同时错误接至 1 号机组 DCS 网络，导致 1 号机组 DCS 的 SID 数据与 2 号机组已上电的控制器 SID 数据冲突，网络堵塞，从而系统通信出错，操作画面数据显示异常，逻辑运算紊乱，导致机组异常停运。

由上查找分析结论，本次事件原因是 1 号机组与 2 号机组根交换机存在错误连接，单元机组根交换机重启后，导致两台机组 DCS 网络数据包冲突，造成 DCS 系统崩溃、逻辑紊乱，导致 1 号机组两台引风机跳闸进而机组 MFT 动作。

（三）事件处理与防范

21 点 40 分，热控人员对交换机网络端口重新检查确认，将 2 号机组备用扩展交换机的网线正确连接后，再次对两台机组的交换机分别进行重启试验。重启后操作画面、数据均正常，未再出现 DCS 崩溃的情况。

1. 存在的问题

从本次事件，热控专业从基建到生产过程的管理上，存在以下问题：

（1）基建阶段两台机组 DCS 的网络物理配置安装和调试水平不够，留下重大安全隐患。

（2）生产准备人员基建阶段参与不足，隐患排查深度不够，未能及时发现两台机组之间 DCS 网络连接错误。

（3）因涉及两台机组之间的网络通信，在机组投产后两台机组的根交换机一直不具备条件检查和试验。机组检修期间安排了根交换机常规检查和网络切换试验，但未安排停电检测，使两台机组共有的安全隐患延续，反映出机组计划检修期间相关试验项目有漏项，没有做到全面覆盖。

2. 防范措施

根据本次事件反映出的问题，热控专业制定了以下防范措施：

（1）要保证机组的安全稳定运行，人为根本。应加强电厂热控人员 DCS 系统学习及培训，提高 DCS 逻辑分析与维护技能水平。

（2）加强专业技术管理，收集电厂故障案例，结合本次事件教训，全面核查 DCS 网络接线正确性及完整性，完善设备及线路标识，深入排查类似设备隐患。

（3）择机进行机组的数据服务器数据库清理优化工作。

（4）进行热控试验项目的完整性检查，确保全面覆盖，有按照规程要求，定期全面开展 DCS 功能测试。

二、 旁路故障消缺过程误操作导致机组跳闸

2017 年 9 月 25 日，某电厂 4 号机组负荷 505MW 协调方式运行。因"旁路故障"导致机组 ETS 动作跳闸。

（一）事件过程

9 月 23 日，运行巡检发现 4 号机组低压旁路 A 压力调节阀油缸出现漏油情况，检修检查发现低压旁路 A 油动机活塞杆处漏油，判断其密封件存在老化或破损而造成漏油。由于 4 号机国庆节期间调度安排停机备用，考虑停机过程中低压旁路需参与调节时油动机有可能发生喷油事故，安排对低旁 A 油动机进行密封件进行更换、消缺。

9 月 25 日，检修调速班计划处理 4 号机组低压旁路 A 压力调节阀油缸泄漏缺陷，通知机控班配合拆线。由热控检修人员拆除 4 号机组低压旁路 A 压力调节阀电磁阀、行程开关以及 LVDT。

17 时 50 分 49 秒，汽轮机 ETS 保护动作跳闸，锅炉 MFT，首出跳闸原因为"旁路故障"。

（二）事件原因查找与分析

事件后，电厂设备部组织相关人员进行原因查找，确认是低压旁路 A 消缺检修中，造成低压旁路故障保护误动跳机，同时对旁路故障保护逻辑及动作过程进行了分析：4 号机组 ETS 保护设计有"旁路故障"保护，其逻辑条件为"机组负荷大于 300MW，高压旁路压力调节阀全关时，任一低压旁路压力调节阀开度大于 50％且关反馈信号消失"。由于检修机务、热控人员对检修作业危险源辨识不充分，未退出该保护，也未对低压旁路压力调节阀位反馈信号进行强制。而在 4 号机低压旁路 A 压力调节阀检修过程中，机组负荷在 500MW 左右，高压旁路在全关状态，检修拆接线中低压旁路 A 压力调节阀电磁阀、行程开关以及 LVDT，使关行程反馈信号消失，同时阀位模拟量反馈信号显示到 100％，满足了"任一低压旁路压力调节阀开度大于 50％且关反馈信号消失"保护动作条件，触发了机

组跳闸。

原因分析清楚后，检修人员立即恢复低压旁路 A 压力调节阀电磁阀、行程开关以及 LVDT 原状。

事件暴露出设备管理和检修管理存在薄弱环节如下：

（1）3、4 号机组旁路系统未列入厂管设备清单，对需要跨部门、跨专业协作的工作安全风险管理缺乏有效机制。

（2）专业技术培训不到位，相关机务、热控人员以及运行工作票许可人经验不足，对低压旁路压力调节阀涉及的跳机保护逻辑不熟悉。

（3）检修班组已将重要的、有风险的工作编制了典型工作票，明确了需强制相关保护信号的要求，但相关人员未足够重视。未及时将典型工作票上传到 ERP 系统典型工作票库，检修人员新建工作票时未参照典型工作票进行。

（三）事件处理与防范

（1）严格执行工作票制度，加强执行过程中危险源辨识的针对性，对每项风险制定完备的安全措施。加强跨部门专业配合工作的管理和两票三制动态检查与监督考核。

（2）加强检修人员的专业技术培训，包括工作过程的安全意识、交叉专业的业务知识、协作配合工作的安全性，提高人员风险辨识与隐患排查的能力、审查安全措施的完备性等培训。

（3）排查梳理影响机组安全运行的系统设备，完善《设备停复役管理》标准的设备分级表清单，将机组旁路系统列入厂管设备清单。确保涉及机组主要设备及影响主要设备正常运行的设备检修及消缺，严格执行停复役管理制度。

（4）调研同类型机组的低旁保护逻辑，分析低压旁路保护信号判别的有效性，研究逻辑优化的可能性；对不同类型机组保护逻辑有差异部分进行梳理，列出差异表。

（5）加强典型工作票管理，编制、验证、完善，并及时上传到 ERP 系统生产管理模块。

三、 误切 2QS2 开关造成机组功率输出坏点而导致机组跳闸

（一）事件过程

2017 年 1 月 16 日 11 时 22 分，某电厂 2 号机组负荷 505MW，AGC 投入，协调方式运行，主汽压力为 22.5MPa，省煤器入口流量为 1260t/h，煤量为 189t/h，A、B 汽动给水泵运行，各主要参数运行正常。

11 时 22 分 34 秒，电气运行人员误将 2QS2 开关从位置"Ⅱ"切换至位置"0"。电气送 DCS、DEH 的 2 组（每组各 3 个）功率信号中功率信号 1 和功率信号 2 同时变坏点，功率信号 3 正常。

11 时 22 分 36 秒，机组控制方式由协调方式自动切至基本方式，所有高、中压调节阀指令陡降到 0，随后电气人员恢复 2QS2 开关至送电状态；11 时 22 分 40 秒，功率信号 1、2 恢复为"好点"但示值为 0，此时功率信号 3（机组实际功率）因汽轮机调节阀全关也降至 0，四抽电动隔离门开反馈消失；11 时 25 分 21 秒，四抽电动隔离门全关。

11 时 22 分 43 秒，汽轮机高压调节阀恢复正常开度，所有机组功率信号恢复到 477MW。

11时25分26秒，A给水泵汽轮机前置泵因"A汽动给水泵入口流量低"跳闸，联跳A给水泵汽轮机的同时联启电动给水泵，但因电动给水泵指令随后快速下降至0%，造成电动给水泵未出水。

由于四抽汽源失去，B给水泵汽轮机流量及省煤器入口流量快速下降。11时25分34秒，机组MFT动作，首出"省煤器入口流量低"，机组解列。

（二）事件原因查找与分析

1. 功率信号1和功率信号2突变为坏点原因分析

发电机变送器屏内共有4只功率变送器（编号为25、26、27、29），变送器均为双路输出，其中变送器29输出送至ECS/AGC用来显示，另外3只变送器25、26、27送信号至DCS和DEH系统使用。

11时22分34秒，由于电气人员误拉2QS2开关，导致110V直流Ⅱ段母线失电，使该段供电的功率变送器25、26、29失电，输出变为0mA，故MCS、DEH、AGC、ECS中功率信号1和功率信号2显示均为坏点。

2. DEH高、中压调节阀关闭原因分析

11时22分36秒，DEH系统检测到功率信号1和功率信号2故障后，经功率信号三选二逻辑判断，发出功率坏值信号。

一次调频运算回路（见图6-1）接收到功率信号坏值后，将DEH中功率信号的中间变量切换至预置值9999MW，再经逻辑运算后输出综合阀位指令-19.4%，并触发阀门"CLEARGV"超弛关信号，随后汽轮机高、中压调节阀迅速按照指令关至0%，机组功率最低降至0MW。

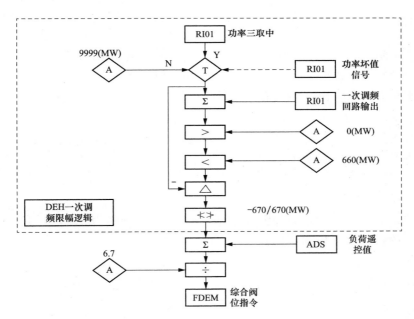

图6-1　DEH侧一次调频限幅逻辑框图

3. 汽轮机四抽电动隔离门关闭原因

2号机组四抽电动隔离门联锁逻辑见图6-2，当负荷信号降至30MW后（逻辑中判断定值为 30MW)，四抽电动隔离门联锁关闭。

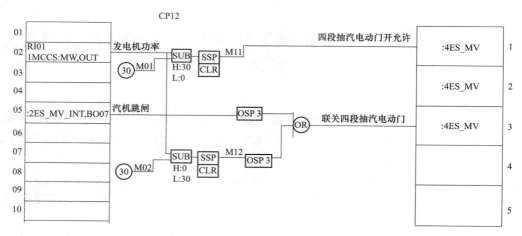

图 6-2　四抽电动隔离门联锁逻辑

4. A 汽动给水泵跳闸原因

2 号机组四抽电动隔离阀关闭导致汽动给水泵出力降低，前置泵流量低（定值为 216t/h），同时汽动给水泵再循环阀开度小于 80%，导致 A 前置泵跳闸，联跳 A 汽动给水泵。

5. 电动给水泵指令置 0% 原因

电动给水泵启动成功后勺管指令快速降至 0，造成电动给水泵未打水。原因为四抽电动门关闭后 A 给水泵汽轮机跳闸，此时 A 给水泵汽轮机 MEH 退出遥控并强制指令置 0；B 给水泵汽轮机 MEH 因转速与指令偏差过大也退出遥控，B 给水泵汽轮机转速指令跟踪实际转速快速下降。此时给水主控联锁切手动，主控指令跟踪两台给水泵汽轮机指令均值快速下降，电动给水泵备用时处于自动状态，此状态下勺管指令跟踪给水主控指令快速下降，电动给水泵合闸后勺管指令已降至 20% 左右，随后继续下降至 0。

6. 事件暴露的问题

（1）运行人员误操作开关，导致 3 台功率变送器同时失电，是本次事件的根本原因。但作为机组重要信号，DCS 和 DEH 中 6 个"机组负荷"信号中的 4 个同时因为同一电源失去而变为坏点，说明此信号变送器及其电源配置存在隐患，其未能实现风险分散原则，也是本次非停的重要原因之一。

（2）同类型汽轮机均未设计"当 2 个或以上功率信号判断为故障时，联锁关闭关汽轮机调节汽门"逻辑，故本机组 DEH 综合阀位指令计算逻辑不符合常规设置，导致事故扩大。

（3）四抽电动隔离阀联跳条件中，"负荷小于 30MW"必要性不足。

（4）现场设备标识及图纸不清楚，运行人员不易辨识开关用途。

（三）事件处理与防范

因功率变送器 25、26、27 各输出两路信号，分别送至 DCS 和 DEH，为提高其电源可靠性，重新设计和配置功率变送器电源回路，将 3 个变送器分别配置独立的 110V 直流电源和交流 TV 电压，用于 ECS/AGC 显示的功率变送器 29 与变送器 25、26、27 中的任意一个共用一路电源，避免因某一电源问题导致 DCS、DEH 多个功率信号同时故障，进而引发机组异常。同时采取以下防范措施：

（1）增加汽轮机自动到手动方式的切换条件。根据 2 号机组实际情况，取消"2个及以上功率信号判断为故障时，联锁关闭汽轮机高调节阀"逻辑，同时增加 DEH 切手动条件："并网时若 2 个及以上功率信号故障，DEH 切除操作员自动"，如图 6-3 所示。

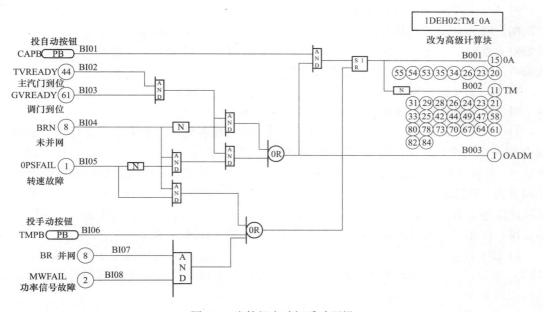

图 6-3 汽轮机自动切手动逻辑

（2）一次调频及综合阀位运算回路上、下限值修改，将图 6-3 中一次调频输出限幅值由 -670/670MW 调整为 -40.2/40.2MW，与 2 号机组一次调频限幅 [670×6‰=40.2 (MW)] 相吻合。

（3）取消预置值功能，取消图 6-3 中功率信号坏值时，切换为 9999MW 的预置值功能。

（4）完善现场设备标识及图纸，明确开关编码及用途。

四、高压调节阀故障处理导致机组跳闸

2017 年 11 月 3 日，某电厂 2 号机组负荷 558MW 运行中，因处理高压调节阀故障导致机组跳闸。

（一）事件过程

3 日 17 时 17 分，DEH 硬报警出现阀位偏差大、伺服系统故障，检查发现汽轮机 2 号高压调节阀指令为 85%、反馈为 100%。

3 日 23 时 50 分，汽轮机 DEH 再次出现报警，检查 2 号高压调节阀指令与反馈偏差达 20%（报警值为 10%）。

4 日 3 时 58 分，热控人员将 2 号高压调节阀预制电缆连接到新的阀位端子板时，2 号

锅炉 MFT，首出原因"汽轮机跳闸旁路未开"。

（二）事件原因查找与分析

1. 处理经过

热控人员针对汽轮机 2 号高压调节阀指令 85%、反馈 100% 这一异常状况，检查分析认为有 3 个可能故障源，分别为伺服阀、阀位卡、阀位端子板。经专业讨论决定根据可能性和工作难易程度依次按更换伺服阀、阀位卡、阀位端子板的顺序进行处理。

11 月 3 日 20 时 35 分，在履行保护信号强制单《2 号机任意两个高压主汽门关闭汽轮机跳闸》《2 号机 2 号高压主汽门关闭》，许可设备隔离单《2 号机 2 号高压调节阀指令及反馈偏差大处理》手续后，更换 2 号高压调节阀伺服阀；21 时 15 分，2 号高压调节阀恢复正常调节。

11 月 3 日 23 时 50 分，汽轮机 DEH 再次出现报警：阀位偏差大、伺服系统故障，检查 2 号高压调节阀指令与反馈偏差达 20%（报警值为 10%）。

11 月 4 日 0 时 5 分，汇报省调同意 2 号机组进行低谷消缺。重新履行保护信号强制单《2 号机任意两个高压主汽门关闭汽轮机跳闸》《2 号机 2 号高压主汽门关闭》，许可设备隔离单《2 号机 2 号高压调节阀指令及反馈偏差大处理》手续后，按原定思路先更换 2 号高压调节阀 VPC 阀位卡，更换后模件故障灯仍旧闪烁。判断故障点在阀位端子板，因此决定更换阀位端子板。根据更换端子板工作步骤，首先拔出 24V DC 供电电源插头，拆除接线端子排，拆除端子板固定螺栓，断开 VPC 卡与端子板的预制电缆。

11 月 4 日 3 时 58 分，在 2 号高压调节阀预制电缆连接新的阀位端子板时，2 号锅炉 MFT，首出原因"汽轮机跳闸旁路未开"（汽轮机跳闸由高压缸 4 路进汽都关闭表征，延时时间为 2s）。

2. 调节阀误动分析

2 号机组共有 4 个高压调节阀和 4 个中压调节阀，每一个调节阀都配置单独的 VPC 阀位卡和阀位端子板，VPC 阀位卡和阀位端子板之间用一根预制电缆连接，预制电缆的信号包括"允许自动""INC""DEC""OPC 未动作""模件自动""挂闸 1""挂闸 2""挂闸 3"共 8 个开关量信号和阀位指令、阀位反馈等模拟量信号。高压调节阀的 4 块 VPC 模件在一个框架，中压调节阀的 4 块 VPC 模件在另一个框架。同一框架 VPC 模件的预制电缆开关量信号通过框架底板上的跨接片相通。因此，当 2 号高压调节阀预制电缆连接阀位端子板时，信号电平一旦被拉低，就会导致"挂闸"信号失去，8 个调节阀控制切手动，4 个高压调节阀关闭。

分析认为事件处理过程中对风险辨识不到位，没有重视单一调节阀控制回路消缺工作会对其他调节阀控制产生影响。DEH 系统投运已 10 年，但对调节阀阀位控制回路的结构理解不深，技术水平仍存在较大欠缺。同时应急消缺能力有欠缺。

（三）事件处理与防范

上述部件更换完成，重新启机后阀位偏差大消失。为避免类似事件再次发生，制定以下防范措施：

（1）针对重要控制系统单一控制回路消缺进行深入分析，充分辨识可能存在的风险。

（2）加强技术培训，提高主要设备重要缺陷分析和处理能力。

（3）结合一期机组 DCS 控制系统扩容改造，对 DEH 控制系统进行技术升级改造。

（4）对改造后的控制系统，全面安排模件的插拔试验，根据试验结果制定完善各类模件在线更换的标准操作卡。对于试验发现的不能在线更换的模件，考虑设备优化的可能性，确实无法在线更换的模件，做好设备寿命管理，合理确定更换周期。

五、 组态修改错误造成空气预热器全停信号误发， 导致机组跳闸

2017 年 12 月 4 日，某厂 4 号机组电负荷 37.7MW 供热运行，因空气预热器全停信号误发导致机组 MFT。

（一）事件过程

12 月 4 日 10 时 6 分 45 秒，4 号锅炉 MFT，首出原因为"空气预热器全停"。跳闸前 4A 空气预热器辅助电动机运行，4B 空气预热器主电动机运行。检查 DCS 画面上 4A/4B 空气预热器均在运行状态，4A/4B 送风机、引风机全停，且就地检查 4A/4B 空气预热器实际均为运行状态。

（二）事件原因查找与分析

1. 处理过程

12 月 4 日 1 时 18 分，4 号 A 空气预热器主电动机跳闸，辅电机自启正常，运行通知维护部值班人员检查处理。机务人员就地检查 4A 空气预热器无异常；电气人员现场检查确认 4A 空气预热器主电动机跳闸前电流运行均正常。主电动机跳闸原因为热继电器动作。复归热继电器后，DCS 操作员站上 4A 空气预热器主电动机报警消失。并告知运行人员若 4A 空气预热器辅电动机跳闸后，主电动机会自启，现暂由 4A 空气预热器辅电动机运行，4A 空气预热器主电动机做备用。

由于 4A 空气预热器主电动机跳闸无光字牌报警，夜班运行人员填报缺陷单"4A 空气预热器运行中主电动机跳闸，辅助电动机自启，锅炉光字牌无报警"，认为大屏"A 主辅空气预热器跳闸"光字牌应在空气预热器主、辅电动机任一跳闸时报警，否则不利于运行监视。

9 时 20 分，维护部仪控班指派班员缺陷处理，并联系设备管理部仪控专工对缺陷单进行指导处理，要求运行部出具"A 主、辅空气预热器跳闸"光字牌应在空气预热器主、辅电动机任一跳闸时报警功能的联系单。单元长联系设备管理部仪控专业组长进行安排。

9 时 59 分，设备管理部仪控专工到达工程师站。10 时 4 分 51 秒，进入可编辑模式，将组态 DPU4005.SH0113 内的与门改为或门（见图 6-4、图 6-5）并下装；10 时 6 分 31 秒，下装完成。切换至运行画面查看发现 4 号炉 MFT 动作。至集控室确认 4 号炉 MFT 动作，首出故障信号为空气预热器全停，立即回到工程师站，核实 SH0113 页面内的空气预热器跳闸逻辑，发现组态修改不正确并立即将 DPU4005.SH0113、DPU4006.SH0113 逻辑还原。

2. 原因分析

分析认为设备管理部仪控专工在未经审批、核实和监护情况下，修改空气预热器运行状态条件的组态并下装，造成 MFT 条件误发，是本次事件发生的直接原因。设备管理部仪控专业组长未尽"管技术必须管安全"职责，对逻辑确认、修改流程存在控制不严，是本次事件发生的间接原因之一。

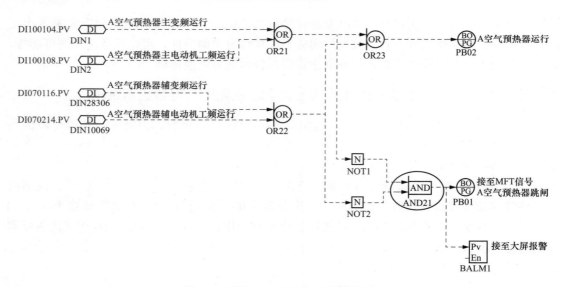

图 6-4　DPU4005.SH0113 逻辑页面 A

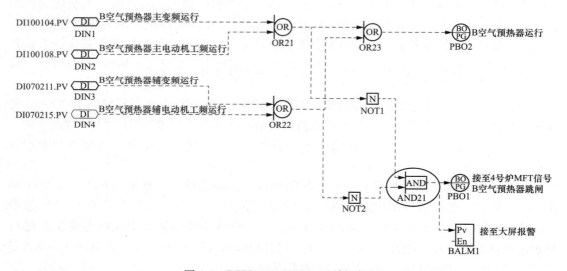

图 6-5　DPU4006.SH0113 逻辑页面 B

运行单元长在仪控班人员告知"A 主、辅空气预热器跳闸"光字牌正常，若需将"A 主、辅空气预热器跳闸"光字牌修改为"空气预热器主、辅电动机任一跳闸"报警需出具联系单的情况下，未按照公司《热工联锁、保护逻辑及定值管理制度》逻辑修改流程执行，仍电话催促设备管理部仪控专业人员修改，是本次事件发生的间接原因之二。

设备管理部仪控专业未严格执行"两票"制度，未实行监护升级，即"监护人员必须由部门技术员甚至部门中层担任"的要求，是本次事件发生的重要原因。运行部、设备管理部未按照设备异动流程进行异动管理工作，是事件发生的管理原因。

综上分析，本次事件暴露出的问题有：

（1）人员安全意识不足。未对缺陷单内容、逻辑模块进行分析，对逻辑修改和下装的危险辨识不足的情况下，独自完成修改和下装。

（2）管理制度和管理流程执行不严格。未按照《热工联锁、保护逻辑及定值管理制度》执行，未经审批、核实、监护、确认直接修改逻辑并下装；未按照《工作票管理制度》执行，属无票工作。

（3）运行人员把本不属于缺陷内容的建议作为缺陷报缺，并不断催促，暴露出公司生产部门间协调、运作存在不规范。

（4）专业技术培训不到位，对于逻辑模块的学习不到位，对于修改逻辑画面会带来的相应的后果认识严重不足。

（三）事件处理与防范

按规定流程修改逻辑后，机组重新启动恢复运行，同时制定以下安全防范措施：

（1）开展安全生产管理制度和流程的隐患排查、梳理完善、"两票三制"等安全管理制度执行情况监督检查，并开展生产部门安全意识、业务技能、风险辨识、应急预案的教育培训。

（2）完善仪控逻辑、定值修改流程管理，对热控人员修改逻辑的权限进行分级管控。实行工作票分级控制，将逻辑下装列入公司级危险作业项目的工作票。

（3）对空气预热器热继电器整定值进行检查，规范保护整定流程规范；同时举一反三，对同批次热继电器是否存在质量问题进行排查；并定期开展相关继电器的测试工作。

（4）加强新机组、新设备的技术培训，提升专业技术水平。

六、 组态存在残余点， 造成 MFT 指令误发导致机组跳闸

2017 年 9 月 13 日，某厂 8 号机组负荷 230MW 正常运行，AGC、一次调频投入，各项基本参数正常。因 MFT 信号误发导致机组跳闸。

（一）事件过程

当时机组运行主要参数：主蒸汽流量为 780t/h，主/再热蒸汽温度为 538℃，汽包水位为－6mm，总风量为 818t/h，机组负荷为 230MW，供热流量为 18t/h，总煤量为 102t/h，A、B、C、E 磨煤机运行，无异常报警。

9 时 6 分，运行发现 8 号机组 AGC 自动退出，控制方式由协调方式切至基本方式，8 号炉给煤机总煤量从 102t/h 降低至 26t/h，每台给煤机煤量减至最小煤量 6t/h（手动无法干预）。同时运行磨煤机冷、热风调节阀自行关闭。

9 时 12 分，8 号炉 MFT（汽包水位高高）动作。厂用电自切成功，8 号炉给水泵 C 联动成功，9 时 13 分，8 号机旁路切除，8 号机供热转移至 9 号机。

10 时 36 分，8 号机组点火启动；13 时 25 分，8 号机组并网。

（二）事件原因查找与分析

调节阀热控人员检查 SOE 记录，8 号机组于 9 时 12 分 6 秒发出锅炉 MFT 信号。首出原因为汽包水位高高。查历史曲线显示：9 时 6 分 26 秒，机组各项参数正常。锅炉 MFT 综合 DROP2 信号为 0，其源头信号 MFT 动作 2 和 MFT SOFT 信号为 0。

调阅历史曲线，发现各个磨煤机冷、热风调节阀关至 0%，煤量快速下降到 6t/h（10%），动作原因为 2 号控制器逻辑 021 号控制图中 MFT-DROP2-SOFT 信号由 0 变成 1 引起。将 2 号控制器 021 号逻辑图内容重新组态，组态过程中发现逻辑图中存在残余点，

清除后再重新组态逻辑并下装。

经检查检修记录，在 2017 年 8 号机组 C 修期间，热控人员曾经修改过这幅逻辑图，而在本次重新组态过程中发现逻辑图中存在残余点，说明修改过程中可能存在操作不规范现象，使得逻辑图中存在残余点，导致 MFT-DROP2-SOFT 逻辑算法块出错。

咨询 DCS 厂家、汽轮机厂家专业人员的结论为：若在逻辑组态中存在残余点，容易造成机组运行过程中逻辑算法块出错。

分析结论：由于热控人员逻辑组态过程不规范，8 号机组 DCS 系统 2 号控制器逻辑 021 号控制图中存在残余点，导致 MFT-DROP2-SOFT 逻辑算法块出错（由 0 至 1），引起机组相关设备动作，最终导致机组汽包水位高 MFT。

（三）事件处理与防范

针对热控人员逻辑组态过程操作不规范，造成逻辑算法块输出异常导致机组跳闸事件，热工专业采取了以下处理与防范措施：

（1）删除原有逻辑及残余点后，对原异常逻辑图重新组态、下装。

（2）逐一检查 8、9 号机组在检修期间修改过的逻辑图是否存在残余点的情况。

（3）规范热控人员逻辑组态过程，逻辑修改应一人执行、一人监护，复查确认无误后再下装。

（4）加强热控人员 DCS 系统组态方法的学习与培训，避免在组态过程中非正常关闭组态软件。

七、 机组 "胀差大" 定值设置错误导致机组跳闸

2017 年 5 月，某电厂 2 号机组（额定容量 210MW）在启动过程因 "胀差大" 保护动作导致机组跳闸。

（一）事件过程

4 时 51 分 36 秒，机组负荷为 92.4MW，DCS 中低压缸胀差为＋4.54mm，汽轮机胀差大保护动作（胀差保护动作定值为≥＋6mm），汽轮机跳闸，主汽门、调节阀全关。

4 时 54 分 7 秒，逆功率保护动作，发电机跳闸，出口 620 开关分闸，系统解列。

（二）事件原因查找与分析

事件后，检查 TSI 中低压缸胀差保护跳闸设定值实际为＋5mm、－2mm（该值实际为低压胀差大报警值），与热工保护定值单给出的参数不符，是设置时误将报警值设为跳机值，这是造成本次事件的直接原因。检查 DEH 低压胀差值设置正确（报警值设定为＋5mm、－2mm），但因 DEH 报警信号发出时，机组已同时跳闸。

检查历史文档记录，2003 年 DCS 改造后低压胀差保护定值为＋6mm、－3mm；2006 年 6 月 25 日进行 TSI 系统改造（本特利 3300 改造为本特利 3500）时误设为＋5mm、－2mm（2006 年 TSI 改造相关资料未查阅到）。

检查信号流程，低压胀差保护是由电涡流探头送信号至 TSI，由 TSI 计算出胀差超跳闸值后经继电器板送至 ETS 保护出口，TSI 只有连入工作计算机才能看到胀差值，且没有历史记录。而 DCS 系统中低压胀差显示值是由 TSI 模件转化为 4～20mA 信号送至 DEH 系统，再由 DEH 系统通信至 DCS 系统。因系统误差造成 DCS 内画面指示值与 TSI 实际值存在 0.46mm 偏差。2015 年 2 号机组 A 级检修中对低压胀差探头、前置器、延伸电缆送检

合格（TSI 模件未送检），探头安装后进行了行程比对校验合格（之后未再进行行程比对校验和 TSI 模件通道校验），导致未及时发现低压胀差 TSI 实际值与 DCS 显示值存在的系统偏差。由于每次进行低压胀差保护传动试验，都是采用短接 TSI 跳闸输出接点方式进行，导致定值设置错误也未能发现。

该事件暴露出以下问题：

（1）热工保护定值整定随意，事后检查发现热工专业无现场保护整定记录，未严格执行现场保护整定一人执行、一人监护的相关规定。

（2）热工技术监督管理不到位，没有结合机组大小修逐一对保护定值进行核对。

（3）隐患排查不彻底、流于形式，虽多次组织专业排查，但对重要保护回路排查不细致，留下事故隐患。

（4）轴振、轴位移、胀差等 TSI 保护的传动试验没有按要求从源头加信号进行整体传动试验，仅通过短接 TSI 输出接点进行传动试验，从现场测量一次元件到 TSI 模件部分存在的问题无法发现，存在重大安全隐患。

（5）轴位移、胀差等 TSI 输出信号没有实时监视，机组停备期间也没有进行 TSI 通道校验，存在轴振、轴位移、胀差等 TSI 信号与 DEH 显示值偏差大的安全隐患。

（6）技改验收把关不严，三级验收形同虚设，造成定值误整定。TSI 系统改造后没有按照要求进行定值核对，也没有进行整体传动试验，存在严重管理漏洞。

（三）事件处理与防范

针对本次事件暴露出来的问题，专业制定了以下处理与防范措施：

（1）制定严格执行"热工联锁保护和自动系统投退及逻辑定值修改管理制度"有关规定的相关措施，对专业人员进行安全意识与专业规程方面培训，所有机组热工保护试验与定值整定修改时，必须至少两人分别负责执行与监护。

（2）严格执行热工技术监督管理实施细则的相关要求，机组大小修逐一核对热工保护定值，完善试验手册操作步骤，增加 TSI 通道校验，从 TSI 探头前置器加模拟信号至 TSI 装置输出进行信号通道校验和保护传动试验。在机组停备期间对机组 TSI 保护回路进行整体传动试验，并做好整定记录。

（3）深入开展热工保护全面治理活动，对机组所有的保护回路进行彻底清理；在热工基础台账、定值核对、保护传动以及试验记录等方面不断规范与完善，切实加强热工基础性管理工作。

（4）加强技改项目验收管理，严格执行三级验收的质量管理标准，加强重要保护回路改造的试验记录、图纸资料更新等工作管理。

八、　检修一次风变送器时强制错误导致机组跳闸

2017 年 2 月 13 日，某电厂在运行中进行消缺检修，因 10 号炉一次风母管压力测点 2（PT0608）波动大（波动范围在 3.3～3.9kPa）。设备管理部炉控班开具"10 号炉一次风母管压力 2（PT0608）测点检查"热控工作票进行检查，检查过程中因强制一次风压信号引起自动调节系统误动作，导致机组跳闸。

（一）事件过程

9 时 56 分，工作班成员 A 某某将 10 号炉一次风母管压力 2（PT0608）切除扫描，此

时测点测量值为 3.75kPa。

14 时 20 分，工作负责人 B 某某同工作班成员 A 某某到集控室，同运行人员交代进行"10 号炉一次风母管压力 2（PT0608）测点检查"工作，就地检查后工作人员担心对测点 2 进行吹灰时可能影响测点 1 波动，经运行人员同意后增加安全措施："将 10 号炉一次风母管压力选择值（PA-PRE）切除扫描（检修自理）"。

14 时 40 分，B 某某将 10 号炉一次风母管压力选择值 PA-PRE 测点切除扫描，此时该测点数值为 3.90kPa，A 某某在就地对 10 号炉一次风母管压力 2 变送器进行管路吹灰操作正常后返回集控室。

14 时 55 分，B 某某将 10 号炉一次风母管压力 2 测点恢复监视状态。

15 时 2 分，B 某某将 10 号炉一次风压选择值 PA-PRE 测点恢复监视状态，但观察 10 号炉一次风母管压力 2 测点数值仍摆动较大，同运行值班人员交代后，决定对该测点进行第二次管路吹灰工作。

15 时 20 分，运行人员发现 1 号给煤机电流摆动大，1 号磨煤机出口温度上升，就地检查 1 号给煤机链条不动，停运 1 号给煤机，切换给煤机转向，反转也转不动，停运 1 号给煤机。15 时 31 分，停运 1 号制粉系统。15 时 35 分，启动 2 号制粉系统。

15 时 35 分，B 某某将 10 号炉一次风母管压力选择值 PA-PRE 切除扫描，此时该测点数值为 4.1kPa，李某某就地对 10 号炉一次风母管压力 2 变送器进行第二次管路吹灰工作。

15 时 37 分，B 某某通过操作画面观察到 10 号炉一次风母管压力数值下降，紧急联系就地人员 A 某某，并将 10 号炉一次风母管压力 2 数值强置为 3.1kPa。

15 时 40 分 37 秒，锅炉 MFT 动作，首出原因"锅炉失去所有燃料"（此时一次风压 1 数值为 1.92kPa），立即启动快减负荷，打跳 A 汽动给水泵。

15 时 4 分，1 号电动给水泵联启（勺管位置 60%），出口流量为 595t/h，转速为 4729r/min，主给水流量为 851t/h，B 给水泵汽轮机出口流量为 273t/h，汽包水位最低值为－308mm。

15 时 42 分，退出 10 号机对外供热。1min 后 B 给水泵汽轮机汽源自动切换为高辅后，给水泵汽轮机转速由 3511r/min 快速上升，B 汽动给水泵流量及汽包水位随之快速上升。

15 时 44 分 9 秒，汽包水位为＋150mm，汽包事故放水动作，汽包水位继续升高至＋268mm，电动给水泵转速为 4725r/min，电动给水泵出口流量为 651t/h，B 给水泵汽轮机转速为 4583r/min，B 给水泵汽轮机出口流量为 615t/h，紧急打跳电动给水泵。

15 时 44 分 25 秒，汽包水位为＋300mm，汽轮机跳闸。重新启动电动给水泵调整汽包水位正常，锅炉完成吹扫，点火，逐步投入给粉机，升温升压。

16 时 0 分 40 秒，汽轮机重新挂闸，9min6s 后，汽轮机转速为 3000r/min。16 时 15 分 41 秒，主蒸汽温度为 458℃，主蒸汽压力为 8.8MPa，发电机并网，逐步升负荷，投入供热。

（二）事件原因查找与分析

1. 原因查找

（1）MFT 动作首出故障信号为"失去所有燃料"。原因为"一次风与炉膛差压低低"联跳所有给粉机。一次风与炉膛差压低低信号产生的原因是一次风压低。在进行 10 号炉一次风母管压力 2 变送器第二次管路吹灰前，即在工作负责人将 10 号炉一次风母管压力选择值切除扫描时，一次风压为 4.1kPa（过程值），而此时一次风压设定值（根据负荷通过折线函数算出）为 3.8kPa，A、B 一次风变频一直在自动方式，设定值比过程值低且一直存在偏差，导致一次风机变频指令一直降低，一次风压因此一直减小，最终触发一次风与炉膛差压三取二信号，导致失去所有燃料信号发出触发了 MFT 动作，这是锅炉灭火的直接原因。

（2）锅炉灭火后，打跳 A 汽动给水泵，电动给水泵在备用状态下联启，直接带负荷打水，加上给水泵汽轮机汽源由四抽自动切换为高辅后，B 给水泵汽轮机转速及流量突然增大，造成给水流量与蒸汽流量偏差过大未及时调整，是导致汽包水位＋300mm 保护动作机组跳闸的直接原因。

2. 本次事件暴露出的问题

（1）工作人员专业技术水平掌握不够。对控制逻辑及现场设备不熟悉，未考虑到一次风压对一次风机变频调节的影响，没有制定切实可靠的安全措施。

（2）作业风险分析不到位。没有按照规定组织相关部门专业人员分析、讨论，处理一次风压自动调节系统缺陷时，对不退出自动调节方式的风险分析、一次风压力测点检查工作的风险辨识和管控不到位。

（3）运行人员对一次风压监视不到位。因 1 号给煤机卡钢板转不动，运行人员采取措施无效，联系检修人员处理，并进行了制粉系统切换，忽视了对一次风压力的监视。

（4）运行培训不到位。对停炉不停机异常处理能力不足，对汽包水位、蒸汽温度、负荷、热网等关键点操作处置不当。9、10 号机组供热改造后，运行人员对机组异常处理经验不足，各岗位之间的协调、配合不默契。运行人员对汽包水位监视不到位，未采取有效措施，导致汽包水位迅速升高，即使事故放水动作，仍造成水位高三值保护跳机。

（5）对特殊方式下的运行预控不到位。给水泵汽轮机汽源由四抽和高辅并列供给，当给水泵汽轮机汽源由四抽自动切换为高辅后，给水泵汽轮机转速和给水流量迅速增加，退热网和启动快减后，锅炉蒸汽流量迅速下降，造成给水流量远大于蒸汽流量，汽包水位迅速上升。

（6）热控专业管理不到位。在班组进行有重要保护或自动调节的工作内容时，管理人员没有进行现场指导及监督安全措施的执行。

（7）工作票管理不到位。增加工作票措施后，虽经过值长、机组长许可，但没有履行签字手续。危险点分析不到位，没有对强制风压输出点造成的自动调节失控风险进行辨识和分析。

（三）事件处理与防范

本事件再次说明强化技术培训的重要性。除对针对停炉不停机异常处理利用仿真机培训每季度对集控人员逐一进行轮训，完善停炉不停机措施，不定期对班组进行停炉不停机反事故演习，每周进行技术和安全方面的培训讲课外，要求热控专业利用两个月的时间，由专业主管、技术员、班长，对每个班组所管辖的主要自动调节系统和保护系统，进行逻辑讲解，分析调节原理，保护和联锁条件，使每位工作成员心中明白调节和保护逻辑对工艺的影响，每月进行考试，以检验培训效果。

（1）提高风险辨识和防控水平。在自动、保护设备检修工作时，对照图纸和逻辑，检修人员和运行人员一起分析作业风险，制定风险防控措施。

（2）规范自动调节和保护投退管理。严格执行保护、自动投退制度，对自动、保护系统的测点进行排查，建立保护自动测点检修清单并提供给发电部，制定 DCS 系统强制点和保护自动操作卡，工作开工前，检修人员、运行人员熟悉掌握存在的风险。

（3）制定特殊方式下的技术预控措施。在机组大负荷供热情况下，针对机组给水泵汽轮机汽源由四抽和高辅并列供给的特殊运行方式，制定有针对性措施，组织发电部人员学习。

（4）制定典型异常处理预案措施，包括值长在异常情况下的统一协调指挥，异常处理过程中的分工、协调、配合，异常处理要点，重点监控参数、系统等，并定期进行演练。

（5）完善热工标准工作票库，对有保护或自动的工作票完善相关安措，完善危险点分析。

（6）编制热控保护、自动强制操作票，验证后在检修工作中严格执行操作票。

（7）在班组进行有重要保护或自动调节的工作内容时，管理人员必须要到现场进行监督安全措施的执行情况。

（8）现场设备存在问题正在处理时，不安排进行其他工作，待问题处理结束后，再安排相关工作。

九、 错误强制 A 一次风机停信号导致机组跳闸

2017 年 11 月 28 日，某电厂 1 号机组负荷 591MW，机组处于协调方式，AGC 投入、RB 功能投入。风烟系统 A/B 送风机、A/B 引风机和 A/B 一次风机运行，制粉系统 A、B、C、D、E 五台磨煤机运行，给水系统 A/B 汽动给水泵运行。总煤量 220t/h，总风量 1664t/h，给水流量 1875t/h，分离器出口温度 408℃。因热控人员错误强制一次风机停运信号导致机组跳闸。

（一）事件过程

19 时 14 分 39 秒，1 号机组 A 一次风机停止信号发出，DCS 随即触发"一次风机 RB"。

RB 触发后，DCS 执行 RB 控制指令，协调控制切除，A、B 磨煤机分别于 19 时 14 分 44 秒和 19 时 14 分 55 秒联锁跳闸（保留 C、D、E 磨煤机），给水流量、总风量随锅炉主控快速下降。

19 时 17 分 21 秒，机组参数基本稳定，负荷 310MW，主蒸汽压力为 22.48MPa，主蒸汽温度为 574℃，再热蒸汽温度为 566℃，分离器出口温度为 407℃，煤量为 106t/h，给水流量为 800t/h，总风量为 1631t/h。RB 功能正常。

机组参数稳定后，B 给水泵汽轮机转速突然由 4600r/min 发生小幅下降，幅度约 300r/min，后经 MEH 调节，转速恢复。随后 B 给水泵汽轮机转速再次急剧下降，由 4529r/min 降至 2855r/min。19 时 17 分 46 秒，B 给水泵汽轮机转速下降速率减缓，但此时 A 给水泵汽轮机转速也开始发生同步下降。两台给水泵汽轮机转速下降过程中，低压调节阀和高压调节阀快速开至全开位，但仍无法抑制转速的下降，锅炉给水流量同时下降，运行人员虽切至手动控制并停运 C 磨煤机，仍无法维持机组稳定。

19 时 17 分 58 秒，MFT "给水流量低"信号触发，经过 DCS 设置的 30s 延时，锅炉 MFT 触发，汽轮机跳闸，机组解列。

（二）事件原因查找与分析

1. 直接原因分析

在 RB 动作后机组参数基本稳定的状态下，两台给水泵的转速相继快速下降且全开高、低压调节阀后仍无法维持，直接导致锅炉给水流量下降至 MFT 动作值。

经查，在 RB 动作后负荷降至 310MW 的过程中，四抽温度基本维持在 376℃，四抽流量由 35t/h 逐步降至 10t/h。四抽流量稳定在 10t/h 约 10s 后快速降低至 0t/h，再 10s 后四抽温度也发生急剧下降，至 MFT 触发时降至 209℃左右，蒸汽已接近或进入湿蒸汽状态，致给水泵汽轮机出力严重降低（见图 6-6），这是本次非停事件的直接原因。

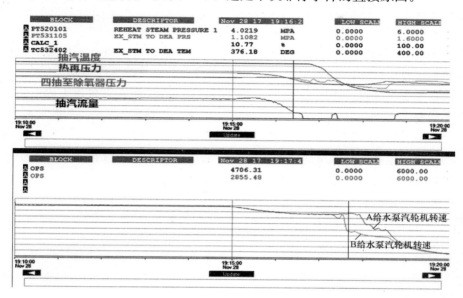

图 6-6　非停前后四级抽汽系统主要参数趋势

给水泵汽轮机进汽温度降低，存在以下两种可能：

（1）四抽至除氧器进口止回门未关严。机组负荷快降过程中四抽压力曾降至低于除氧器压力，除氧器进口止回门未关严将造成除氧器内低温饱和蒸汽进入给水泵汽轮机。

（2）备用汽源管道积水。给水泵汽轮机进汽温度下降过程中曾发生辅汽联箱压力高于四抽压力，给水泵汽轮机汽源切换至辅汽，由于辅汽至给水泵汽轮机进汽管道疏水阀一直处于关闭状态，管道可能存在积水，给水泵汽轮机汽源切换后，给水泵汽轮机进汽被积水冷却，导致给水泵汽轮机进汽温度进一步降低。

2. 根本原因分析

本次事件中虽然机组 RB 动作成功，但事件发生后检查发现在 RB 发生前后 A 一次风机运行稳定，并未发生跳闸。

经查，非停发生前电厂运行人员发现 A 空气预热器辅电机振动有增大趋势，计划于 11 月 28 日夜间对 A 空气预热器辅电机进行更换，并编制了处理方案。19 时，运行人员通知热控人员执行 A 侧空气预热器出口挡板门等相关设备的热工信号强制措施。其中，要求将空气预热器一次风管道出口挡板"允许关"条件强制为 1。

1 号机组 DCS 逻辑中，A 空气预热器一次风出口挡板的"允许关"条件直接引用"A 一次风机停运"信号，即 A 一次风机停运后允许关闭空气预热器一次风出口挡板。

电厂热控人员在执行该项操作时，对"允许关"条件引用的信号及与其相关的其他联锁关系未检查到位，简单执行运行要求，直接将"A 一次风机停运"信号直接强制为 1，造成 RB 触发等后续联锁动作。

因此，热控人员在执行信号强制时检查和监护不到位，造成"A 一次风机停运"信号错误触发，是本次事件的根本原因。

本次事件暴露的问题如下：

（1）运行及热工处理方案不完善。对于主重要设备信号的强制，没有制定可靠的处理方案。操作人员对于被强制的信号没有谨慎检查，造成在辅机正常运行的情况下 RB 触发，机组负荷快降。

（2）热工信号强制的监护制度执行不到位，操作及监护人员没有在信号强制的操作前反复核对和确认，造成操作失误。

（3）四抽至除氧器进口止回门存在未关严的可能。2015 年 1 号机组大修期间按规定对该门进行了检查，未发现异常。该门属于单翻板结构，可能会出现未关严的情况。

（三）事件处理与防范

（1）加强对发电部运行人员的技术培训，特别是针对主重要设备的热工保护、联锁逻辑进行培训，提高运行人员运行操作的水平和能力。

（2）针对本次强制信号过程中发生的误操作事件，按照集团公司有关技术监督制度，重新梳理、完善热工管理制度并严格培训、执行和监督。尤其加强热工强制监护制度的执行。

（3）针对热工重要信号，统一梳理并核查其所有相关联锁关系（如一次风机停运信号与哪些设备联锁相关），对热工班组进行宣贯、培训。运行过程可能需进行强制等操作的重要信号，制定处理方案和操作卡并经检修试验验证正确。

（4）针对 FOXBORO 这一类逻辑模块的输入引脚不能强制而输出引脚可以强制的 DCS 系统，建议将参与保护的重要信号，在引入单个保护条件前将其和一个"ON/OFF"模块综合判断（保护切除功能设置为"与"模块，联锁置 1 功能设置为"或"模块），再引入保护运算模块的输入引脚。当需要强制该信号时，改变"ON/OFF 模块"状态即可，对该信号本身和其参与的其他保护、联锁功能没有影响，安全性更高。

（5）根据 2 号机组 MFT 逻辑优化经验，进一步将 RB 等重要保护、联锁引用的电机反馈信号，由运行或者停止的单点信号改为"电动机运行、停止、电流小于定值"三取二判断，提高热工保护、联锁功能的可靠性。

（6）增加辅汽至给水泵汽轮机进汽管道上温度和压力测点，定期打开辅汽至给水泵汽轮机进汽管道疏水阀，保证备用汽源投入可靠。

十、 解除保护时误操作导致机组跳闸

2017 年 8 月 27 日，某电厂 5 号机组容量为 300MW，机组负荷 150MW，主蒸汽温度为 542/533℃，再热蒸汽温度为 542℃，20、40 共 2 台磨煤机运行。煤量为 64.8t/h，双列风机运行，给水流量为 410t/h，设备系统运行正常。按调度令要求准备停机过程，因解除热工保护失误，引起锅炉给水流量低保护动作导致机组跳闸。

（一）事件过程

15 时 50 分，热控人员应运行人员要求办理保护投退申请单。

16 时 20 分，当值值长要求当值运行盘前值班员，通知热控值班人员切除 5 号锅炉给水流量低保护，以防止停机过程中保护动作。盘前值班员当即电话通知炉控一班值班人员

操作，切除 5 号机组锅炉给水流量低保护。

16 时 27 分，两名热控人员在工程师站，对给水流量低保护进行置位操作进行保护切除。

16 时 28 分，5 号机组跳闸，锅炉灭火，厂用电自动切换起动备用变压器电源成功。

当班运行人员确认为保护误动后，检查机组系统设备均正常。

17 时，锅炉吹扫后，准备向调度申请重新点火时，接到调度通知 5 号机组转为备用。

（二）事件原因查找与分析

机组跳闸后，经查，热控人员接到盘前值班员电话通知，在 5 号机组 DCS 系统（型号：SPRA-T3000）工程师站（采用惠普 SP6300 型工控机），对给水流量低保护进行置位操作。在置位过程中，未严格执行操作卡，将 IN08（保护启动输入）看成应该置位点 C08，故此将 IN08 置位为 1，造成 5 号机组给水流量低保护无延时直接动作，机组跳闸。

本次事件暴露出以下问题：

1. 管理责任不到位

（1）电厂对全运会保电重视程度不够，虽然发布了"全运会保电通知"，但对各部门保电措施的落实和执行情况检查、督促不够，致使部分保电措施流于形式。

（2）生产部门对厂部下发的"全运会保电通知"文件，执行不力，制定措施针对性不强，且未能有效地落实措施。

（3）检修部在重要保电时段，未合理加强值班力量，致使重要的操作失去有效监护。

（4）运行部对重要保电时段的警惕性和重视程度不够，停机前 6h 就由值长下达指令切除保护，过于随意。

2. 技术管理不到位

（1）保护投切管理不严谨，对于机组启停期间的保护投退缺少有效、严格的管理，仅由值长凭借经验即可下达投切指令，存在较大风险。

（2）热工保护投退管理制度未能及时根据上级管理要求进行修编，存在制度违章的情况。

（3）保护投切操作未能有效执行监护制度，对监护人的资格、监护内容等方面要求模糊，不具体、不严谨。

3. 安全意识不强

（1）热控工作人员安全意识淡薄，工作过程中注意力不集中，未认真执行操作卡，监护人员监护不认真，流于形式。

（2）热工的保护投切操作卡的易用性和针对性有待提高。

（三）事件处理与防范

（1）生产各部门认真吸取此次非停教训，结合实际对部门保电措施进行再次梳理、检查、落实，特别是在设备巡检、重大操作监护、值班力量等方面要进一步加强和细化。

（2）立即废止热工保护管理细则中，关于机组启停期间投切保护的相关条款，禁止机组启停期间由值长确定保护的投退。

（3）立即组织专业人员依照公司检修维护标准化导则中关于热控保护的管理要求，修编电厂热工保护投退管理制度，经审核批准后发布执行。

（4）热工专业完善保护投切操作卡，提高针对性和易用性。

（5）组织热控人员，认真讨论、吸取本次停机教训，严格执行"保护投入和切除操作卡"，强化安全意识。

十一、 传动试验时误操作导致机组跳闸

2017 年 9 月 23 日，某电厂 2 号 600MW 燃煤发电机组，负荷为 370MW，AGC、协调和一次调频投入正常，主蒸汽压力为 15.45MPa，主蒸汽温度为 564.59℃，再热蒸汽压力为 2.39MPa，再热蒸汽温度为 569.01℃，总燃料量为 169.38t/h，给水流量为 917.57t/h，2A、2C、2D、2F 磨煤机运行，EH 油压为 14.7MPa。

（一）事件过程

15 时 26 分 15 秒，机组负荷 370MW，2 号机汽轮机 1 号主汽门由 100％突关至 13％，2 号机负荷由 370MW 降至 365MW。

15 时 26 分 45 秒，2 号主汽门由 100％突关至 13％，2 号机负荷由 365MW 降至 65MW，主蒸汽压力由 15.38MPa 上升至 21MPa，给水流量快速下降。

15 时 28 分 12 秒，给水流量低于 486t/h 动作，触发锅炉 MFT，联跳汽轮机。

15 时 28 分 12 秒，汽轮机和锅炉主保护动作后，联跳 2A 和 2B 给水泵汽轮机、2A、2C、2D 和 2F 磨煤机、2A 和 2B 一次风机，发电机解列，锅炉和汽轮机各项保护正确动作。

（二）事件原因查找与分析

1 号机组 5 号操作站设备老化经常死机，利用本次机组调停机会，热控技术人员进行硬件更换和系统重装，但未将 2 号机组 DCS 系统控制器管理权限进行限制；1 号机组启机前汽轮机主汽门开关试验时，在组态工程师权限下，通过后台控制操作 1 号机主汽门指令清零时，操作人员精力不集中，误将 2 号机组主汽门关闭，导致 2 号机组跳闸。

注：I/A Series 控制系统，以交换机为核心的 mash 网结构，1 号机组与 2 号机组通过公用系统交换机将两台机组控制器联络在同一网内，两台机组通过画面识别实现操作分离，组态工程师权限可以通过后台管理两台机组控制器。

本次事件暴露出以下问题：

（1）热控人员对 FOXBORO 控制系统功能理解不到位，对操作站控制管理权限配置不清楚。

（2）热控人员对 DCS 系统网络风险意识不够，未做好事故防范方案。

（3）热控试验中操作人员操作过程中注意力不集中，监护人员监护不到位，操作前未共同核实机组和设备名称。

（4）DCS 系统网络配置不合理，1、2 号机组之间未进行有效隔离。

（三）事件处理与防范

（1）加强热控人员技能培训，尤其是对 DCS 系统管理培训，规范硬件和系统安装流程。

（2）全面梳理 DCS 系统网络隐患，逐一排查类似隐患，并请 DCS 厂家网络工程师到厂进行技术支持和协助消除类似隐患。

（3）规范试验管理，操作过程中操作人员、监护人员共同核实机组和设备内容正确后方可操作。

（4）对 DCS 系统进行改造，实现机组之间 DCS 系统的物理隔离。

十二、 保护功能块输出强置错误导致机组跳闸

2017 年 6 月 4 日，某电厂 6 号机组负荷为 450MW。一次风出口压力为 10.9kPa，A、B 引风机，A、B 送风机，A、B 一次风机运行（A 一次风机动叶开度 91.1%，B 一次风机动叶开度 88.9%）。

（一）事件过程

13 时 19 分，运行人员监测到 6A 一次风机电动机绕组温度 4 显示跳变，立即联系热控分厂计算机班进行处理。

13 时 40 分，计算机检修人员到达现场后处理一次风机电动机绕组温度 4 跳变问题。

13 时 47 分 3 秒，6A 一次风机跳闸，首出原因为线圈温度高高跳闸，RB 保护动作，6F 磨煤机跳闸，冷、热风挡板及调节阀均联锁关闭，延时 5s 后 6E 磨煤机跳闸，冷、热风挡板及调节阀均联锁关闭（挡板关闭时间约 30s，调节阀关闭时间约为 10s）后，6B 一次风机动叶开度自动减至 65%；一次风母管压力最低下降至 4.72kPa，A、B、C、D 磨煤机跳闸，保护动作为一次风母管压力低（4.98kPa，延时 7s），锅炉 MFT 保护动作（首出故障原因为全部燃料丧失），联跳 6B 一次风机，A、B 汽动给水泵，汽轮机跳闸，发电机解列，脱硝系统跳闸。

（二）事件原因查找与分析

通过查看现场 SOE 记录，A 一次风机跳闸后，触发 F 磨煤机和 E 磨煤机的相继跳闸，持续 31s 后所有磨煤机跳闸，MFT 动作，汽轮机跳闸。现场情况与 SOE 记录一致。

通过查看操作记录，发现 13 时 45 分 48 秒，工程师站 AW6002 将一次风机跳闸功能块由 AUTO 状态强制为 MANUAL；13 时 47 分 3 秒，将 BO01 输出由 Reset 强制为 Set，随后 6A 一次风机跳闸。造成后续 RB 动作及 MFT 动作等相关保护触发。

通过查看现场组态，显示一次风机 RB 动作后动叶的开度上限自动限制为 65%。通过查看最初的 RB 试验方案，发现该 65% 的定值是由于之前在冷态试验时，在动叶开到 67% 时即已超过该风机的额定电流，因此，将 RB 动作后的动叶上限限制为 65%，以防止过流。

通过检查 RB 试验报告，发现机组仅在锅炉通风状态下进行过 RB 的冷态试验，未进行过实际带负荷的动态试验，因此，无法保证 RB 功能在机组带负荷期间是否能成功。

经上述检查，分析机组非停的直接原因，是热控人员处理 6A 一次风机定子线圈温度 4 跳变问题时，解除了 6A 一次风机电机定子线圈温度高保护，处理完毕恢复时，误将保护功能块"TRIP-COND2"输出"BO01"强置为 1，导致 6A 一次风机跳闸，机组 RB 保护动作，而由于 RB 逻辑的不完善（按照原有逻辑设定 6B 一次风机动叶开度从 89% 自动减至 65%）；此时一次风母管风压最低下降至 4.7kPa，低于跳磨最低一次风压设定值 4.98kPa，导致磨煤机跳闸，锅炉燃料丧失触发锅炉的 MFT 动作，机组跳闸。

机组 RB 逻辑应当在一侧一次风机跳闸后，另一侧一次风机动叶开度应自动增大，并用电流值作为一次风机动叶上限的开度闭锁，逻辑中一次风机 65% 设定值是为了防止一次风机电流过载而设定的最大值，但当前机组高负荷时，一次风机动叶开度经常高于 65%，且随着机组检修、磨煤机的启动数量、一次风门的开度变化及实际的机组负荷情况变化，当一次风机的动叶开度超过 65% 时不一定表明一次风机一定过流。因此，当机组高负荷运行时 RB 动作后，按照当前逻辑极易引起一次风压急剧下降，致使磨煤机跳闸而导致 MFT

动作，因此原有 RB 逻辑保护存在的缺陷，是本次事件的间接原因。

本次事件暴露出以下问题：

（1）热控分厂人员履行保护退、投监护人制度不严格且在保护解、投过程中未能及时发现操作步骤的错误，同时监护人员失职，未起到有效的监护作用。

（2）热控分厂人员对 DCS 控制组态中的逻辑算法块理解不到位；机组相关的各风机 RB 逻辑，仅用动叶开度作为闭锁风机过流的逻辑存在缺陷，需要进一步完善。

（3）热控分厂作为设备的直接管理部门，对保护解除/投入操作失责，管理不到位，执行公司规定不严格。

（4）生产技术部作为技术管理部门，对保护解除/投入操作过程中监督把关不严，对由此保护解除/投入操作带来的危害风险点分析不足，事故预想不够。

（三）事件处理与防范

（1）热控分厂组织热控人员进行 DCS 逻辑及算法培训。

（2）立即着手完善热控保护解除/投入操作工序卡，经验证，严格履行保护解除/投入工序卡的操作。

（3）热控分厂应制定完善的保护解除/投入操作的工作流程，确保清晰；重新修订保护解除/投入操作和监督制度，明确各环节具体的工作任务和职责；加强对保护解除/投入操作的监护，重要保护应三级（分厂专工及以上管理人员、班长或技术员、操作人员）核对、复述、监护，从管理上确保逻辑保护解除/投入操作的可靠性和准确性，操作人员以及监护人员互相监督，责任明确。

（4）联系电科院热工专业人员，对 6 号机组当前 RB 逻辑保护制定有效的改进方案并实施，提高 RB 逻辑保护的针对性和实效性，避免类似事件再次发生。

十三、 检修操作错误导致机组跳闸

2017 年 12 月 4 日。某电厂 2 号机组 CCS 方式下运行，负荷为 126MW，主蒸汽压力为 13.2MPa，主蒸汽温度为 527℃。

（一）事件过程

11 时 56 分 23 秒，轴位移 A 为 0.30mm，轴位移 B 为 0.10mm，偏差大于光字牌所设上限 0.15mm，触发光字牌报警。运行人员于 15 时 18 分录入缺陷"2 号机组轴向位移偏差大报警"，并通知热工检修人员处理。

17 时 49 分 21 秒，检修人员在投入轴位移大保护时，2 号机组发"汽轮机跳闸"光字牌报警，汽轮机保护首出故障信号为"轴向位移大动作"，联跳发电机，锅炉 MFT 跳闸。

（二）事件原因查找与分析

1. 轴向位移大处理过程

针对轴向位移大问题，热工检修人员办理工作票和热工保护投退单进行检修工作。先对调轴位移 A 和轴位移 B 的前置器，16 时 43 分对调完毕，DCS 画面轴向位移显示正常。再恢复之前各自前置器，16 时 53 分更换完前置器后，DCS 画面显示轴位移正常，轴位移 A 和轴位移 B 都是 0.10mm。检修人员未检查保护信号动作情况，未复位 TSI 轴位移大保护继电器，直接将轴向位移保护投入。2 号机组发"汽轮机跳闸"光字牌报警后跳闸。查阅 ETS 跳闸记录为 17 时 49 分 21 秒首出原因"轴向位移大动作"（ETS 系统时间为 17 时

49 分 40 秒）。查看保护逻辑及轴位移 A 和轴位移 B 历史曲线：轴向位移 A、B 同时达到跳机值则触发保护动作停机，保护定值为±1mm。热工检修人员处理缺陷过程中，探头与前置器断开连接时，轴向位移为−2mm。

2. 轴向位移动作原因分析

热工检修人员在更换轴位移 A 前置器过程中，同时将轴位移 A 和轴位移 B 的前置器插头拔下，导致 TSI 模件测量值均跳变至−2mm，触发 TSI 装置轴向位移大保护继电器动作。该继电器为自保持型，轴向位移信号恢复时应先复位该继电器。由于检修人员不熟悉该特性，在轴向位移信号恢复时未复位该继电器，直接将保护投入，导致汽轮机轴向位移大保护动作。

本次事件暴露出以下问题：

（1）工作票制度执行不力，擅自扩大工作范围。检修过程中只是开具了"更换 2 号机 TSI 系统轴向位移测点 A 前置器"工作票，但实际同时触动了轴位移 A 和轴位移 B 两个前置器的插头。工作票中安全措施做得不完善，未将工作流程列清楚。

（2）安全意识有待提高，工作票危险点分析中提到设备误动的风险，但是未做任何安全措施。检修人员在工作过程中安全意识不强，投入保护前未检查保护的实际状态。

（3）检修水平和对设备的熟悉程度有待提高。工作人员未能意识到调换轴向位移探头和前置器的连接，会导致轴向位移大保护继电器动作，说明检修人员对设备的熟悉程度有待加强。

（4）管理不到位。检修过程缺少相应的监督管理，对此次检修工作存在的危险点认识不足，监督未能落实于行动。

（三）事件处理与防范

（1）严格落实工作票制度。认真做好危险点分析并填写切实可行、对应的安全组织措施。

（2）提高安全意识，认真分析生产过程中的隐患和薄弱环节，切实做好机组防误动措施。

（3）加强对检修人员业务水平的培训。组织 TSI 监视系统和 ETS 保护系统的专题培训，更好地熟悉设备工作原理。在保护投入时，要注意观察和检查输入信号状态，确认无报警信号、异常状态或参数显示，提高检修水平。

（4）加强工作票全过程监督管理，对典型工作票中危险点分析及所采取的安全组织措施组织相关专业人员认证、完善。检查全过程监督执行到位。对违章操作的任何现象，举一反三进行安全意识培训。

十四、 施工误碰就地循环水泵 D 出口阀控制柜电源导致机组跳闸

2017 年 3 月 6 日，某厂 4 号机组负荷 488MW 正常运行，循环水系统 D 循环水泵正常运行，C 循环水泵备用，联锁投入。

（一）事件过程

15 时 34 分 9 秒，D 循环水泵出口阀开反馈丢失，11s 后 D 循环水泵跳闸，首出原因"出口阀未全开"。

15 时 34 分 21 秒，C 循环水泵联锁启动，但出口阀未联开；15 时 34 分 23 秒，C 循环水泵跳闸。

15 时 37 分 2 秒，汽轮机跳闸，首出"真空低"，汽轮机跳闸后 2s，锅炉 MFT 动作。

相关历史趋势如图 6-7 所示。

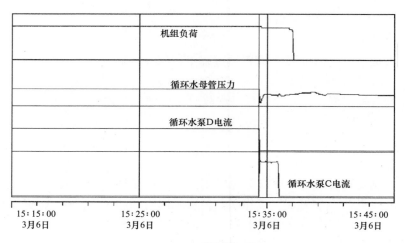

图 6-7　跳闸前后趋势图

（二）事件原因查找与分析

由事件发生的过程可知，汽轮机跳闸直接原因是 D 循环水泵跳闸后，C 循环水泵联锁启动不成功，造成机组真空低而导致汽轮机跳闸，锅炉 MFT。

1. 循环水泵 D 跳闸原因

15 时 34 分 9 秒，D 循环水泵出口阀开反馈丢失，出口阀未全开延时 10s 后跳 D 循环

图 6-8　循环水泵控制柜附近施工现场

水泵。就地检查发现控制柜失电，循环水泵出口阀反馈信号为就地控制柜内 PLC 输出，控制电源失去后 PLC 失电，输出信号消失。经现场询问得知，D 循环水泵出口阀因就地脚手架搭设作业（跳闸后立刻到现场拍的图片，见图 6-8），工作人员将出口阀控制柜上电源开关误碰至"关"位，导致控制电源失去，输出至 DCS 的全开反馈信号消失。

2. C 循环水泵自启后跳闸原因

15 时 34 分 20 秒，D 循环水泵跳闸后，C 循环水泵联锁启动，但出口门未联锁打开。15 时 34 分 23 秒，C 循环水泵启动 90s 后因出口阀未全开跳闸。对 C 循环水泵出口阀逻辑进行检查，发现 C 循环水泵出口阀开许可条件（BI01）为 0，造成出口阀的开指令不能发出。实际检查组态发现控制系统中并未对 C 循环水泵出口阀开许可条件（BI01）进行组态，故造成 C 循环水泵出口开允许条件长期不满足。

（三）事件处理与防范

（1）加强对机组逻辑组态和联锁保护传动试验的规范管理。

（2）严格控制现场施工的安全措施和技术规范，杜绝此类事件（D 循环水泵跳闸的原因：出口阀控制柜电源开关被误碰至关位后，控制电源失去，开信号消失，联锁跳闸）再次发现。同时对现场设备进一步清查，落实防人为误动措施。

（3）全面梳理机组控制系统组态的完善性，避免控制组态不完善给机组安全运行埋入隐患。

（4）组织排除热控逻辑隐患，并进行优化。建议对"出口阀未全开跳泵保护"进行优化，并将蝶阀开、关反馈单独直送 DCS。

十五、 消缺过程高压排汽通风阀反馈消失导致机组跳闸

2017 年 12 月 1 日，某电厂 6 号机组高压厂用变压器运行，3 号高压备用变压器停电进行厂用系统共箱母线接引改造。机组负荷 216MW 时正常运行时，因检修原因引起高排通风阀反馈消失，导致机组跳闸。

（一）事件过程

当时机组运行正常，主蒸汽温度为 540℃，主蒸汽压力为 13MPa，再热蒸汽温度为 540℃，再热蒸汽压力为 2.1MPa，机组真空为 −96.8kPa，汽轮机润滑油温为 40℃。

10 时 7 分，6 号机组跳闸，6 号机组厂用电全停，柴油机启动带保安段运行。SOE 首出故障信号为"高压缸保护动作"。

17 时 40 分，3 号高压备用变压器施工共箱母线隔离完毕，试验合格，电气"W255DQ2017110085 号 3 号高压备用变压器本体渗油处理及共箱母线接口"工作票压回，3 号高压备用变压器送电，厂用系统电源恢复。

（二）事件原因查找与分析

（1）热控人员根据首出故障信号，检查高压缸保护动作逻辑为：

1）机组启动切缸完成后，高压缸抽真空电动门自动关闭（防止凝汽器掉真空），已关反馈信号送到 DCS 系统。

2）当高压缸抽真空电动门在自动状态且自动关条件存在时，如果已关反馈信号消失，高压缸抽真空电动门保护动作将触发关指令输出。

3）关指令输出 70s 内，DCS 系统没有重新接收到阀门已关信号，高压抽真空电动门超时跳机条件满足，保护动作机组跳闸。

（2）现场检查。热控人员根据高压缸保护动作条件，现场检查发现高缸抽真空电动门电气送至热工的已关反馈信号接线端子接触电阻大，是螺栓松动引起，同时了解到 9 时 46 分，热机人员执行 6 号机真空疏水阀螺栓松动消缺工作票（W255RJ2017110329 号），进行门体螺栓松动紧固消缺。

（3）事件原因分析。根据保护逻辑和现场检查，分析认为本次事件原因，是机务人员在进行消缺紧固门体螺栓过程中产生振动，对原松动的高压缸抽真空电动门关反馈信号接线端子产生影响，使接线接触电阻增大造成已关反馈信号消失，关指令输出，延时 70s 后触发高压缸保护动作导致机组跳闸。

（4）本次事件暴露出以下问题：

1）运行安全意识不强，对存在的非停安全隐患分析预控不到位，在机组无备用电源期间设备消缺工作把关不严，误认为紧固螺栓小缺陷不会影响机组安全运行，导致机组跳闸。

2）热控检修管理不到位，机组 C 修时，未能发现关反馈信号接线螺栓松动隐患，电气送至热工保护回路的信号接线端子紧固排查不到位。

3）电气技术监督管理不到位，机组C修期间保护接线端子紧固检查监督不到位。

（三）事件处理与防范

检查紧固高压缸抽真空电动门全部电气、热工接线螺栓后，恢复系统运行正常。同时采取以下防范措施：

（1）加强机组特殊运行方式下设备消缺的管理，非必要紧急缺陷禁止在机组特殊运行方式期间消缺；必须立即处理的，应组织各专业人员一起进行全面危险点分析预控，消除安全风险。

（2）开展对有可能引起机组跳闸的电气继电保护、送至热工信号端子及热工接线端子紧固排查，落实防非停预控措施。

（3）落实机组检修电气技术监督管理工作，及时发现并消除安全隐患。

十六、 循环水泵出口液控蝶阀进水导致机组真空低跳闸

2017年4月21日，某电厂2号机组负荷555MW，3号循环水泵运行，4号循环水泵备用，真空为−94.6kPa，煤量为224t/h，给水量为1620t/h，2B-2F磨煤机运行，2A/2B汽动给水泵运行，RB功能投入。1号机组A修，1、2号循环水泵在检修状态。运行中因循环水泵出口液控蝶阀进水，3、4号循环水泵跳闸，导致机组真空低跳闸。

（一）事件过程

21时45分，3号循环水泵跳闸，4号循环水泵联启；21时46分，4号循环水泵跳闸，真空由−92.5kPa降至−65kPa，手动停2F给煤机，燃料量降至160t/h，降负荷至490MW。

21时47分，手动启动3号循环水泵，真空恢复至−78kPa，30s后3号循环水泵再次跳闸，循环水泵跳闸首出原因为循环水泵运行且出口蝶阀未全开。

21时50分，2号汽轮机真空低保护动作跳闸，发电机、锅炉联锁跳闸。检查锅炉MFT联动设备正常，检查汽轮机交流油泵联启后油温、油压正常，汽轮机、给水泵汽轮机惰走转速下降。

21时55分，停止真空泵运行并破坏真空，8min后真空到0，停供轴封蒸汽。

22时20分，转速至0，投入盘车装置正常运行，转子惰走时间为30min。

（二）事件原因查找与分析

1. 现场检查

事件后，运行人员就地检查，循环水泵电动机冷却水管一焊口开裂大量漏水，泄漏的水快速地倾泻到循环水泵出口液控蝶阀井坑内，导致循环水泵出口液控蝶阀井坑水位高，立即联系设备维修部热控班值班人员对现场设备进行检查，联系设备维修部汽轮机班值班人员加装临时排水泵紧急排水。

设备维修部汽轮机、热控值班人员接到电话后立即赶到循环泵房，发现1~4号循环水泵出口液控蝶阀井坑内均积水较多，汽轮机值班人员立即加装两台潜水排污泵对液控蝶阀井坑抽水。抽水结束，热控人员擦拭清洗3、4号循环水泵出口蝶阀行程开关就地端子排，与运行人员一起试验循环水泵出口液控蝶阀，开关联锁动作正常。

2. 事件原因分析

循环水泵电动机冷却水管一焊口开裂大量漏水，泄漏的水快速的倾泻到循环水泵出口

液控蝶阀井坑内，排污泵启动后跳闸，循环水泵出口液控蝶阀井坑内液位上升较快，液控蝶阀行程开关端子排被淹没后，出口液控蝶阀相继发出故障信号，导致3、4号循环水泵跳闸，使得2号汽轮机真空快速下降至低真空保护动作定值（压力开关动作值为-72kPa），导致2号机组跳闸。

（三）事件处理与防范

事件后，对循环水泵电动机冷却水管开裂焊口进行了修复，并采取以下防范措施：

（1）定期对两台机组循环水泵冷却水管道焊缝进行检查检测，发现问题及时处理。

（2）定期对各井坑排水泵进行检查试验，确保排污泵能可靠启动与工作。

（3）对循环水泵各液控蝶阀的井坑进行隔离，增加排污泵设备，防止井坑间漏水相互影响。

（4）热控专业调研及论证，液控蝶阀行程开关更换具有防水性能设备的必要性。

（5）发现循环水泵液控蝶阀的井坑进水，及时切除循环水泵液控蝶阀关跳泵保护。

十七、 防喘放气阀位置开关安装脱落导致机组降负荷

2017年5月28日，某电厂1号机组负荷为330MW，参数显示无异常，正常运行中因防喘放气阀故障实然降负荷。

（一）事件过程

8时52分32秒，运行发现CRT画面显示G1.L86CBA_ALM（4号防喘放气阀故障报警）；同时机组负荷呈现下降趋势。分析判断压气机第4只防喘放气阀故障，热控人员立即对其他1、2、3号防喘放气阀的位置进行检查，对比判断后，确定是4号防喘放气阀关位置反馈故障。

经值长同意对4号位置防喘放气阀关位置信号进行强制处理，避免了机组负荷进一步下降及跳机事件发生。

（二）事件原因查找与分析

机组正常停机后，热控人员会同机务人员，第一时间对压气机4只防喘放气阀、2只电磁阀，以及防喘放气阀的位置行程开关进行检查。发现1、2、3号防喘放气阀，行程开关及相应的开、关位置、电磁阀均正常；但4号防喘放气开、关位置的行程开关，安装底座与防喘放气阀脱离，原因是位置行程开关安装底座固定螺栓脱落导致，引起关位置信号消失，误发阀门故障报警，引起保护系统误动。

分析认为，防喘放气阀及相应的行程开关安装于燃气扩压段，开停机过程中振动较大。故障发生后就地检查发现，限位开关外壳已掉落（本次故障发生3天前，即1号机组冷态启动之前，热控人员对防喘阀位置反馈进行过全面检查。且连续3天每晚停机后进行端子和螺栓紧固）；该处管道靠近燃气轮机排气段，此处温度较高，也是开关部件老化、破裂和脱落的原因之一。

事件暴露出热工专业未能预判防喘放气阀行程开关在恶劣环境下工作易损坏、劣化的实际情况，缺少针对性防范措施。

（三）事件处理与防范

对4号防喘放气开、关位置行程开关安装底座与防喘放气阀，用螺栓可靠固定，同时采取以下防范措施：

（1）对重要的防喘放气阀位置行程开关进行定期检查，特别是机组启动前进行全面检查。

（2）对防喘放气阀位置行程开关进行劣化跟踪分析，在设备使用寿命、可靠性下降到一定程度后，及时进行检查维护或更换。

（3）对防喘放气阀的安装位置移位的可行性进行调研，认证后进行改造，使尽量远离振动、高温环境，同时确保便于检查、检修工作开展。

十八、 给水勺管执行器连杆脱落导致机组跳闸

2017 年 1 月 9 日，某电厂 6 号机组负荷为 306MW，AGC 投入。因汽包水位低Ⅲ值（－381mm）动作，触发锅炉 MFT。

（一）事件过程

10 时 34 分 23 秒，B 给水泵汽轮机突然跳闸，C 电动给水泵自启，运行人员立即增加 C 电动给水泵液耦输出；10 时 34 分 58 秒，C 电动给水泵入口流量为 324t/h，总给水流量为 574t/h，汽包水位为－211mm。

10 时 35 分 12 秒，C 电动给水泵入口流量为 745t/h，总给水流量为 1153t/h，汽包水位回升至－162mm。

10 时 35 分 16 秒，C 电动给水泵因入口流量低（入口流量低于 148t/h 且 C 电动给水泵再循环阀开度小于 30％）信号触发，造成 C 电动给水泵跳闸，运行人员立即停止 D 排粉机降负荷。

10 时 35 分 34 秒，A 给水泵汽轮机跳闸。

10 时 36 分 10 秒，负荷降到 280MW 时，6 号机组汽包水位低Ⅲ值（－381mm）动作，触发锅炉 MFT，机组解列。

（二）事件原因查找与分析

（1）经查记录，事件之前，B 给水泵汽轮机调节阀指令与位置反馈都在 71.9％，之后突然上升至全开位。现场检查原因，是 B 给水泵汽轮机低调节阀 LVDT 连杆固定螺帽脱落，LVDT

图 6-9 就地 LVDT 连杆安装图、LVDT 与调节阀连接装配图

与调节阀油动机连接脱开引起（见图 6-9）。之后调节阀在调整时，LVDT 始终显示全开位，调节阀指令与实际阀位不能对应，造成转速失控（MEH 控制逻辑中转速指令与反馈偏差"大Ⅰ值 300r/min"切除给水泵汽轮机遥控，"大Ⅱ值 500r/min"发"系统转速错误"），DCS 系统发"系统转速错误"，B 给水泵汽轮机跳闸。

（2）调阅历史趋势和事件记录分析，触发 C 电动给水泵跳闸原因，是 C 电动给水泵入口流量低（入口流量低于 148t/h 且 C 电动给水泵再循环阀开度小于 30％）信号误发。经查 C 电动给水泵入口流量信号跨 DPU 引用错误，引起入口流量低信号误发，造成 C 电动给水泵跳闸。检查跨 DPU 调用的流量低信号是入口流量差压信号，位号及中文描述与计算后流量值近似，历次设备传动试验在静态时进行，此时信号已处于触发状态，未进行认真核对而留下隐患。

（3）调阅历史趋势和事件记录分析，触发 A 给水泵汽轮机跳闸原因为 A 给水泵汽轮机转速故障。B 给水泵汽轮机及电动给水泵跳闸后，由于汽包水位仍低于正常值，且机组 RB 未投入，A 给水泵汽轮机转速指令增加，开 A 给水泵汽轮机低调节阀使给水流量增加。10时 35 分，A 给水泵汽轮机低压调节阀全开，转速到最大，无法继续提升，但 A 给水泵汽轮机指令继续上升，导致 A 给水泵汽轮机转速指令反馈偏差大，首先触发"大Ⅰ值"切除给水泵汽轮机遥控，后触发"大Ⅱ值"发"系统转速错误"，A 给水泵汽轮机跳闸。

（三）事件处理与防范

事件后，对 DEH、MEH 系统所有的 LVDT 紧固件及接线进行检查、紧固，并采取以下防范措施：

（1）对 DCS 所有 I/O 点及中间变量点再次核对，对设备逻辑逐一检查、校对，对发现不合理逻辑进行论证、修改。

（2）完善 RB 逻辑，保证 RB 功能正常投入。

（3）重新修订定期检查制度，细化定期检查内容，加强设备巡视检查，做好检查记录。

（4）LVDT 连接螺母采用双螺母加弹簧垫片的方式安装。

十九、 除氧器上水主调节阀阀杆脱落故障导致机组跳闸

2017 年 5 月 20 日，某电厂 1 号机 AGC 控制方式，负荷为 280MW，制粉系统 1A、1B、1C、1D、1E 磨煤机运行，汽动给水泵 1A、1B 运行，电动给水泵备用，凝结水泵 1B 变频运行，除氧器水位调节阀及旁路阀门均全开，除氧器水位依靠 1B 凝结水泵变频调节，除氧器水位为 2450mm，1B 凝结水泵变频频率为 37.6Hz。

（一）事件过程

17 时 59 分，1 号机负荷为 280MW，按照电厂定期切换试验要求，执行 1A 凝结水泵定期试开工作，将 1B 凝结水泵变频切至手动，投入除氧器水位调节阀自动。运行人员手动缓慢增加 1B 凝结水泵频率至 42.2Hz，除氧器水位调节阀自动关小至 28%，除氧器进水流量由 653t/h 上升至 826t/h，除氧器水位上升至 2586mm。

18 时 6 分 6 秒，运行人员手动关闭除氧器水位旁路调节阀以控制除氧器水位，21s 后除氧器水位调节阀自动关至 20%。

18 时 6 分 41 秒，除氧器水位最高达到 2624mm 后快速下降，凝结水流量由 827t/h 快速下降，除氧器水位调节阀自动快速开启，运行人员立即手动提高凝结水泵 1B 频率至 50Hz，开启除氧器水位旁路调节阀，但除氧器水位旁路调节阀无法开启；除氧器水位继续下降，运行巡检人员赶到就地，手动打开除氧器水位旁路调节阀，检查除氧器水位调节阀状态，发现除氧器水位调节阀阀杆脱落；运行人员手动工频启动 1A 凝结水泵，同时将机组切 BASE 状态，快速减负荷，手动拍停磨煤机 1E、1A，总煤量由 137t/h 减至最低 75t/h，机组负荷由 280MW 减至最低 130MW，期间除氧器水位持续下降。

18 时 17 分 5 秒，除氧器水位降至 1498mm，5s 后 A/B 给水泵汽轮机因除氧器水位低保护动作跳闸（定值 1500mm），除氧器水位缓慢回升。

18 时 18 分 51 秒，除氧器水位升至 1580mm，手动启电动给水泵 1C，维持汽包水位。49s 后汽包水位降至 −308mm，汽包水位低低信号动作 MFT，机组跳闸（定值 −300mm）。

（二）事件原因查找与分析

事件后，经分析 1 号机组跳闸的直接原因，是 1 号机组除氧器水位调节阀阀杆脱落，

在除氧器水位旁路调节阀关闭的情况下，除氧器水位低导致两台汽动给水泵跳闸，进而触发汽包水位低 MFT 保护动作造成机组跳闸。除氧器水位调节阀阀杆脱落和旁路调节阀无法开启的原因分析如下：

1. 除氧器水位调节阀阀杆脱落的原因

电厂 1 号机组配置的除氧器水位调节阀为 COPES-VULCAN，型号 26-1cv-72-c2pc，设计通径"8"（DN200mm），气动执行机构为上进气（失气开）方式，凝结水管道通径为 DN300，阀门水流方向为上进下出。阀杆为 M19×2mm，阀杆依靠调节螺母、调节螺母紧固螺钉及法兰盘固定，调节螺母调整好行程后，由 M5mm 内六角螺钉锁紧。故障发生后，检查阀杆及调节螺母螺纹完好无损，由此表明，除氧器水位调节阀杆脱落是由于在阀门前后压差较大的情况下，阀门节流，在水流动力的作用下，形成旋转力，克服了螺母及紧固螺钉的紧力（不排除除氧器水位调节阀检修后，调节螺母及紧固螺钉的紧固度不够留下隐患），在凝结水泵试开试验过程中因旋转脱落，见图 6-10。

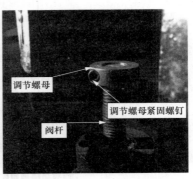

调节螺母

调节螺母紧固螺钉

阀杆

图 6-10　故障时带调节螺母及其紧固螺钉的除氧器水位调节阀状态

2. 除氧器水位旁路调节阀关闭后无法开启的原因

故障后对除氧器水位旁路调节阀检查及动作试验未见异常，分析认为在除氧器水位调节阀杆脱落关闭的情况下，除氧器水位旁路调节阀关闭后，造成除氧器水位旁路调节阀前后产生较大压差，作用于阀芯，靠手动和电动均无法开启。

3. 事件暴露问题

（1）检修管理不到位：1 号机组于 2016 年底进行 B+级检修时，对该阀门进行了解体检修，从故障情况看，检修后除氧器水位调节阀的调节螺母及紧固螺钉的紧固度不够留下隐患，检修工艺及质量验收不到位。

（2）设备管理不到位：除氧器水位调节阀阀杆脱落，说明调节螺母及其紧固螺钉存在松动的情况，阀杆在旋转力作用下松动无监视手段。

（3）技术管理不到位：除氧器水位调节阀及除氧器水位旁路调节阀在均关闭的情况下，由于前后压差作用无法开启除氧器水位旁路调节阀，该问题从技术角度未提前进行分析和预判，存在技术疏漏；从除氧器水位旁路调节阀电动执行器参数看，原阀门电动执行器出力选型偏小。

（4）隐患排查不到位：2017 年组织开展了关于对重要设备定位销、连接螺栓进行隐患排查的工作，但未排查出除氧器水位调节阀杆调节螺母及其紧固螺钉存在松动的情况，隐患排查不够细致和深入。

（5）人员培训不到位：检修人员对调节螺母及紧固螺钉的重要性及其危害程度认识不足，缺乏对工艺的检查和验收。运行人员对凝结水泵试开定期工作的危险点分析不足，应急处理能力不强，导致故障情况发生时未第一时间准确判断故障点。

（三）事件处理与防范

除氧器水位调节阀阀杆检修后，经试验调节正常后投入行。同时制定了以下防范措施：

（1）进一步梳理检修文件包，完善重要设备定位销、连接螺栓的质量检查、验收点技术要求，在检修时进行逐级验收。

（2）对全厂同样结构的调节阀阀杆调节螺母及其紧固件开展全面检查和紧固，并增加阀杆及紧固件的相对位置标识，将对该标识的内容完善至巡检要求中，加强对阀杆位置的巡查，完善对重要调节阀故障的应急处理预案。

（3）在除氧器水位旁路调节阀前后，增加平衡管路及平衡门，消除压差较高情况下无法开启除氧器水位旁路调节阀的问题；更换除氧器水位旁路调节阀电动门（增大力矩），对全厂电动门力矩及限位参数进行比对核查。

（4）深入开展重要设备定位销、连接螺栓隐患排查工作，尤其是定位销及连接螺栓松动将导致重要后果的设备，进行仔细的排查和整改。

（5）加强人员培训，检修人员深入学习电厂机械设备内部部件的结构，分析部件失效可能导致的后果。运行人员对定期切换的各项操作进行危险点分析和评估，进一步完善操作票中的事故预想。

二十、 高压调节门行程开关螺母松动引起的非停事件

某电厂 2 号机组容量为 600MW，于 2013 年 4 月投产发电。2017 年 2 月 25 日 5 时 30 分，机组负荷为 359.5MW，主蒸汽压力为 15.4MPa，主蒸汽温度为 567.7℃；再热蒸汽压力为 2.16MPa，再热蒸汽温度为 565.2℃，主蒸汽流量为 970.3t/h，总煤量为 131.97t/h，汽轮机高压调节汽门控制方式为顺序阀方式，锅炉、汽轮机均正常运行中，机组跳闸。

（一）事件过程

5 时 30 分 49 秒 102 毫秒，锅炉跳闸（BT）信号发出，锅炉保护动作。109ms 时锅炉给煤线跳闸，124ms 时锅炉一二次风机、高压流化风机跳闸，175ms 时汽轮机主汽门、调节汽门关闭后汽轮机跳闸。177ms 时 2 号机组出线 5011 开关动作跳闸，发电机解列。

事件后热工、运行人员到现场全面检查，查明原因后，开始重新启动：

6 时 20 分，锅炉逐步启动高压流化风机、二次风机、一次风机，22min 后投入 2、3 号给煤线，维持锅炉最低煤量运行。

10 时 10 分，调度许可后汽轮机冲至 3000r/min，19min 后 2 号机组并入系统恢复正常运行。

（二）事件原因查找与分析

经热控、运行人员现场检查，发现事件原因系"高压调节汽门关闭"保护动作引起锅炉 BT，造成机组跳闸。通过热控人员对 DCS"高压调节汽门关闭"逻辑回路排查，原因系汽轮机 1 号高压调节汽门（CV1）关闭信号发出（此时机组低负荷运行，CV2、CV3 调节门处于关闭位置），触发"高压调节汽门关闭"保护，引起机组锅炉 BT。

1. 事件原因查找

热控人员对 DCS 中 SOE 事件记录进行检查，5 时 30 分 38 秒 578 毫秒，发出 CV1 关闭信号；5 时 30 分 49 秒 101 毫秒，发出 BT 已跳闸信号。之前无其他记录，BT 跳闸首出信号为"高压调节汽门关闭"。

检查"高压调节汽门关闭"DCS 逻辑各项条件，发现 CV1、CV2、CV3 均处于关闭状态，引发高压调节汽门关闭"四取三"判断条件满足，触发"高压调节汽门关闭"，引起锅炉 BT 跳闸，机组停运。跳闸信号时序图如图 6-11 所示。

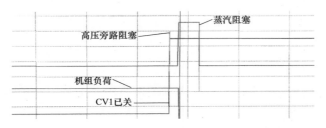

图 6-11　跳闸信号时序图

CV1 关闭信号发出原因，现场检查发现是行程开关压杆顶部固定螺母因震动脱落，行程开关压杆靠自身重力下落导致（关闭行程开关安装于最底部处）。故障设备现场见图 6-12~图 6-15。

图 6-12　连接螺栓脱落图片　　　　图 6-13　恢复后图片

图 6-14　压杆掉落压到行程开关（最底部处）　图 6-15　压杆恢复后阀门关闭信号消失

2. 原因分析

"高压调节汽门关闭"为锅炉 BT 条件之一，其逻辑为汽轮机 4 个高压调节汽门（CV1、CV2、CV3、CV4）关闭信号采用"四取三"逻辑方式形成。

事件发生时，机组低负荷运行，2、3 号高压调节汽门（CV2、CV3）处于关闭状态，1、4 号高压调节汽门（CV1、CV4）处于调整状态，机组"高压调节汽门关闭"保护逻辑已由汽轮机 4 个高压调节汽门关闭信号"四取三"变为 2 个高压调节汽门 CV1、CV4 关闭信号"二取一"逻辑。由于汽轮机 1 号高压调节汽门（CV1）行程开关压杆顶部固定螺母脱落，行程开关压杆靠自身重力下落，CV1 关闭信号误发，导致了机组"高压调节汽门关闭"保护动作，锅炉 BT，机组跳闸。

3. 事件暴露出问题

（1）技术管理不全面细致，开展的隐患排查不彻底，未及时发现 1 号高压调节汽门 CV1 行程开关压杆连接存在的隐患及"高压调节汽门关闭"逻辑存在的问题。

（2）设备管控能力不足，检修项目策划安排不全、不细致。没有类似 CV1 行程开关压杆等设备检查的相关要求标准。

（3）检修工艺不规范，CV1 行程开关压杆螺栓应采取加弹簧垫圈和锁紧螺母等防松动工艺，实际执行中均没有采取，导致压杆螺栓运行中在振动作用下松动。

（4）对设备风险分析预测能力不足，未及时发现"四取三"逻辑在低负荷时存在的不安全因素。原设计高压调节汽门关闭为"四取三"逻辑，虽然已考虑了单个调节汽门信号误动的风险，但实际运行中未考虑到汽轮机切换到顺序阀后，在低负荷运行时两个调节汽门关闭的工况，此时保护逻辑实际已由"四取三"变成了"二取一"。

（5）设备巡视检查不到位，运行、检修未发现 CV1 行程开关压杆螺母松动将要脱落的异常情况。

（三）事件处理与防范

事件后对汽轮机调节汽门（CV1、CV2、CV3、CV4、ICV1、ICV2）、主汽门行程（左右侧）阀位传动杆顶部螺母全面检查紧固，在紧固螺母上加装锁紧螺母，确认无松动。10 时 29 分，2 号机组并入系统，恢复机组正常运行。

事件后，经专业人员讨论，制定了以下防范措施：

（1）将调节汽门（CV1、CV2、CV3、CV4、ICV1、ICV2）、主汽门行程（左右侧）阀位传动杆顶部螺母作为日常巡检项目，落实专人负责，加强设备巡视检查并做好记录。

（2）待机组停备后，对调节汽门（CV1、CV2、CV3、CV4、ICV1、ICV2）、主汽门行程（左右侧）阀位传动杆顶部螺母加装锁紧装置，进行彻底处理。

（3）举一反三，在去年保护再排查的基础上，针对此次事件再次开展保护排查工作，进一步梳理单点保护（包括随着工况可能变成单点保护的情况），梳理排查机组保护相关热工设备行程开关及位置反馈的保护逻辑，对可能存在误动误报的逻辑进行优化。

（4）结合两会保供电检查开展一次室外执行器传动杆及反馈装置、行程开关的全面排查，重点检查联接紧固情况，及时发现隐患并落实整改。

（5）优化 DCS 逻辑，提高保护可靠性，具体修改为：

1）"高压调节汽门关闭"逻辑中，增加调节汽门（CV1、CV2、CV3、CV4、ICV1、

ICV2）模拟量信号判断，即当每个调节汽门关行程开关发出且模拟量开度小于5％才作为该阀关闭信号。

2）将高压调节汽门关闭逻辑由"四取三"改为"四取四"。

3）"高压调节汽门关闭"逻辑中，增加蒸汽流量判据条件，即当蒸汽流量小于300t/h条件满足时，才触发保护动作。

二十一、 一次风机动调头反馈轴末端轴承固定螺母松脱导致机组跳闸

2017年8月2日，某电厂2号机组负荷542MW，6台磨煤机均在运行，机组AGC投入，机组正在跟随AGC加负荷过程中，锅炉MFT动作，首出故障信号为"炉膛压力高"。

（一）事件过程

12时58分，2号机组正常运行，机组加负荷（500～550MW），12时58分31秒，负荷为542MW，燃料折算量为297t/h，一次风压为10.64kPa（设定值为10.75kPa）；6台磨煤机运行，一次风压自动模式运行。

12时58分33秒，22号一次风机反馈跟随指令由58.72％开大到59.82％，但电流突然由148.4A突涨至270A（在6s内，一次风机额定电流为208A），最高达297A。热风一次风压从10.64kPa上升至13.6kPa，按照一次风机自动控制逻辑，自动关小两台一次风机动叶开度，22号一次风机动叶反馈跟随指令由58.82％关至50.24％，但电流无变化。此时21号一次风机动叶反馈跟随指令由61.23％关至47.95％，电流由137A降至81A，出力明显降低，且出口流量由356t/h降至0。至12时59分1秒，5热风一次风压下降至6.8kPa，磨煤机分离器出口压力为4.02kPa，见图6-16。

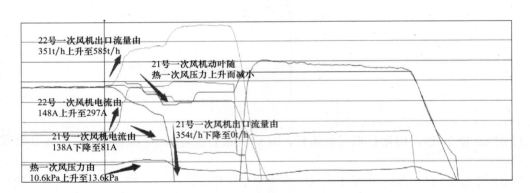

图6-16　RB动作前两台一次风机出力情况

12时59分15秒，22号一次风机因电气开关过负荷40s，保护跳闸，首出故障信号为"过流保护动作"，机组RB动作，主蒸汽压力由20.44MPa下降至MFT动作时的17.1MPa，锅炉主控由232下降至145，给煤量（随RB动作切磨煤机后）由284t/h下降至MFT动作时的135t/h，主给水流量由1717t/h下降至1183t/h，主蒸汽温度由565℃下降至556℃，机组负荷由547MW下降至动作MFT时的468MW。而RB动作前炉膛内火焰检测情况如图6-17所示。

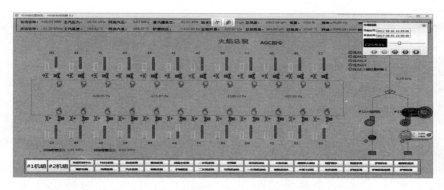

图 6-17　RB 动作前炉膛内火焰检测情况

12 时 59 分 30 秒，因 22 号一次风机跳闸，热风一次风压最低降至 3.8kPa，磨煤机分离器出口压力降至 2.02kPa。此时炉内火焰检测情况如图 6-18 所示。

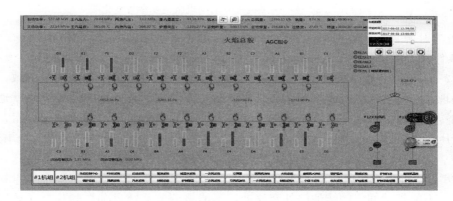

图 6-18　RB 动作后炉膛内火焰检测情况

机组一次风机 RB 动作过程：

12 时 59 分 15 秒，开始启动 A2、A3、E2、E3 油枪投运程控逻辑，10s 后开始启动 A1、A4、E1、E4 油枪投运程控逻辑。

12 时 59 分 16 秒，切除 C 磨煤机运行，9s 后切除 D 磨煤机运行，再 9s 后切除 B 磨煤机运行。

12 时 59 分 32 秒，A2、A3、E2、E3 油枪油角阀打开，10s 后 A1、A4、E1、E4 油枪油角阀打开，其中 E2、E4 未检测到点火信号自动退出。

12 时 59 分 50s，共 6 支油枪正常投入，过程中 21 号一次风机开度由 56% 至 67%，电流从 81A 到 146A，一次风压恢复至 7.5kPa，磨煤机分离器出口压力恢复至 4.3kPa，炉膛压力由 −402Pa 迅速上升。

13 时 0 分 20 秒，炉膛压力达 1960Pa，锅炉 MFT 动作，机组跳闸，首出故障信号为"炉膛压力高"。3s 后炉膛压力最高达到 2963Pa，主要参数变化见图 6-19。

16 时 39 分，2 号机组重新并网成功。

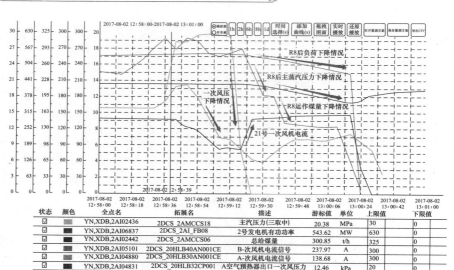

图 6-19　22 号一次风机故障期间机组主要参数变化图

（二）事件原因查找与分析

1. 事件原因现场检查

8 月 2 日，对 22 号一次风机进行揭盖检查，发现两级共 48 片叶片开度一致，叶片根部无结垢现象，对叶片进行多次开、关操作，叶片开度正常且开度一致，但是就地机械指示反馈轴转动迟缓、卡涩，甚至未动作。进一步检查输入轴、反馈轴卡块无异常，簧片无异常，液压缸无泄漏、渗漏。8 月 3 日更换 22 号一次风机液压调节装置后，恢复正常运行。

8 月 8 日，拆开一次风机动调头反馈轴端盖，发现反馈轴末端轴承固定螺母松脱，反馈轴失灵，不能带动伺服阀错油门外套移动，不能将调节系统进油口封住，导致风机叶片在开的过程会突然全开并保持全开，如图 6-20 所示。

反馈杆固定螺母

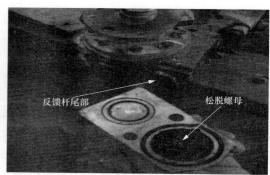

反馈杆尾部　　　松脱螺母

图 6-20　现场位置示意图和实物图

2. 事件原因分析

（1）根据 22 号一次风机动叶开度反馈跟随指令仅从 58.72% 开大到 59.82%，但油站控制油压降低、一次风母管压力急剧上升、风机电流突然上升的现象，可以确认风机动叶已经异常全开。因此一次风机动调头故障，导致风机动叶异常全开，风机电流 6s 内突然由

148.4A 突升至 270A（一次风机额定电流 208A），最高达 297A，风机超额定电流运行，是 22 号一次风机过流保护动作跳闸的直接原因。

（2）22 号一次风机动叶异常全开使热一次风压上升至 13.6kPa，在一次风机自动状态下，21 号一次风机出力自动降低。两台风机出力相差较大，出现抢风现象，造成热一次风压下降至 6.8kPa。随后 22 号一次风机跳闸导致热一次风压继续下降，最低下降至 3.8kPa，一次风速过低；经查阅当时火焰检测画面后分析，炉膛的后墙中、右部已局部灭火，在 RB 动作后油枪投入的情况下，热一次风压力恢复后高浓度煤粉进入炉膛造成煤粉爆燃，最终导致炉膛压力高保护动作，锅炉 MFT。因此，22 号一次风机的过负荷保护动作跳闸是造成本次机组跳闸事件的主要原因。

3. 本次事件暴露出的问题

（1）检修维护管理不到位，对设备结构不清楚，对可能出现的隐患不敏感。

（2）报警设计不全面，一次风机电流异常时无报警，增加了运行人员发现异常情况时间，不能第一时间发现故障并果断采取措施。

（三）事件处理与防范

（1）针对此次一次风机动叶全开事件，联系风机厂家，组织专业人员召开专题会议，针对液压装置故障进行全面分析，制定防止一次风机动叶全开的措施方案，并利用停机时间对各台一次风机、送风机动叶及液压装置进行全面检查。

（2）机组停运后，对所有送风机、一次风机液压缸反馈定位轴轴承固定螺母加一个防松脱定位销，消除隐患。

（3）对一次风机相关控制、报警逻辑进行优化，使一次风压在异常工况下仍能保持稳定，并在异常发生时能及时提醒运行人员。

（4）完善一次风机动叶异常故障处理规程，并加大对运行值班人员超临界锅炉的培训力度，深入理解锅炉的燃烧特性，加强异常工况下的处理能力。

第二节　运行过程操作不当故障分析处理与防范

本节收集了因运行操作不当引起机组故障 10 起，分别为控制逻辑隐患与监控不及时导致机组跳闸、人为误停 AST 电磁阀电源导致机组跳闸、磨煤机跳闸后运行方式不当导致机组跳闸、凝汽器水位高时手动确认智能保护动作导致汽轮机跳闸、引风机跳闸后处理不当导致机组跳闸、跳磨温度投切开关误操作导致机组跳闸、压缩空气管断裂与运行处理不当造成汽包水位高跳闸机组、误开真空弹簧管压力表 3 一次阀门导致机组跳闸、真空低开关一次门未开导致机组跳闸、运行中保洁人员清扫过程误碰氢温控制阀导致机组跳闸。

运行操作是构成机组安全的主要部分，一方面安全可靠的热控系统为运行操作保驾护航，另一方面运行规范可靠的操作也能及时避免事故的扩大化。抛砖引玉这些案例希望能提高机组运行的规范性和可靠性。

一、　控制逻辑隐患与监控不及时导致机组跳闸

2017 年 1 月 12 日，某厂 9 号机组负荷 330MW，协调投入，A、B、D、E 磨煤机运行，煤量为 220t/h，运行人员正在启动 C 磨煤机升负荷过程中，机组跳闸。

（一）事件过程

11时8分，汽动给水泵进口侧、出口侧密封水调节阀开度分别为70%、60%，凝结水泵变频器投入自动，压力设定为2.76MPa，运行人员接指令升负荷至500MW。升负荷过程中，汽动给水泵密封水温度高联跳汽动给水泵，锅炉MFT、汽轮机跳闸、发电机解列。

（二）事件原因查找与分析

事件后，热控人员检查机组运行记录，当时汽动给水泵进口侧、出口侧密封水调节阀均为手动控制（未设置自动控制逻辑），调阅相关参数的历史曲线记录如下：

11时10分，凝结水至给水泵汽轮机汽动给水泵密封水压力为2.20MPa，汽动给水泵入口压力为2.07MPa，密封水压力高于汽动给水泵入口压力0.13kPa，汽动给水泵密封水出水温度43℃，随着负荷增加汽动给水泵入口压力开始缓慢上升。

11时15分，汽动给水泵密封水压力为1.912MPa，汽动给水泵入口压力为2.12MPa，密封水压力已低于汽动给水泵入口压力，汽动给水泵密封水出水温度开始上升。

11时29分，汽动给水泵进水端密封水出水温度两点分别达到90.3、90.1℃，汽动给水泵因汽动给水泵密封水温度高高跳闸（定值90℃），两台给水泵全停导致锅炉MFT，机组停机。

从以上参数记录分析，本次MFT事件原要因，是发电部专业及运行人员对机组投产后设备特性掌握不足，存在的设备设计缺陷尚不了解，对变负荷过程中的关键参数的监视不力，汽动给水泵密封水压力、凝结水压力调整不及时，导致密封水出水温度高跳汽动给水泵。此事件暴露了以下问题：

（1）机组虽经过168h试运，但调试和运行时间较短，机组存在的隐患在调试过程中未得到充分暴露。汽动给水泵进口侧、出口侧密封水调节阀未设置自动控制逻辑。

（2）发电部专业管理不规范，对已存在的汽动给水泵密封水系统存在的设计隐患未形成正式的技术措施，仅采取微信群方式进行提醒，未组织传达到各运行班组，对技术措施的学习、培训以及落实环节存在死角。使得运行人员对机组需要关注的异常不够重视，在升负荷过程中没有关注汽动给水泵密封水压力，在进行启停磨等操作时，运行人员对汽轮机侧设备参数未能关注并调整。

（3）机组软光字报警系统内容主次不清，汽动给水泵故障等重要报警未引入声光报警系统，存在大量与告警关联不紧密的信号，报警过于频繁重复，使运行人员难以关注和判断报警中的重要信息，无法起到报警的警示和提醒的作用。

（4）生产准备工作不充分，设备部对影响重要辅机以及机组运行安全的重要隐患整改不及时，虽已对汽动给水泵密封水设计的控制方式存在的隐患提出异议，并将汽动给水泵进口侧、出口侧密封水改为调节阀，但未及时组织进出口密封水调节阀的自动控制策略讨论和确定，调节阀仍未手动控制方式，增加了运行人员手动调整的难度。

（三）事件处理与防范

由发电部下发技术措施，明确机组运行中凝结水泵变频转速、凝结水压力、汽动给水泵密封水调节阀的调整方式和注意事项，并组织各运行值人员进行学习，同时采取以下防范措施：

（1）对同型汽动给水泵进行调研，对机组落实汽动给水泵密封水的合理改造方式，及时整改，将汽动给水泵进口侧、出口侧密封水调节阀及时投入自动控制运行。

（2）发电部各级管理人员加强对机组的技术支持工作，及时指导运行人员进行调整、操作，发电部抽调一名值长专职负责基建机组的调试、运行工作。

（3）设备部热控专业对 9 号机组 DCS 系统的报警设置、SOE 功能设置、历史站功能设置开展统一的问题排查和功能优化完善工作。

二、 人为误停 AST 电磁阀电源导致机组跳闸

2017 年 6 月 30 日 10 时，某电厂 1 号机组（350MW、超临界抽汽供热）因 AST 电磁阀电源误停导致机组跳闸。

（一）事件过程

公司热控人员交叉进行机炉设备的日常维护，即 1 号炉、2 号机，每日进行定期巡检。6 月 30 日，公司 1 号机组运行，2 号机组停运。热控人员根据计划，进行 2 号机组 AST 电磁阀回路检查，10 时 8 分，1 号机组发电功率为 263MW 时突然跳闸，首出故障信号报警为"安全油压低"。

（二）事件原因查找与分析

经查看报警和 SOE 记录，安全油压低保护动作是由于 AST 电磁阀动作，致使汽轮机安全油压快速泄压导致。

AST 电磁阀动作原因，是热控人员根据计划，进行 2 号机组 AST 电磁阀回路检查时，需要停 2 号机组 AST 电磁阀电源。但是，由于 AST 电磁阀电源开关布置在锅炉侧电子间，热工检修人员用自备钥匙错打开了 1 号锅炉电子间，停了 1 号机 AST 电磁阀两路电源，导致 1 号机组跳闸。

本次事件暴露出下列问题：

（1）公司电子间钥匙管理不规范，每个热控人员都自备钥匙，是本次事故的主要原因。

（2）热控人员安全意识差，未逐步执行安全措施并核查。即热工检修人员在停掉第一路 AST 电磁阀电源时，未及时用对讲机与控制室人员进行核对，同时未确认单路 AST 电磁阀失电报警功能正常，是本次事故的根本原因。

（3）通信设备少。每个班组仅配置 2 对对讲机，常常导致热控人员在执行安全措施过程中无法核实安全措施的执行情况、在检修过程中无法逐步核实设备的运行工况。长期的工作习惯，使得员工的安全意识越来越淡薄，这是本次事故的一个间接要原因。

（4）AST 电磁阀电源开关安装位置不合常规，也是本次事故不可忽视的原因。

（5）热控人员精神疲惫、注意力涣散，走错电子间，是本次事故另一重要原因。

（三）事件处理与防范

事件后，要求统一管理各电子间、控制室门钥匙。废除原来的热工自主管理钥匙的规定，实行进门登记领取钥匙的规定。此外制定了以下防范措施。

（1）加强热控人员安全教育，执行安全措施时严格实行监护制，每执行一条安全措施时，均应进行核实。在核实无误的情况下，方可执行下一条安全措施。

（2）增购通信设备，每个热工班组配置不少于 5 对对讲机，日常可用对讲机不少于 4 对。要求每项热工检修、每条热工消缺，热控人员必须随身携带对讲机，时刻保持热控人员之间、热控人员与运行人员之间的沟通，防止意外事件发生。

（3）利用检修机会，重新合理布局 AST 电磁阀电源开关，汽轮机侧控制电源布置在汽

轮机电子间，防止意外发生。

（4）对 DCS 机柜进行射频干扰试验，抗干扰能力较强，因此可以在电子间有条件地使用对讲机。

（5）合理安排热控人员休息时间。如热控人员精神涣散或疲惫，应及时向上级反映，班组长应及时更换其他合适工作人员。

三、 磨煤机跳闸后运行方式不当导致机组跳闸

2017 年 8 月 3 日，某电厂 2 号机组 AGC 投入，电负荷 230MW，B、C、D、E 磨煤机运行，A 磨煤机备用；主蒸汽流量为 805t/h，主蒸汽压力为 20.98MPa，主蒸汽温度为 571.9℃；再热蒸汽压力为 3.37MPa，再热蒸汽温度为 558.7℃；总煤量为 75t/h，过热度为 10.72℃，背压为 21.48kPa，2 号机对外供汽量为 36.5t/h。

（一）事件过程

19 时 22 分，2 号机组 B 磨煤机跳闸（首出故障信号为润滑油压低低），AGC 自动调整总煤量由 76t/h 增加至 84t/h（其中 C 磨煤机给煤量为 31t/h、电流为 29A，D 磨煤机给煤量为 29t/h、电流为 33A、E 磨煤机给煤量为 24t/h、电流为 33A），负荷为 228MW，主蒸汽压力为 19.21MPa，主蒸汽温度为 559℃，再热蒸汽温度为 561℃。

19 时 35 分，启动 A 磨煤机，给煤量增加至 21t/h。

19 时 36 分，机组协调及 AGC 自动退出（主蒸汽压力与目标值偏差大于 2MPa），机组负荷为 225MW，主蒸汽压力为 18.4MPa，主蒸汽温度为 557℃，再热蒸汽温度为 550℃。

19 时 37 分，运行人员手动投入机组协调。

19 时 40 分，A 磨煤机跳闸（首出故障信号为润滑油压低低），机组协调自动调整 C、D、E 磨煤机给煤量（其中 C 磨煤机给煤量由自动 23t/h 增加至 34t/h，D 磨给煤量由 20t/h 增加至 25t/h，E 磨给煤量由 20t/h 增加至 25t/h），总煤量恢复至 84t/h。

19 时 47 分，申请调度减负荷，减负荷速率为 5MW/min。

19 时 50 分，机组负荷 220MW。

20 时 6 分，负荷减至 182MW。

20 时 12 分，负荷减至 155.85MW，中间点温度降至 335℃，总煤量为 85t/h（其中 C 磨煤机给煤量为 39t/h、电流为 37A，D 磨煤机给煤量为 29t/h、电流为 61A，E 磨煤机给煤量为 17t/h、电流为 55A），D、E 磨煤机振动大并出现明显堵煤，主蒸汽温度降至 475.2℃，达到了 10min 下降 50℃ 的停机值。

20 时 17 分，值长下令手动打闸停机。机组转子惰走转速至零，投入盘车运行正常。转子惰走期间各轴瓦振动正常，各推力瓦温度正常，听音正常，盘车电流为 20.89A，转子偏心 23.54μm 正常。

（二）事件原因查找与分析

1. 事件的主要原因

19 时 40 分，A 磨煤机跳闸后运行人员没有及时退出机组协调，根据运行磨煤机工况带负荷。A 磨煤机跳闸后 C、D、E 磨煤机给煤量自动加煤，D 和 E 磨煤机电流开始增大、一次风量逐渐减小、出口风温逐渐降低，运行人员没有立即解除 D、E 给煤机自动，而是手动减少给煤量，只开大其入口热风调整门，结果是 D、E 磨煤机的堵煤情况未见缓解。

20 时 5 分，实际进入炉膛燃料量降低，煤水比失调，主蒸汽压力和温度开始降低。协调模式下，炉主控给定增加给煤量，使 D、E 磨煤机堵煤进一步加重，导致 2 号机主蒸汽温度 10min 下降 50℃，被迫手动紧急打闸停机。

从上查找和分析可见，运行人员在 A 磨煤机跳闸后不能果断切除协调和给煤量自动，造成 D、E 磨煤机堵煤加重，又不能快速降低负荷和减小给水量，导致进入炉膛的煤水比严重失调，主、再热蒸汽温度急剧下降，是此次事件的主要原因。

2. 磨煤机跳闸的原因

经查 B 磨煤机跳闸的原因是稀油站油泵电动机损坏。而 B 磨煤机稀油站油泵跳闸前，其电流瞬时由 6.91A 升至 42.93A，经现场测量油泵电动机对地绝缘为 0MΩ，解体检查发现 B 磨煤机稀油站油泵电动机烧损，因此，油泵电动机烧损是此次事件的诱因。

A 磨煤机跳闸的原因是磨煤机润滑油供油系统滤网堵，造成油压低低保护动作所致。A 磨煤机启动后跳闸也是此次事件的诱因。

3. 本次事件暴露出的问题

（1）运行人员异常事件处理的原则不明确。B 磨煤机跳闸后，运行人员没有第一时间执行退出机组 AGC 和协调，手动减负荷操作去稳定机组参数，而是直接启动备用 A 磨煤机应急，在参数本不稳定的情况下，加剧了机组工况扰动。从 B 磨煤机跳闸到申请机组减负荷间隔长达 25min，反映出异常情况下，保安全还是抢电量意识不明确，贻误了最佳处理时机。

（2）运行人员异常处理能力差。A 磨煤机跳闸后，运行人员在参数尚未调整稳定的情况下，盲目再次投入机组协调，致使 D、E 磨煤机堵煤加重。同时异常处理过程中，减负荷速率保持 5MW/min，不能满足实际需求，致使直流炉水煤比比例失调，主蒸汽压力、温度失控。

（3）运行技术管理和培训工作流于形式。运行人员对机组运行参数的控制、机组参数异常的处理方法未掌握，对给煤机、磨煤机跳闸的处理方法和技术措施学习不到位，对应急处理能力不够，致使常见的磨煤机跳闸异常处理不果断，最终导致事件扩大。

（4）电厂油务管理及油质监督存在漏洞。厂家提供的《ZGM95 型中速辊式磨煤机使用说明》中油质一览表要求减速机（含油站）第一次/第二次/第三次检查周期分别为 500/1000/7000h，电厂油质质量监督月报显示均为合格。经查 2 号机组自投产以来磨煤机润滑油从未滤油；滤芯自 6 月 20 日上报采购计划，至今仍未到厂；运行人员多次在缺陷系统填报磨煤机润滑油滤网差压大缺陷，但一直未处理。暴露出电厂对油务管理不重视，尤其对辅机油站的滤油和油质监督放松管理。

（5）电厂生产领导对运行管理重视不足，没有有效组织运行技术培训工作。对生产管理中出现的问题不敏感，对磨煤机油系统存在的缺陷放任自流，没有积极应对，最终导致小缺陷引发了机组非停。

（三）事件处理与防范

（1）电厂要加强异常工况下运行人员应急处理培训工作，明确异常处理的原则、要点和方法。针对本次事件，制定针对性技术措施，重点开展制粉系统堵煤、满煤、断煤调整应对培训，重要辅机跳闸异常应对以及大幅升降负荷运行调整应对等专项培训演练，提高应急处置能力。

（2）应加快仿真机建设，尽快投入使用，并有效组织好仿真机培训工作。立即编制切实可行的仿真机培训管理制度，明确总负责人、具体负责人职责，细化培训时间安排、科目设置、考勤管理、激励机制、效果监督等具体管理措施，尽快发挥仿真机的作用，提升运行人员调整水平。

（3）电厂生产管理人员和相关技术监督专责人员，必须从思想上认识到油务管理的极端重要性，严格执行《电厂辅机用油运行及维护管理导则》（2012 版），严格执行运行机组各类辅机油质的监督标准，安排专人定期滤油；日常运行维护要定期对所有与大气相通的油系统的门、孔、盖等部位检查清理，防止污染物直接侵入。在油质出现异常后，要认真查明原因，按照处理措施及时消除隐患。

（4）各级领导及管理部门应深刻反思非停发生的深层次原因，深入查找在运行管理、技术管理、设备管理中存在的严重问题，着力解决各级管理人员的责任落实不到位、技术管理体系责任落实不到位、运行人员应急处置能力低的突出问题，遏制不利局面。

四、 凝汽器水位高时手动确认智能保护动作导致汽轮机跳闸

2017 年某日，某电厂机组负荷 480MW，机组 AGC 投用，AVC 投用；磨煤机 7D、7E、7F 运行；引风机 7A/7B、送风机 7A/7B、增压风机 7A/7B、凝结水泵 7B 均在变频母线运行。

（一）事件过程

14 时 14 秒，机组负荷 480MW，磨煤机 D、E、F 运行。接市调度中心指令，手动加负荷，目标 600MW。运行人员启动磨煤机 7B，同时微开 B 磨煤粉加热器进、出口门，对煤粉加热器进行疏水。

14 时 37 分 31 秒—42 分 35 秒，机组 4 号低压加热器水位高连续 4 次报警。

14 时 42 分 35 秒，4 号低压加热器水位大于 400mm，3 号低压加热器进口门、4 号低压加热器出口门开始关闭，同时 3、4 号低压加热器旁路调节门开启；32s 后 4 号低压加热器水位降至 400mm 以下，3、4 号低压加热器旁路调节阀开至 43.7％后开始关闭。

14 时 43 分 45 秒，3、4 号低压加热器旁路调节门完全关闭；1min 后 3 号低压加热器进口门、4 号低压加热器热器出口门完全关闭。

14 时 47 分，值班人员发现 B 侧立管真空异常，开始查找原因。

14 时 48 分 50 秒，开始及之后的近 1min 内，凝汽器水位及除氧器水位连续 5 次报警。

14 时 50 分 22 秒，凝汽器水位升高至 1200mm 且持续上升；开汽轮机 7 号凝汽器副调位门及检修旁路门；2min 后凝汽器调位站阀门全部开足，凝汽器水位持续上升至 1737mm。

14 时 54 分 40 秒，发现凝结水泵 7A 电流偏低（87A），紧急启动凝结水泵 7B 工频运行，同时检查变频给水泵汽轮机运行情况；28s 后发现低压加热器水侧切至旁路运行，但低压加热器旁路调整门开度为 0％，手动开启低压加热器旁路调整门至 100％，但阀门未动作。手动开启 3 号低压加热器进水门及 4 号低压加热器出水门，4 号低压加热器出水门故障，未开出。此时凝汽器水位 1880mm。

14 时 56 分 22 秒，凝汽器水位 1880mm（满量程）持续 1min，4 号低压加热器出水门故障无法消除，且低压加热器旁路调节门无法开启。为防止事故扩大投入凝汽器高水位保护。

14 时 56 分 29 秒，汽轮机跳闸，发电机逆功率动作。

14 时 58 分 19 秒，给水泵跳闸（除氧器水位低造成汽蚀余量保护动作）。

14 时 58 分，48s 手动锅炉 MFT。

（二）事件原因查找与分析

1. 4 号低压加热器水位波动原因分析

起初，煤粉加热器 7B 进汽门开度极小（处于行程死区）、回汽门开度较大；

14 时 24 分 6 秒，点动开启进汽门后（4s）通路打通，压力差将原先存于煤粉加热器的积水推至 4 号低压加热器；

14 时 26 分，4 号低压加热器进口蒸汽温度开始下跌，8min 由 203.5℃降至 136.7℃，4 号低压加热器疏水温度由 111.5℃跌至 82.22℃，低压加热器疏水泵出口温度由 105℃跌至 99℃。期间 4 号低压加热器水位由 8.66mm 开始上升至 404mm，后经历水位波动。经当时班组运行人员分析和调取相关操作记录，发现运行当值人员未严格按照煤粉加热器投用操作规程要求，在投用煤粉加热系统前，提前开启就地疏水阀门，造成设备停役阶段冷凝积存大量积水于加热器管道内，并随着加热系统投运，将积水推至 4 号低压加热器，最终导致投用加热器时 4 号低压加热器水位大幅波动。

2. 4 号低压加热器进出口阀门及旁路调节门故障原因分析

磨煤机 B 煤粉加热器投用过程中，A4 低压加热器水位异常上升，A4 低压加热器常疏水与危疏正常动作，14 时 42 分 35 秒，A4 低压加热器水位大于 400mm，水位高保护动作，关闭 A3/A4 进出水门，同时开启 A3/A4 旁路调节门（A3/A4 旁路截止门处于常开状态）。38 秒后，A4 低压加热器水位恢复至 400mm 以下，水位高保护信号消失。由于此时 A3/A4 水侧一次调频功能处于投用模式，A3/A4 旁路调节门关闭，约 11min 后，凝汽器水位达到 1800mm（汽轮机跳闸保护值），智能保护拦截跳闸信号。约 12min 后，运行人员手动开启备用凝结水泵 B、A3/A4 进出口门及旁路调节门，但 A3/A4 进出口门及旁路调节门未开启成功（双凝结水泵运行使阀门前后凝结水压差较大引起），停用其中一台凝结水泵后，旁路调节门开启。约 13min 后，水位仍然大于汽轮机跳闸保护值，运行手动确认智能保护动作，汽轮机跳闸。

事后对这过程进行分析：根据一次调频技改控制策略讨论会议纪要，一次调频功能与防进水保护功能同时作用于 A3/A4 旁路调节门，当：

（1）一次调频动作时，全开旁路调节门。

（2）一次调频动作信号消失时全关旁路调节门。

（3）A3/A4 防进水保护动作后（水位大于 400mm）保护开启旁路调节门。

（4）防进水保护信号消失后维持当时的手动或自动状态，若当时为自动状态，且无低频信号，则调节门将回至关闭状态。

该设计的原意是保护信号消失后调节门自行恢复至一次调频待用状态，但存在逻辑隐患，在此次事件中，由于防进水保护已关闭主路的进、出水门，此时再依据一次调频功能需求去关闭旁路调节门是不安全的动作方向。因为低压加热器水侧防进水保护与一次调频功能互相影响，导致防进水保护动作后，凝结水通路被关闭，最终导致凝汽器水位高保护跳机。

3. 4 号低压加热器水位波动异常后运行人员处置过程分析

运行人员思想不集中，在 4 号低压加热器水位波动异常后，未能及时发现低压加热器水位报警及有效及时处理，错失事故处置时间；当 4 号低压加热器水位恢复后未能及时发现凝汽器水通路异常。14 时 47 分，值班人员发现真空异常后，逐一检查真空系统、循环水系统、轴封汽系统；发现凝汽器水位异常后，进行了调开凝水调节门、启动备用凝结水泵、检查变频给水泵汽轮机运行等操作，未及时发现除氧器水位异常下降，处理方向出现偏差，延误了处置时间，最终导致凝汽器水位高保护动作，汽轮机跳闸、给水泵跳闸（除氧器水位低，汽蚀保护动作），手动锅炉 MFT。反映了运行人员在系统异常处置过程中，应急处置能力不足。

综上所述，运行人员在处理煤粉加热器投运导致低压加热器水位波动过程中，因凝结水通路被关闭，强制开启 3、4 号低压加热器旁路调及 4 号低压加热器出口门时，两个阀门均无法及时开出，最终导致凝汽器水位高保护动作，汽轮机跳闸，所以 3、4 号低压加热器旁路调及 4 号低压加热器出口门在异常工况下未能满足系统要求开启，是此次事件的直接原因，但是次要原因。

运行人员投用煤粉加热器过程中，未按操作要求进行疏水，导致冷凝积水进入 4 号加热器，引起低压加热器水位波动，继而造成低压加热器防进水保护动作，后又因低压加热器水侧防进水保护与一次调频功能互相影响，导致凝汽器、除氧器水位异常，运行值班人员在事故处理过程中处置不当，最终导致凝汽器水位高保护跳机，是此次事件的间接原因，但是主要原因。

热控工作人员隐患排查不够深入，未能充分排查低压加热器防进水保护与一次调频功能相互影响隐患，对凝结水通路可能被关断及其危害认识不足，也是此次事件的另一间接原因，但也是主要原因之一。

（三）事件处理与防范

针对本次事件，运行部门规范了操作，要求 A3 低压加热器水位大于 400mm 或 A4 低压加热器水位大于 400mm，首先开启旁路调节门及截至门，并将调节门切至手动状态，待调节门及截止门开足后，再关闭 A3/A4 主路进出口门。同时采取以下技术措施：

（1）增加 A3/A4 主路进、出口门任一开足信号失去，全开旁路截止门及调节门的联锁。为避免再次出现低压加热器断流情况，已对逻辑进行优化改进：

（2）一旦出现防进水保护动作信号，将优先切除调节门自动状态，将其开足并切至手动控制状态。防进水保护水侧动作后，确保系统自动动作至安全状态。是否恢复自动方式投入正常运行，则由运行人员判断该调节门及相关系统状态后决定。

（3）加强两票三制日常管理，以煤粉加热器投停操作为切入点，加强运行措施的执行能力。

（4）加强监盘质量和应急事件的处理能力，优化凝水系统画面，加强在事故处理方面的培训。

（5）结合机组检修和 DEH 升级改造，对机组 DCS、DEH 相关保护逻辑再次进行梳理，充分考虑系统技改后保护逻辑、控制逻辑的合理性、匹配性，并加强运行专项培训。

五、 引风机跳闸后处理不当导致机组跳闸

2017 年 12 月 20 日，某电厂 1 号机组负荷 280MW，协调方式运行，主蒸汽压力为 10.55MPa，主蒸汽温度为 533.5℃，再热器压力为 1.94MPa，再热器温度为 498℃。

（一）事件过程

1 号机组跳闸前，A/B 引风机、A/B 一次风机、A/B 送风机均正常运行，无异常报

警。0时52分，1号炉1B引风机"电动机轴瓦温度高"报警，紧接着1B引风机跳闸，首次故障信号是"电机轴瓦温度高保护动作"。

1B引风机跳闸后，成功触发RB保护动作，但随后MFT动作，锅炉灭火，发电机组跳闸，机组停机。首次故障信号是"炉膛负压低"。

查明原因处理后，汇报调度申请启机，恢复机组并网，因低谷期间风力发电量较大，机组转为备用。

（二）事件原因查找与分析

经查1B引风机跳闸原因，是因为1B引风机电动机前瓦温度由55℃快速上升到85℃引起。温度快速上升的原因，是1B引风机电动机润滑油站2号油泵跳闸，1号油泵未联启，润滑油中断导致。

1B引风机跳闸触发RB动作后，由于运行调整不当，在增加1A引风机出力，减少一次风机、送风机出力过程中过量调整，致使炉膛负压低（-2489Pa），到MFT动作值，导致了锅炉灭火，机组跳闸。

（三）事件处理与防范

（1）加强运行技能培训，提高事故处理能力。

（2）优化RB逻辑，根据炉膛压力情况，通过逻辑判断控制风机出力，避免过调现象。考虑一次风机RB时加入前馈至引风机防止炉膛压力过低。

（3）研究增加引风机电机润滑油站油泵全停情况下直接跳引风机保护。

六、 跳磨温度投切开关误操作导致机组跳闸

某电厂5号机组于1995年投产，采用冷一次风正压直吹式制粉系统，配备5台中速磨煤机，型号MPS212，4台运行、1台备用，设计煤种为当地褐煤，磨煤机分离器出口温度高跳磨定值为"120℃""95℃"两种，可根据煤种切换。2017年7月，5号锅炉制粉系统建成烟气回流系统并投入运行，在烧烟煤时磨煤机分离器出口温度可以在95~120℃范围内安全运行。

（一）事件过程

2017年8月11日9时15分，5号机组升负荷，需要启动制粉系统，副司炉在制定好操作票以后替换司炉监盘操作，由司炉监护启动5号磨煤机。

9时42分，5号制粉系统启动成功后运行正常。

9时43分，副司炉在司炉监护下，投5号磨煤机相关保护。

9时44分2秒，5号炉在运的1、3、4、5号制粉系统跳闸，1、2号一次风机跳闸，锅炉MFT，首发信号为"失去燃料"。

（二）事件原因查找与分析

1.热工逻辑及操作画面检查情况

检查热工控制组态逻辑，5台磨分离器出口温度高跳闸定值切换功能块，使用同一个功能块，操作画面中1号磨煤机切换时有"确认对话框"，其他磨煤机切换时无"确认对话框"，操作任一台磨煤机分离器出口温度高跳闸定值切换按钮，其他4台磨煤机分离器出口温度高跳闸值均同时切换。磨煤机跳闸条件画面见图6-21。

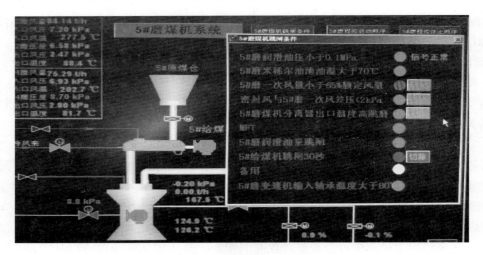

图 6-21　磨煤机跳闸条件画面

2. 运行操作及历史数据检查情况

（1）通过查阅历史数据及询问运行人员，为了保证制粉系统安全运行，5 号锅炉磨煤机出口温度基本控制在 95℃以下，在此运行工况下磨煤机分离器出口温度高跳闸定值按钮在"120℃""95℃"两个状态下均未发生跳闸。2017 年 8 月 8 日起，下发《关于提高 5 号炉磨煤机出口温度的通知》规定，要求将磨煤机分离器出口温度控制在 100～110℃范围内。

（2）机组跳闸前运行操作情况：

9 时 15 分，根据规程要求，机组升负荷需要启动制粉系统，副司炉在制定好操作票以后替换司炉监盘操作，由司炉监护。1min 18s 后副司炉按照操作票启动 5 号炉 5 号制粉系统。

9 时 42 分，5 号机组负荷 174MW，1、3、4、5 号制粉系统运行，1 号磨煤机出口温度为 108℃，3 号磨煤机出口温度为 109℃，4 号磨煤机出口温度为 107℃，5 号磨煤机出口温度为 109℃，磨煤机分离器出口温度高跳磨煤机保护开关在"120℃"状态下运行。

9 时 43 分，副司炉在司炉监护下，投 5 号炉 5 号磨煤机相关保护。41s 后投入 5 号磨煤机一次风量小于 65％额定风量保护。

9 时 43 分 45 秒，投入 5 号磨煤机密封风与一次风差压小于 2kPa 保护。4s 后投入 5 号磨煤机给煤机跳闸 30s 保护。

9 时 43 分 58 秒，副司炉误碰 5 号磨煤机分离器出口温度高跳磨开关，跳磨保护温度定值由"120℃"切为"95℃"，副司炉发现误碰后，随即又将 5 号改为"120℃"。4s 后 5 号炉在运的 1、3、4、5 号制粉系统跳闸，1 号与 2 号一次风机跳闸，锅炉 MFT，首发信号为"失去燃料"。

查操作票中，无切换磨煤机分离器出口温度高跳磨保护定值操作项。

根据上述分析，本次事件原因，是操作人员误点磨煤机分离器出口温度高跳磨温度切换开关（本操作票中无此项内容），跳闸值由"120℃"切换为"95℃"，致使磨煤机分离器出口温度达到温度保护跳闸条件，造成 5 号炉运行中 1、3、4、5 号制粉系统同时跳闸，燃烧丧失导致锅炉 MFT 动作机组跳闸。

3. 本次事件暴露出的主要问题

（1）主要保护项目内容，不应设置可供运行人员操作的投入/切除操作开关且无投入/切除操作开关，应有投入/切除状态提示。

（2）未严格执行操作票规定。操作票执行过程中，操作人注意力不集中，监护人监护不到位，在操作人移动光标时未发现并及时提示操作风险，导致误操作了操作票中没有列入的操作项。

（3）技术管理存在漏洞。在下发《关于提高 5 号炉磨煤机出口温度的通知》，规定将磨煤机分离器出口温度控制在 100～110℃范围要求之后，没有梳理相关温度保护定值切换存在的风险。

（三）事件处理与防范

取消运行人员切换磨煤机分离器出口温度跳闸定值权限，同时采取以下技术措施：

（1）加强运行人员安全意识与技术管理培训，提高运行人员的业务水平。

（2）在集控室加装监控摄像头，由运行人员对运行操作规范性进行评估。

（3）在全公司范围内再次开展"增强责任心，杜绝误操作"讨论活动。

（4）深入开展隐患排查治理，生技部、调运部牵头，各检修分场、运行分场配合，逐一梳理完善公司主辅机所有的保护逻辑。

七、 压缩空气管断裂与运行处理不当， 造成汽包水位高跳闸机组

2017 年 7 月 23 日，某电厂机组负荷约为 251MW，制粉系统 B、C、D 磨煤机运行，给水泵 A、B 运行，机组运行工况正常。MFT 前主要运行参数：主蒸汽温度为 541℃，过热一、二级减温水投自动，主蒸汽压力为 11.4MPa，主蒸汽流量为 779t/h，锅炉给水流量约为 780t/h，波动幅度为 60～90t/h，给水泵 A 再循环门开足，给水泵 B 再循环门投自动。运行中因汽包水位高导致机组跳闸。

（一）事件过程

9 时 15 分，值班员监盘发现锅炉过热器一级 A 减温 1（调整门）从 55％自动全开，过热器一级 A 减温水流量显示从 55.6t/h 增至 99.8t/h，在 DCS 上无法操作，立即派巡操至就地检查锅炉过热器一级 A 减温调整门开度情况，同时联系检修处理。

9 时 1 分，因末级过热器进口汽温下降过快，立即派人至开关室，关闭过热器一级 A 减温门 2（隔绝门），同时先关闭过热器一级减温水总门。

9 时 20 分 5 秒，巡操人员在开关室根据指令将过热器一级减温水门 2 关闭后再开启 3s。

9 时 21 分 41 秒，主蒸汽温度回升后，开启过热器一级减温水总门，但过热器一级减温 A 流量几乎未变（约为 36t/h），且过热器一级 A 减温器出口温度依然在缓慢上升，故继续手动开启过热器一级 A 减温门 2。

9 时 23 分，锅炉汽包水位高报警，查主蒸汽流量为 790t/h，给水流量为 928t/h，判断给水流量过大，全开机 1 给水泵 B 再循环调整门、开启锅炉下水包后放水门 1 和 2。

9 时 24 分，锅炉 MFT，汽轮机脱扣，发电机跳闸，首出原因为锅炉汽包水位高。

（二）事件原因查找与分析

机务人员现场检查后发现锅炉过热器一级 A 减温门 1 自动全开，系该调节阀压缩空气管断裂引起；热控人员检查 DCS 历史记录曲线：

9时12分5秒，过热器一级A减温1（调整门）开度从55.65％瞬间全开（失气开），系过热器一级A减温门1因压缩空气管断裂所致，其减温水流量从55.58t/h上升至95.73t/h；引起过热器一级A减温器出口汽温快速下降，但此时对汽包水位的扰动不大，自动调节仍能维持汽包水位正常。

9时19分，由于过热器一级减温水总门关闭，使过热器一级减温A/B流量从95.26/53.41t/h降至36.17/17.70t/h，锅炉给水流量从802.63t/h升至946.51t/h，从而引起汽包水位的波动。

9时21分41秒，过热器一级减温水总门开启，锅炉给水流量从802.63t/h升至946.51t/h，汽包水位开始上升，自动调节给水量快速下降，从最高946t/h最低减至496t/h，汽包水位很快由正转负，并达到阶段性最低值-82mm。结合6月29日MFT和近期发生的若干起汽包水位波动情况，反映汽包水位自动调节存在过调问题。

9时22分15秒，过热器一级A减温2全开后汽包水位略微下降后即开始上升，但此时给水泵汽轮机调节阀开度已达70％以上，给水泵汽轮机及给水响应速度已明显下降。至9时22分45秒，给水泵汽轮机调节阀已全开，转速达最大转速约4010r/min，此时给水总操指令依然在上升，给水泵汽轮机转速给定值与实际转速偏差进一步拉大，最大达300r/min以上，给水流量稳定在约1080t/h，而蒸发量仅785t/h，汽包水位在-60～-50mm之间。9时22分51秒，给水总操至最大值后开始减少，由于此时给水泵汽轮机A转速给定值大于实际值达300r/min以上，给水泵汽轮机转速及给水流量并未降低，给水量依然维持在约1080t/h。

9时23分44秒，待给水泵汽轮机给定转速与实际转速相等时，汽包水位已达+119mm。在随后的给水泵汽轮机降转速过程中，由于给水泵汽轮机调节阀从全开状态向下关，给水泵汽轮机转速及给水响应速度明显较慢，汽包水位始终处于上升过程中。

9时24分37秒，值班员开启给水泵B再循环门及下水包后放水门1/2调节汽包水位无效；9时24分40秒，汽包水位至+270mm，锅炉MFT。

之前夜班值班员发现锅炉在低负荷（前置泵A/B进水总流量小于1000t/h）稳定工况时，给水量波动幅度达100t/h以上，通过开启给水泵再循环门后给水晃动情况有所好转，此次汽包水位高锅炉MFT过程中前给水泵A再循环门始终处于全开状态，一定程度上限制了给水泵汽轮机的最大出力，对给水泵汽轮机及给水的响应速率也产生一定影响。

综上所述，本次汽包水位高MFT事件的起因为压缩空气管断裂（怀疑现场外包施工人员误碰），使过热器一级A减温水调节门1全开，随后运行在应急调节汽温的过程中，因一级过热减温水总阀、过热器一级A减温水调节门1关闭和开启的操作，对汽包水位自动产生扰动。由于低负荷锅炉蓄热少，锅炉汽包水位抗干扰能力下降，汽轮机抽汽压力低，两台汽动给水泵并列运行转速响应延迟增加，造成给水流量控制困难，给水自动抗扰动能力和调节品质下降，从而导致了汽包水位高MFT。

（三）事件处理与防范

本次事件起因是压缩空气管断裂使过热器一级A减温1全开引起，但后续运行人员的操作以及控制系统的调节能力不佳，使一次可控的事件导致机组MFT，为此，专业人员认真总结经验，分析讨论后制定了以下处理与防范措施：

（1）进一步查找分析汽包水位自动抗扰动能力和调节品质下降的原因，研究改进方案。

（2）对比两台机组汽包水位自动回路的控制逻辑和相关参数，对锅炉汽包水位自动的逻辑和相关参数进行优化，跟踪观察机组高、低负荷时和变负荷过程中水位自动调节的品质。

（3）联系制造厂或有关试验单位专家，分析研究煤种掺烧、锅炉低负荷运行对汽包水位变化的影响因素和特性；分析研究机组低负荷给水系统调节特性和两台汽动给水泵并列运行特性，探讨改进方案。

（4）加强现场作业的风险辨识和管控，认真做好热控自动回路的定期检查和试验工作，以便及时发现问题和处理。

（5）修改、完善故障应急处理预案，加强运行值班员的技能培训，提高值班员应对汽包水位波动大的处理能力，在汽包水位自动失控后及时进行手动干预。

八、误开真空弹簧管压力表 3 一次阀门导致机组跳闸

2017 年 3 月 23 日，某电厂 6 号机负荷为 165MW，各项参数显示正常，AGC 投入，机组设备运行无异常报警。

（一）事件过程

12 时 32 分，6 号机组真空显示 -89kPa，瞬间降至 -70kPa，低真空保护动作，汽轮机跳闸，联跳锅炉、发电机-变压器组。

12 时 43 分，6 号锅炉吹扫完成，联系汽轮机检修、热控检查汽轮机真空下降原因。

（二）事件原因查找与分析

经检查，机组跳闸原因是外包技术服务人员查漏真空，在"6 号机凝汽器真空弹簧管压力表 3 一次门"阀门处工作时，擅自开启该阀门使真空压力开关处泄漏。而"6 号机凝汽器真空弹簧管压力表 3 一次门"口径为 DN10，运行过程中瞬间开启该阀后，会引起母管真空急剧降低，造成真空低压力开关动作导致真空低保护动作。

本次事件暴露出的问题如下：

（1）防误操作管理不严谨，该阀门后未加堵板，也未将门轮取下。

（2）对外包技术服务人员的安全管理不到位，导致其在非工作时间擅自操作阀门。

（3）隐患排查治理工作不细致、不彻底，未能及时发现此类安全隐患。

（三）事件处理与防范

将 6 号机凝汽器真空弹簧管压力表 3 一次门后加装堵板，并取下门轮保存于安全处，同采取以下防范措施：

（1）对外包技术服务人员加强安全管理，要求其必须在电厂方人员监护下才能进行工作，并严禁其擅自扩大作业范围。

（2）全面排查现场与机组保护相关联的就地阀门，发现类似问题进行防止误操作的整改。

（3）加强对现场外来人员管理，杜绝无监护人员进入生产现场。

九、真空低开关一次门未开导致机组跳闸

某燃气轮机电厂燃气轮机采用东方电气引进日本三菱 M701F4 型燃气轮机组成"二拖一"机组，总装机容量 859MW，其中燃气轮机 2×300MW，汽轮机 259MW，采用发电机-变

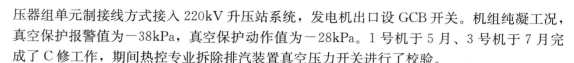

压器组单元制接线方式接入 220kV 升压站系统，发电机出口设 GCB 开关。机组纯凝工况，真空保护报警值为 -38kPa，真空保护动作值为 -28kPa。1 号机于 5 月、3 号机于 7 月完成了 C 修工作，期间热控专业拆除排汽装置真空压力开关进行了校验。

（一）事件过程

2017 年 8 月 1 日 14 时，1、3 号机组并网。1、3 号机组一拖一运行，负荷为 223MW，机组背压为 10kPa。8 月 2 日 21 时 20 分，机组发"凝汽器真空低"跳闸报警，3 号汽轮机、1 号燃气轮机跳闸，运行监盘人员检查机组背压正常（为 10kPa），派人至就地检查机组真空系统，并汇报省调度中心和股份公司生产值班室。

跳机原因查清，故障排除后经请示省调同意，1 号燃气轮机正常模式启动。8 月 3 日 0 时 25 分，1 号燃气轮机点火成功，1 时，1 号燃气轮机并网，2 时 21 分，3 号汽轮机并网。

（二）事件原因查找与分析

机组跳闸后，运行人员立即检查排汽装置、空冷及抽真空系统，各转机、设备均运行正常；热控人员检查跳闸直接原因为 3 号汽轮机凝汽器背压停机开关 1、开关 2 动作（21 时 17 分，开关 1 保护动作；21 时 20 分，开关 2 保护动作。机组跳闸前 DCS 并未发真空低声光报警，开关 1 动作值为 -28.77kPa，开关 2 动作值为 -28.18kPa）。

就地检查发现 3 号汽轮机凝汽器纯凝工况真空低停机开关 1、2 的一次门关闭，开关 3 一次门微开；开关 1、2、3 二次门开启，仪表排污门全开。

分析凝汽器纯凝工况，真空低停机开关 1、2、3 排污门通过两端封堵的排污集管连通，形成一个小真空系统，机组启动时由凝汽器纯凝工况真空低停机开关 3 一次门开始抽取真空，后因凝汽器纯凝工况真空低停机开关 3 一次门接近关闭状态（未导通），小系统真空逐渐降低，从而引发保护开关 1、2 相继动作，3 取 2 条件成立，造成保护动作，3 号机跳闸。因 3 号机真空低跳机保护动作，联锁关闭 1 号燃气轮机 TCA 入口关断阀 A、B，导致 1 号燃气轮机 TCA 流量低跳闸。

凝汽器纯凝工况真空低停机开关 3 一次门未导通原因：查阅现场监控未发现人为关闭此阀门，分析由于阀门开度太小，在启机后因运行工况的变化，且排汽装置内进入蒸汽后湿度增加，在该阀门处形成水膜，导致此阀门未导通。

根据上述查找分析，事件直接原因，是运行人员在恢复安措时，阀门恢复不正确，将凝汽器纯凝工况真空低停机开关的排污阀全开，凝汽器纯凝工况真空低停机开关 1、2 的取样阀关闭；虽由于凝汽器纯凝工况真空低停机开关 3 微开形成小系统后建立起真空，但由于运行工况变化形成水膜后导致小系统真空逐渐降低，最终机组跳闸。

本次事件暴露出以下问题：

（1）低真空停机保护系统设计不到位，保护信号取样点没有实现全程相对独立。未按照《防止电力生产事故的二十五项重点要求》9.4 条防止热工保护失灵中第 9.4.3 条，所有重要的主、辅保护都应采用"三取二"的逻辑判断方式，保护信号应遵循从取样点到输入模件全程相对独立的原则。

（2）运维部工作票管理不到位，工作票执行不严格，在执行过程，工作复役时，值班负责人未能对措施恢复的正确性进行把关，也未能全面掌握值班人员的技术水平，安措恢复人员安排不合理，导致安措恢复错误。

（3）运行培训管理不到位，运行人员对现场系统阀门不熟悉，恢复安措时阀门操作错误，说明运行部门在人员的技术培训上不到位。

（4）运行技术管理不到位，系统检查卡不完善，机组启动前的系统检查不严不细，基础台账不完善，基础管理工作存在漏洞。

（5）运行巡回检查管理不到位，机组启动前未检查真空压力开关的阀门状态，运行中运行人员未检查到就地真空系统表计参数的变化异常，对真空等重要参数就地仪表指示与DCS指示未进行核对。

（6）检修专业管理不到位，压力开关1动作后，机组未发出报警提醒；电厂重要保护开关量动作未加入声光报警，说明电厂报警系统不完善。

（7）设备检修管理不到位，检修后的压力开关投运后，检修人员未对设备的运行情况进行检查。

（8）设备隐患排查不到位，低真空停机保护系统设计不合理，保护信号取样点没有实现全程相对独立，低真空停机保护系统仪表仍设置排污门，违反《防止电力生产事故的二十五项重点要求》的规定。电厂未严格对照《防止电力生产事故的二十五项重点要求》的要求进行自查整改。

（9）各级管理人员岗位职责落实不到位，安全管理职责落实不到位。

（三）事件处理与防范

（1）强化两票管理，认真落实工作负责人、工作许可人、工作联系人相关职责，严格执行工作票的许可、终结、复役程序，提高工作票监管力度。

（2）加强对两票三种人的技能培训，进一步提高人员的技术水平。

（3）加强运行技术管理工作，认真排查完善机组阀门检查卡，落实机组启动前后检查工作。

（4）加强巡检管理，严格执行设备巡检制度，优化巡检路线、完善巡检内容。

（5）加强报警系统管理，梳理并优化DCS报警系统，将重要保护开关量动作加入声光报警。

（6）加强设备管理，落实设备责任人相关职责，强化设备检修、维护、运行的全过程监管。全面梳理热工仪表阀门，进一步明确阀门职责划分。

（7）根据现场具体情况，整改低真空停机保护系统，取消低真空停机保护系统仪表排污门，实现保护信号从取样点到输入模块的全程相对独立。根据《防止电力生产事故的二十五项重点要求》9.4条防止热工保护失灵中第9.4.3条内容，组织对机组重要主辅保护进行全面隐患排查。

（8）组织梳理完善预控措施，重点是防止检修作业后保护类误动措施，避免类似事件发生。

（9）结合安全大检查活动，在全厂范围内开展安全大讨论，从日常安全生产管理、两票三制、基础管理、责任制落实等方面，深入查找安全生产存在的问题，立行立改。

十、 运行中保洁人员清扫过程误碰氢温控制阀导致机组跳闸

2017年4月10日，某厂3号燃气轮机365MW负荷运行中发电机氢温高导致机组跳闸。

（一）事件过程

事发前发电机氢冷器冷却水出水电动调节阀"自动"模式运行，冷氢温度正常（40℃）。

9时0分45秒，机组氢温控制阀故障报警。

9时1分58秒，发电机冷氢温度高Ⅰ（50℃）报警，发电机氢温快速上升。

9时3分8秒，发电机冷氢温高保护动作（54℃），发电机断路器跳闸。

（二）事件原因查找与分析

事件后运行检查，当3号机组"氢温控制阀故障"报警时，运行主值发现后立即切换至3号发电机定冷水系统画面，发现3号发电机氢冷器冷却水出水电动调节阀在手动模式，开度显示为0%，尝试对该阀进行远程控制开阀操作，无法开启。发电机氢温快速上升，值长急令机组减负荷，并立即命令值班人员赴现场检查。

1. 运行人员现场检查

（1）该电动调节阀"LOCAL"、"REMOTE"切换开关在"LOCAL"位置。

（2）"OPEN"、"CLOSE"指令开关在"CLOSE"位置。

将"LOCAL""REMOTE"切换开关置于"REMOTE"位置，就地"OPEN""CLOSE"指令开关置于"STOP"位置后，通过操作员站远程控制开关该阀，动作正常。

热控人员检查DCS事件历史曲线见图6-22，查看事件记录如下：

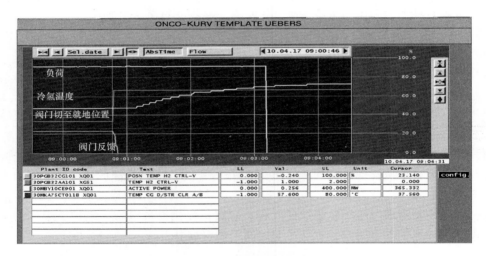

图 6-22　3号机组跳闸曲线

9时00分45秒，该阀关闭前出"LOCAL OLC"信息（同时撤出该阀自动控制，闭锁操作员站该阀操作界面）。

9时00分50秒，该阀开度为0%。

9时01分58秒，3号发电机冷氢温度高Ⅰ报警。

9时02分38秒，冷氢温高Ⅱ值保护动作，延时30s后，3号发电机断路器跳闸。

热控人员对该阀执行机构就地及DCS接线、保护逻辑等进行全面检查，并进行相关试验，未发现异常。调取现场场景监控录像，发现在该阀异常关闭前后时间段，该阀所在区域有1名保洁人员在进行保洁作业。事件发生后问询该保洁人员，确实对该阀执行机构设备进行了清扫擦拭作业。

根据上述检查，事件原因是外包保洁人员在进行保洁工作时，扩大范围对该阀进行清扫作业，清扫过程中不慎发生误碰。同时该阀所采用DPMC 319-B-24型执行机构，表面设置的"LOCAL""REMOTE"切换开关和"OPEN""CLOSE"指令开关缺乏防误碰装置，就地操作手柄较松。综合分析认为由于该阀执行机构本身存在缺乏防误碰装置、就地操作手柄较松的问题，保洁人员清扫作业过程中的误碰导致了该阀异常关闭，引起跳机事件。

2. 事件暴露出的问题

（1）电厂对保洁外包项目的管理存在漏洞，对机组运行状态下的主厂房内保洁工作存在的风险管理不力；

（2）对设备隐患排查不彻底，对该类型执行机构存在的误碰风险辨识不足，防控措施不到位。

（三）事件处理与防范

查明原因后，对保洁人员交代了保洁安全注意事项，检查设备无异常后恢复机组运行，同时针对本次事件，制定了以下防范措施：

（1）加强生产区域保洁作业的日常管理，要求保洁单位定期开展保洁人员的安全教育培训。

（2）对同类型执行机构进行全面排查，加装防误碰装置。同时对全厂执行机构、事故按钮等设备进行排查，确保防误碰功能可靠。

（3）机务专业发电机氢冷器冷却水管道系统进行优化，热控专业对发电机氢温高保护逻辑进行优化。

第三节 试验操作不当引发机组故障案例分析

本节收集了因检修试验操作不当引起机组故障4起，分别为传动试验时误操作导致机组跳闸、主蒸汽压力测点拆除过程中导致机组跳闸、信号强制错误造成 PM1 伺服阀指令与反馈偏差导致机组跳闸、汽轮机 ATT 试验时因参数设置不当造成被控参数波动大跳闸机组。检修试验操作是机组正常运行过程中的定期操作，这些事件都是检修试验中操作不当引发机组故障的典型案例。希望通过对这些案例的分析进一步明确试验过程中的危险源，完善试验安措。

一、传动试验时误操作导致机组跳闸

某电厂5号汽轮机为超临界、一次中间再热、三缸四排汽、单轴、双背压凝汽式汽轮机，转速 3000r/min，额定功率 600MW。

2017 年 6 月 12 日 15 时 36 分，该电厂 5 号机组负荷 309MW，协调方式，6 号机组负荷 455MW，AGC 方式。三期循环水系统 8 号循环水泵（低速泵）运行，电流 269A，出口压力 0.20MPa，9 号循环水泵运行，电流 346A，出口压力 0.20MPa，7 号、10 号循环水泵检修，无备用循环水泵。因传动试验时操作不当导致机组跳闸。

（一）事件过程

2017 年 6 月 9 日 5 号机组 C 修及环保技改后启动，10 号循环水泵启动后跳闸，经检查发现电动机短路，决定更换 10 号循环水泵电动机。因 7 号循环水泵电缆绝缘低正在排查，三期无备用循环水泵，运行部编制了《600MW 双机运行且无备用循泵状态下的事故反措》，经生产部主任、生产副厂长审批执行。

2017 年 6 月 12 日 15 时 4 分，电气检修工作票 W174DQ2017060016 "10 号循环水泵 6kV 电动机（66B06 断路器）检修"工作完毕，办理终结，值长通知热工机控班班长，准备安排人员进行 10 号循环水泵电动机更换后的保护传动试验，热控班长安排本班组两人进行传动试验。

15 时 30 分，运行人员将 10 号循环水泵电源断路器 66B06 送至"试验"位置，拉开 10 号循环水泵出口液控蝶阀电源，做好 10 号循环水泵传动试验准备工作。

15 时 35 分，热工机控班 2 名检修人员、值长进入工程师站，准备进行 10 号循环水泵上导瓦温高跳循环水泵进行传动。

15 时 36 分 44 秒，检修人员将 10 号循环水泵上导瓦温度保护定值进行修改，却误将 9 号循环水泵的保护定值修改，直接造成 9 号循环水泵跳闸，首出"9 号循环水泵温度高"出口蝶阀联锁关闭。

15 时 37 分 3 秒，9 号循环水泵跳闸后运行值班人员发现，5、6 号机组凝汽器 A 侧循环水入口水压降至 0.04MPa，B 侧循环水入口水压 0MPa，8 号循环水母管压力由 0.2MPa 降至 0.09MPa，9 号循环水母管压力由 0.2MPa 降至 0.04MPa，运行人员手动打闸停 5 号机，首出"汽轮机手动打闸"，机炉电各联锁保护动作正常。

15 时 37 分 30 秒，启动 9 号循环水泵，循环水母管压力升至 0.38MPa，调整 5 号、6 号机组凝汽器循环水出口蝶阀至适当开度。

运行人员检查现场设备正常，机组恢复备用，汇报调度。

17 时 55 分，锅炉点火；10 号循环水泵经传动试验和电机测绝缘合格后，投入运行。

21 时 9 分，汽轮机冲转，33min 后机组并网。

（二）事件原因查找与分析

1. 9 号循环水泵跳闸原因

2017 年 6 月 9 日 5 号机组启动，10 号循环水泵启动后跳闸，经检查发现电动机短路，检修过程中更换了新电动机。新电动机安装完成后上导瓦、下导瓦、推力轴承温度显示正常，运行人员将电源断路器 66B06 置"试验"位，拉开 10 号循环水泵出口液控蝶阀电源，进行循环水泵保护传动试验，检修人员将 10 号循环水泵上导瓦温度保护定值进行修改，却误将 9 号循环水泵的保护定值修改，直接造成 9 号循环水泵跳闸。

2. 机组打闸原因

由于 7 号、10 号循环水泵检修，15 时 36 分 44 秒，9 号循环水泵跳闸后，误设置的热工保护定值尚未恢复，且其出口液控蝶阀关闭时间约 30s，不具备立即抢合条件，8、9 号循环水母管压力由 0.2MPa 快速降至 0.04MPa。鉴于只有 8 号低速循环水泵运行，5、6 号机组循环水压力、凝汽器真空快速下降，面临两台机组循环水中断危险。为防止三期双机停运，运行人员根据应急预案手动打闸停 5 号机，关 5 号凝汽器循环水 A、B 侧出口门。15 时 37 分 30 秒，热工工作人员恢复 9 号循泵保护定值，运行人员立即启动 9 号循环水泵。在此之前凝汽器排汽温度快速上涨至 73.56℃（当时一大流量循泵和一小流量循泵运行，全流量的大泵跳闸后，只剩 1 台小流量的循环水泵运行，满足不了两台机组同时运行的需要，两台机的真空，排汽温度必然将快速变化），如果等参数继续上升后再做打闸决定，将面临两台机组跳闸、三期全厂停电的风险。所以，运行人员根据事先审定的事故预案，做出 5 号机组打闸，关 5 号机循环水出口门，保 6 号机循环水量，降 6 号机组负荷，确保 6 号机组安全运行的决定。综上所述，本次非停事件的主要原因，是 10 号循环水泵保护传动试验过程中，检修人员误将 9 号循环水泵电动机温度高逻辑保护定值当作 10 号循环水泵电动机进行了修改，引起 9 号循环水泵跳闸，循环水母管压力及凝汽器真空快速下降导致。此外由于更换 10 号循环水泵电动机，7 号循环水泵电缆绝缘低排查，导致 5、6 号机组运行时，运行循环水泵跳闸后无备用循环水泵，也是此次事件原因之一。

3. 本次事件暴露出的问题

（1）工作执行人、监护人工作职责履行不到位，责任意识不强。在进行 10 号循环水泵传动试验时，逻辑参数修改执行人未认真核对设备逻辑编号，监护人未仔细确认执行人的操作是否正确。

（2）检修后的设备试转及试验，未严格执行试转联系单制度。10 号循环水泵检修完成后，需要检修部责任单位提出设备试转单，经各专业专工签字确认，才可以试验、试转。而此次传动试验，检修班组和运行值长均未按制度要求，严格执行试转联系单制度，检修班组接值长通知后，未办理试转联系单，试验工作未经各级人员审批必要性，直接由值长同意进行试验操作。也未对检修人员交代无备用循泵的安全风险，导致检修人员试验时未引起足够的重视。

（3）试验过程风险防控不到位。运行值长及检修班长，对三期两台机组运行没有备用循环水泵的特殊方式下，试验工作安全风险交底不彻底。

（4）设备管理不到位。7、10 号循环水泵设备状态不佳，导致 5、6 号机组运行无备用循环水泵。

（5）热工专业管理不到位。《计算机房管理细则》不完善，没有明确执行人及监护人的资格与职责；试验操作卡制订不详细，逻辑参数修改和保护投退记录本格式不合理。

（三）事件处理与防范

完善热工保护投退及逻辑修改相关细则，明确执行人及监护人的资格与职责，制订详细的试验操作卡，保障热工保护投退、逻辑参数修改及试验工作的可靠性；重新修改记录本格式，严格执行保护投退申请单的审批流程，规范完整填写逻辑修改、保护投退、模拟量参数修改的内容。此外采取以下防范措施：

（1）进一步深入开展"安全生产责任制深化落实年"活动，落实各级生产人员责任，特别是热工检修人员加强本岗位职责的学习，提升责任意识；从制度上加强对责任意识不强、工作不到位现象的督导与考核。

（2）严格执行试转联系单制度，由检修部责任单位提出设备试转单，经各专业专工审批，运行值长确认后，方可试验试转。

（3）运行值长及检修班长加强工作安全风险交底，各级人员应认真履行自己的安全职责，层层把关，做好风险预控措施。

（4）加大设备管理力度，及时处理危及机组安全稳定运行的设备缺陷，合理安排重要设备检修时间，保证设备完好可靠备用。

（5）加强设备试验过程管理，明确机组在检修和运行方式下试验的内容、范围和必要性，确定设备试验的验收级别及到岗人员。

二、 主蒸汽压力测点拆除过程中导致机组跳闸

2017 年 6 月 26 日，某电厂 1 号机组运行正常，机组负荷 542MW，主蒸汽压力为

25.20MPa。因主蒸汽压力测点拆除时操作失误导致机组跳闸。

（一）事件过程

2017 年 6 月 26 日，设备维修部热控人员根据 1 号机组性能试验要求，办理工作票后拆除热控测点。

13 时 25 分 49 秒，关闭主蒸汽压力变送器 10LBA10CP003 二次门，拆除表计，DCS 显示该点压力为 0MPa。

13 时 32 分 54 秒，关闭主蒸汽压力变送器 10LBA10CP001 二次门，压力下降过程中，压力三选模块故障报警，导致机组 CCS 退出、汽轮机主控切为主汽压力调节模式。

13 时 33 分 11 秒，测点 10LBA10CP001 压力到 0MPa，三选模块出口压力 SELPRESS 显示为 0MPa，由于汽轮机主控为主汽压力调节模式，汽轮机主控指令由 80.1％突降至 21％，高压调节门开度由 23.4％降至 4％，主蒸汽压力 25.4MPa。

13 时 33 分 30 秒，炉侧主汽压力升至 29.04MPa，锅炉出口主蒸汽压力开关动作，锅炉 MFT 动作。

（二）事件原因查找与分析

1. 直接原因

热控人员在拆除主蒸汽压力测点过程中，未认真核对测点用途，未做好信号强制等安全措施，将参与机组主蒸汽压力自动调节的 3 只测点中的 2 只拆除，导致主汽压力显示为 0MPa，造成汽轮机高压调节阀关闭、锅炉超压。

2. 间接原因

（1）热控人员在确定性能试验测点时，未做好全面评估分析，对测点拆除可能带来的风险认识不足。

（2）热控人员在确定测点拆除后，未与电厂《DCS 系统测点与保护、联锁及自动系统对应清册》和 DCS 控制逻辑进行核对、确认，测点拆除安全措施考虑不足。

（三）事件处理与防范

热控专业重新梳理、核实 1 号机组性能试验所用测点在 DCS 中的用途，制定性能试验测点拆装专项措施，履行相关审批手续，并实施以下防范措施：

（1）试验测点拆装专项措施中要明确测点名称、KKS 编码、与保护联锁及自动系统的对应关系，运行人员许可工作时加强对措施的审查和把关。

（2）在执行保护或信号强制时，严格执行热控保护和自动调节系统投退管理制度。

（3）试验测点拆除时，专业管理人员要到岗到位，做好现场监督监护。

（4）热控专业进一步完善现场仪表标识，做好保护、自动、DAS 测点的区分。

（5）加强对热工逻辑功能块的学习，掌握三选逻辑的选择剔除功能。

三、 信号强制错误造成 PM1 伺服阀指令与反馈偏差导致机组跳闸

2017 年 08 月 16 日，某燃气轮机电厂 1 号、2 号机正常运行，11 号机负荷 231MW，12 号机负荷 49MW，高压抽汽供热 12t/h、高压减温减压供热 85t/h、中压抽汽供热 130t/h；21 号机负荷 210MW，22 号机负荷 51MW，高压抽汽供热 20t/h、高压减温减压供热 58t/h、中压抽汽供热 160t/h；3 台快炉辅气备用。因 PM1 伺服阀指令与反馈偏差导致机组跳闸。

（一）事件过程

在 GE 进行"21 号燃气轮机 autotune 退出工作"期间，11 时 46 分监盘发现 21 号燃气

轮机跳闸、22 号汽轮机联跳。2 号机 Mark6 首出跳闸报警为 "G2 NOT following The reference TRIP"。立即启动 3 台快炉补充，21 号炉利用炉内蓄热维持高压减温减压供热，通知高压抽汽供热量带足 100t/h，期间热网未受影响（高压供热压力最低下降至 4.4MPa，中压供热最低压力下降至 2.2MPa）。

12 时 9 分 21 秒，21 号燃气轮机盘车正常投入（惰走 23min）。

12 时 56 分，22 号汽轮机盘车正常投入（惰走 56min）。经检修查明，跳机原因为 GE 人员在 "21 号燃气轮机 autotune 退出工作" 中强制 fsrg 2 out 输出指令，导致燃气轮机 PM1 反馈指令偏差大跳机。

消除故障后，15 时 10 分经调度同意启动 21 号燃气轮机。

15 时 50 分，经调度同意后 21 号燃气轮机发电机并网。

16 时 6 分，22 号汽轮机冲转。

16 时 31 分，经调度同意后 22 号汽轮机并网。

（二）事件原因查找与分析

1. 直接原因

GE 工程师未按照试验内容工作，在机组运行时强制 PM1 伺服阀指令。造成 21 号机 PM1 伺服阀指令与反馈偏差大于 4%，触发 "G2 NOT FOLLOW REFERENCE TRIP" 跳机保护。

2. 间接原因

由于近期 21 号燃气轮机伺服阀指令频繁晃动，为排查原因，根据 GE 建议进行在线 AUTOTUNE 退出试验，以观察伺服阀指令晃动是否与 AUTOTUNE 有关。

按照原试验方案，机组运行时只需进行 L43MBCOFF_PB 的投退。但执行过程中，GE 工程师未按照试验内容实施，超范围强制 PM1 指令 fsrg1out，致使 PM1 调节阀反馈被锁住。此时控制器输出的 PM1 指令在增加，当该指令与调节阀反馈偏差大于 4% 时，延时 5s，触发保护动作，燃气轮机跳闸。

（三）事件处理与防范

针对本次事件，电厂进一步细化了以下技术措施：

（1）由第三方单位承接的各项检修试验工作，在开工前，电厂应要求第三方单位提供相关检修试验方案，内容需包括详细的操作步骤、可能造成的危险源和预控措施，并由电厂执行相关审批手续后，在电厂相关人员的监护下才能进行检修试验工作，且工作内容必须与方案内容一致。

（2）开工前，电厂相关监护人员，应对厂家进行的工作逐条核对，监督厂家严格按照方案内容进行，对超出方案内容的工作应及时制止。

四、汽轮机 ATT 试验时因参数设置不当造成被控参数波动大跳闸机组

2017 年 6 月 21 日，某电厂 2 号机组负荷为 201MW，协调控制方式运行，C/D 磨煤机、6 大风机、A/B 汽动给水泵运行，电动给水泵备用，总燃料量为 81.7t/h，主蒸汽压力为 11.2MPa，再热蒸汽压力为 3.2MPa，炉膛负压为 -111Pa，根据定期工作计划，进行 2 号机组 ATT 试验。ATT 试验过程，发生主参数波动大导致机组跳闸。

（一）事件过程

9 时 1 分 7 秒，试验开始，第一组阀门（1 号主汽门、1、3 号高压调节门）执行 ATT

试验程序。1号高压调节门自33％关闭，2号高压调节门同时开启至全开。1号主汽门，1、3号高压调节门全开全关试验正常。9时4分34秒，第一组阀门试验成功。期间主汽压力最高波动至11.8MPa，汽包水位波动范围为－75～188mm，负荷波动范围为148～228MW。

9时5分48秒，自动执行第二组阀门（2主汽门，2、4号高压调节门）执行ATT试验程序。因参数波动大，手动退出ATT试验子组。期间主汽压力波动范围为11.4～12.27MPa，负荷波动范围为123～203MW，汽包水位波动范围为－82～－171mm。

9时8分41秒，汽包水位快速上升，将A汽动给水泵最小流量再循环调节阀切至手动并人为打开。9时9分34秒，汽包水位达到保护动作值（203mm），触发水位高高MFT保护。

（二）事件原因查找与分析

ATT试验阀门动作过程中，阀门开关匹配特性差，造成机组参数幅度波动（2号机组DEH改造后出现了抗燃油管道振动大缺陷，为降低抗燃油管道振动，此前热控人员会同DCS厂家对负荷控制器参数进行过修改）。

汽轮机高压调节阀恢复开启过程中，主汽压降低，造成汽包虚假高水位；由于给水自动调节性能不能满足控制要求，同时运行人员未能及时进行有效干预，导致汽包水位快速上升，引起汽包水位高高保护输出，触发MFT动作。

（三）事件处理与防范

优化机组ATT试验方式和负荷控制器参数，避免参数大幅波动，同时采取以下措施：

（1）加强技术管理，分析汽轮机控制系统改造后调节特性的变化，进一步优化给水调节系统性能。

（2）规范运行人员操作，重大操作、重要试验前做好充分事故预想，遇到异常工况及时采取有效措施（如本次事件试验过程，当主蒸汽压力、机组负荷等重要参数波动导致汽包水位超过预警值（W警示低于－203mm或超过128mm）时，运行人员应及时停止ATT试验程序）。

（3）加强运行操作人员技术培训，提高事故处理过程中手动调整参数的能力。

第七章

发电厂热控系统可靠性管理与事故预案

随着热控系统优化工作的不断深入，发电厂热控系统可靠性有了较大的提高。但受多因素影响，近年来由于热控原因造成的机组异常或跳闸事件仍时有发生，如第二章～第六章的 2017 年故障案例很多都具有典型性，那些由于建设过程中硬件配置与控制逻辑设计上的不合理、基建施工与调试过程的不规范、运行环境要求与日常巡检的不满足、检修维护过程中执行规程要求的不严格等原因，带来热控设备与控制系统中隐存的后天缺陷（设备自身故障定为先天缺陷），造成机组非停事件的案例，除本书中提及外，诸如以下所述故障，本都可避免：

（1）设备故障引起：如传感器周围的环境温度高造成传感器提前老化损坏、检修中更换的传感器量程与要求量程不符造成显示数据失常、同参数冗余传感器灵敏度不一致导致测量信号间偏差大于保护设定值（某机组给水泵转速信号测量，转速快速变化时转速测量值偏差超过 100r/min 而误判 3 个转速值为坏点）、选型设备自身稳定性或耐高温性能差或抗干扰能力差造成信号失常导致机组跳闸、单配置汽动给水泵出口电动门因控制主板故障自动关导致省煤器流量低跳机、高压加热器出口电动门误关闭且未能联锁打开旁路门（关反馈信号未发出）而导致给水断水停机。

（2）安装引起：安装过程未按照制造厂家规定要求安装或安装不规范引起。如某机组启动后振动值显示为 0μm（停机检查发现传感器安装不到位，传感器距金属体而不是轴承的距离较近，产生的电压被误认为是传感器到轴承的间隙电压）、某机组 1 号轴承显示值偏高且波动（检查发现轴承传感器固定支架太短，造成传感器与侧面间隙过小达不到安装要求的 34mm，导致传感器产生的磁场受到侧面金属壁影响而使测量值偏大）、某机组汽动给水泵转速由 2917r/min 跳变为 4630r/min。停机后检查发现由于传感器支架固定不牢固导致磁阻式转速探头测量间隙接近 2mm，与厂家要求的 1mm±0.1mm 相去甚远，导致转速信号跳变失真。

（3）接线和接头连接松动、接触不良引起：如航空插头松动和航空插头虚焊、探头延伸电缆连接头处防护不好氧化、靠近高温油且采用自黏胶带密封接头松动、接头内含有杂质（前置器安装位置振动大使接头松动，且出缸接头密封不好漏油，造成油污染使接头内含有杂质）；就地和机柜接线端子松动或接线端子氧化。

（4）接地及电缆防护不规范：如某机组 6Y 向振动探头延伸电缆绝缘下降且 COM 端与励磁端挡油盖短路导致试验时振动信号跳变（励磁试验时，励端轴电压加到挡油盖上时，谐波信号通过 COM 端干扰 6Y 振动信号，进而引起 1～7 瓦 14 个振动信号同时跳变导致机

229

组跳闸）。某机组 TSI 接地与 APS 电源地、UPS 电源地、原旁路系统电源地、脱硝系统机柜接地、电气系统 ECS 机柜接地，共 19 根接地线共同接到同一个接地汇流板上且某机组 TSI 机柜接地不良（导致信号电缆屏蔽层未能起到屏蔽的作用，使电磁干扰通过电缆耦合，引起轴振信号频繁中断）。某机组转速信号电缆屏蔽层在现场接线盒内和电子室机柜内都接地（形成两点接地，干扰信号串入使转速信号显示无规律间歇跳动，直至机组跳闸）。

（5）硬件配置及保护逻辑不合理：某机组超速保护继电器设计为常带电形式（因电压失去或不足而复位，误发超速保护信号机组跳闸）。某机组保护信号三取二逻辑但仅信号 1 发出机组跳闸（经查信号 2 曾发出跳闸信号但未及时复位，因单个信号发出但未设计大屏报警，画面显示报警没有引起注意）。

（6）环境干扰：其故障主要来自电磁干扰与运行环境干扰。如某机组 8Y 振动画面显示坏点持续时间 30s 后自动恢复正常（查看汽轮机各轴承振动正常，8Y 振动位于低压缸与发电机励磁侧，受励磁干扰）。某机组 1X 方向振动在 0 与 217μm 间跳变（就地检查探头电阻 10.18Ω，接头和前置器也均正常，但间隙电压为 -2.5V，调停检查发现探头被油泥覆盖）。

（7）电源问题：如某机组超速保护装置供电回路上的二极管实际容量设计不足（电源回路的端子开路，引起 L+B 回路失电，供电回路上的二极管实际容量不足，造成回路过载运行使二极管发热击穿，电源输出端无电压导致机组跳闸）。某机组 MTSI 脉冲宽调制芯片供电电容老化（电源故障报警 MFT 动作，经检测是故障电源模块脉冲宽调制芯片供电电电容老化，一路 UPS 电源故障把本路电源模块烧毁后，由于另外一路模块老化造成带负载能力下降，负荷的瞬间上升把该路模块烧毁，最终芯片供电不足无法正常运行，MTSI 机柜失电 MFT 动作）。某机组 MTSI 系统电源接线回路接线松动接触不良（电气保安电源失电时，MTSI 系统 UPS 电源由于接线松动使 MTSI 机柜电源失电，误发转速故障信号导致给水泵汽轮机跳闸）。

（8）人为因素造成的故障：如拉开关跑错间隔、拉电源跳错机组、错停设备、错关阀门；某机组轴振保护 1 个月前一信号误发未复位，导致运行中另一信号误发时跳闸（逻辑为二信号相与）；某厂氢气冷却器冷却水调节门因卫生清扫人员误碰关闭，导致最终因氢气温度过高跳机等。

以上案例充分暴露了工作流程存在疏漏，人员安全意识弱、专业素质差、工作不细心的问题，从中进一步验证，提高热控系统可靠性，除了硬件质量、软件有效性外，还须提高设计配置、检修试验、维护巡检、现场监护以及运行人员操作的有效性及责任性，同时促使热控专业人员不断进取，管控好细节。因此加强人员素质的培训，严格按照热控自动化系统检修运行规程进行维护，提高检修运行维护的质量，尤其要完善热工保护试验制度、联锁投退制度，减少因为人为原因造成的监视与保护系统的故障，是电厂管理工作之重。

可靠性理论认为，有"故障"是绝对的，但故障与事故之间并不是必然关系，对故障也不是没有防范措施，关键是如何尽早检测、发现潜在故障，然后软化、控制和排除故障，以降低故障后果。本章节总结了前述章节故障案例的统计分析结论，摘录了一些专业人员发表的论文中提出的经验与教训，进一步探讨了减少发电厂因热控专业原因引起机组运行故障的措施，提出了一些具体操作指导方法，供检修维护中参考实施，提升机组热控系统的可靠性。

第一节 控制系统故障预防与对策

图 7-1 为 2017 年控制系统包括 PLC 及其他辅控系统故障的分析图。由于 2017 年度的案例，将非热控责任，但如果组态软件更合理，则可以有效缩小故障范围或避免事故扩大的案例也列入组态软件部分，因此 2017 年的组态软件的案例比 2016 年上升较多。目的是为大家提供更多的可借鉴的经验。

热控系统的可靠性提升，应该是一项综合性、系统性工作。不仅要关心有考核指标的事故案例，也应关注有可能整体提高电厂的运行优化及可靠性的案例。需要进行改造升级的系统应果断的及时改造，不需要改造升级或近期计划无法安排升级改造的设备，应认真规划日常维护计划，参考往年其他兄弟电厂的案例和经验，提前实施相应的预控防范措施，以减少热控系统故障发生的概率，保证机组的安全可靠运行。

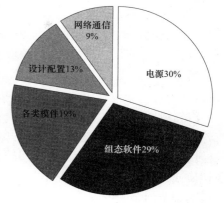

图 7-1　2017 年控制系统故障分析

一、 电源系统预控

电源系统不但需要日夜不停地连续运行，还要经受环境条件变化，供电和负载冲击等考验。运行中往往不能检修，或只能从事简单的维护，这一切都使得电源系统的可靠性变得十分重要。

影响电源系统可靠性的因素来自多方面，如电源系统供电配置及切换装置性能、电源系统设计、电源装置硬件质量、电源系统连接和检修维护等，都可能引起电源系统工作异常而导致控制系统运行故障。本节根据 2017 年情况，结合《发电厂热工故障分析处理与预控措施（2016 年专辑）》第 7 章第一节内容，提出以下预控措施。

1. 电源的配置

当 DCS 采用一路 UPS、一路保安段电源供电时，应将 UPS 电源作为主供电源进行配置；公用控制系统的供电电源应取自相关单元机组的 UPS 电源，同时采用两台机组的 UPS 电源互为备用，以避免单元机组电源对公用系统的可靠控制造成的整体影响。

DCS 系统操作员站工作主电源应分散，当没有冗余切换装置供电时，应将冗余服务器及对应的操作台分别用两路电源供电；有切换装置时，应格外关注路由器在切换时工作状态（路由器对切换时间要求较高），同时将操作员站分成二部分，分别采用不同路电源供电，避免在双路电源发生切换时造成所有操作员站异常。

一些重要控制系统机柜的风扇、电磁阀等设备的电源，在设计时直接从本机柜的总电源中取电，虽然有的设计了独立的空气断路器，但在风扇故障、电磁阀线圈短路或接地情况下，电流瞬间增大，仍有可能引发越级跳闸导致整个机柜失电。例如，火焰检测机柜、TSI 机柜、DCS 主控制器机柜的风扇电源，给水泵汽轮机控制柜中的速关电磁阀、挂闸电磁阀等电源。按照 DL/T 261《火力发电厂热工自动化系统可靠性评估技术导则》中的规定，"所有热控电源应专用，不得用于其他用途。严禁非控制系统用电设备与控制系统的电源相连接"，因此应将风扇、电磁阀的电源从机柜电源中独立出来，可以考虑从热控电源柜中取电，不建议从 DCS 电源柜中取电。

执行机构动力电源，如给煤机、风机进出口风门等除应设置双路电源外，还应从电源的配置上加以分散，如对各给煤机电源分段供电，热力系统中的执行机构依据系统分侧布置时，应分侧采取独立的供电电源，降低电源异常时的影响范围。

汽轮机危急保安系统中，建议取消跳闸电磁阀供电电源切换装置，将两路电源分别进行交叉布置（即 1、2 号跳闸电磁阀采用一路电源，3、4 号跳闸电磁阀采用另外一路电源进行供电），防止双路电源切换不成功，导致跳闸电磁阀瞬时失电，引起汽轮机跳闸。

汽轮机阀门控制卡电源模块除需定期试验和更换外，应对供电模块供电方式进行调整。汽轮机阀门控制卡电源模块通常为冗余配置，经切换或高选后驱动各阀门控制卡。但主电源模块故障时，可能导致所有阀门控制卡工作异常，引起所有调节门关闭。宜取消双路电源切换或选择功能，按照双侧进汽方式分别对相关阀门控制卡供电，降低由于电源故障导致两侧调节门全关的安全风险。

对分路电源应做到全面监视，在单路电源故障时，能及时报警以快速排除电源隐患。检修中安排检查、试验就地热工控制柜及外围辅控系统的冗余控制电源功能，评估电源配置的合理性。

2. 切换装置性能

在实际运行过程中，由于 UPS 电源和厂用电电源存在切换的需求，因此电源切换装置的可靠性显得尤其重要。如切换装置采用电子切换的方式大多可以满足切换时间的要求，但如果采用机械切换时则应认真检查切换时间的限值，并应进行有效性测试。通常采用切换电流较小的装置，较小的切换电流则意味着较小的切换时间（如有疑问应询问厂家切换用的继电器、接触器的型号，并检查切换特行曲线，确定是否满足要求）。

电源相关切换试验，不应仅仅满足《防止电力生产事故的二十五项重点要求》"采用断电的形式对电源切换功能进行试验"，而应在接近故障时可能发生的最差工况下进行，模拟电源下降过程的电源切换动作点进行试验，通过对切换电压与系统供电电源需求进行比对，确保切换电压大于系统设备运行需求的电压下限，以保证故障情况下电源切换时热控设备的正常工作。否则，尽管机组停运时，通过断电形式进行的电源切换功能正常，但一旦故障情况下发生电源切换，仍有可能因电源切换问题导致相关设备不能正常工作。

3. 电源的寿命管理

系统电源性能是厂家为用户配置电源的品质，近些年 DCS 多采用 24V DC 电源模块为 DCS 供电，电源模块的品质相差较大，一般每个厂家都有多种型号的电源模块可以进行配置，应选用无故障工作时间较长的型号。通常电源模块的寿命要小于 DCS 控制器和 I/O 模件，因此应记录电源的使用年限，宜在 5～8 年进行更换，最长不要超过 10 年。

检修中，应安排就地热工控制柜及外围辅控系统的冗余控制电源功能的检查、试验及可靠性评估。

二、 热控系统逻辑问题与优化

目前普遍存在重视保护逻辑的设计审查但疏于联锁逻辑审查。联锁逻辑数量庞杂，小隐患不易被发现。近几年，因为小联锁设置不当引发的联锁反应，最终导致事故扩大的情况时有发生，因此应重视小联锁逻辑的梳理排查。本书根据 2017 年情况，增加以下预控措施供参考。

1. 四段抽汽至除氧器电动门联锁逻辑的优化

有的机组设计有"实发功率低于某一限值联锁关闭抽汽至汽动给水泵电动门"的联锁逻辑，其目的主要是避免机组并网初期四抽压力过低时给水泵汽轮机用汽品质无法保证，影响给水泵汽轮机的正常运行的问题。但并没有考虑到如果功率信号故障情况下，可能会导致抽汽至汽动给水泵电动门的误关，引发给水断水跳机。如果在抽汽至汽动给水泵电动门的开允许条件中设置功率限制条件，即可避免在给水泵汽轮机品质不合格情况下使用抽汽供汽的情况发生。因此设置"实发功率低于某一限值联锁关闭抽汽至汽动给水泵电动门"逻辑的必要性不大，可考虑取消此逻辑。

2. 功率信号故障预防

功率信号故障引起的事件，大致有两种：功率变送器虽然独立但其变送器电源不独立（当电源故障或误断电时，造成两个以上功率信号故障，从而导致机组异常或跳机）、功率信号电缆或卡件不独立（当出现电缆信号干扰或卡件故障时，容易造成功率信号失真导致机组异常或跳机）。

因此，热控专业应和继保专业合作，对 DCS 系统功率信号进行深入排查，先消除以上两种隐患，确保全程独立。另外，不管是送协调侧还是 DEH 侧，当 DCS 系统功率信号任一点触发坏质量时均应引入大屏作为二级报警，给运行人员以明显提示，便于及时处理。

3. 继电器故障预防

热工继电器故障一般不易提前发现，往往只在动作时才会被发现。某厂进行火焰检测冷却风机定期切换试验时，备用冷却风机远方无法启动。经检查发现原因是继电器通道故障导致。如不是定期试验发现了这一故障，运行中运行风机跳闸时，将会因火焰检测冷却风机全停信号导致 MFT。

热工专业重视测量与控制仪表的周期检验，但对继电器的动作可靠性检测比较忽视，只有少数电厂在大修周期进行，而且检测范围一般只限 MFT、ETS 等主保护继电器；重要辅机指令继电器的性能检测通常都未进行，只是随系统传动试验时观察是否动作。随着机组运行年限增长，考虑到继电器性能会跟随下降，应逐步开展继电器性能检测，并扩大范围至 METS、汽轮机润滑油泵、顶轴油泵、EH 油泵、定冷泵、火焰检测冷却风机等重要辅机的指令继电器。

4. 汽轮机试验阀块引发的故障预控

因汽轮机保护试验阀块维护不当，导致机组非停事故近几年时有发生，多数发生在单入双出串并联结构的汽轮机保护试验阀块上。如某厂润滑油压低保护试验阀块入口取样管锁母松动，导致润滑油压低保护误动（见图 7-2）；某机组真空保护误动原因是取样管路堵塞造成，堵塞原因经查为机组检修校验压力开关时，未及时封堵取样管路口造成异物进入，加上压力开关 2、3 送上位机的信号通道接反，导致一通道取样管路堵塞触发了保护误动（基建遗留错误，机组保护传动试验一直采用就地接线盒短接或解线的方式进行，以致未发现基建以来一直存在的这一隐患）。

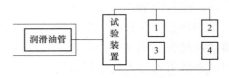

图 7-2 试验阀块示意图

为消除汽轮机试验阀块类似故障，在检修维护中的采取以下防范措施：

（1）对试验阀块上所有锁母接头进行紧固检查（尤其是 EH 油等运行中存在振动情况的取样管路）。

（2）表计拆除后，及时对取样管路采用专用金属堵头进行可靠封堵，避免检修人员误碰导致布头、塑料布等封堵物脱落。热电阻、热电偶拆除后，及时封堵套管口，避免异物落入导致测量失准。

（3）保护传动试验以物理方式进行。汽轮机保护试验（包括试验阀块的传动试验）应在检修后机组启动前，通过实际传动试验对电磁阀进行验证；在机组正常运行期间，不建议进行汽轮机保护试验阀块的传动试验，以免造成保护误动。

（4）将单入双出式试验阀块改为双入双出且通道之间独立的试验阀块（或取消试验阀块）。

5. 高压加热器旁路电动门逻辑优化

机组高压加热器系统通常设计有"高压加热器入口三通阀加高压加热器出口阀"和"高压加热器出、入口阀加高压加热器旁路阀"两种形式。各个阀门之间的联锁设计应仔细

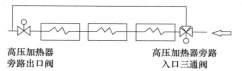

高压加热器
旁路出口阀

高压加热器旁路
入口三通阀

图 7-3　高压加热器系统示意图

斟酌。以第一种形式为例，高压加热器入口三通阀打开时给水走主路，高压加热器入口三通阀关闭时给水走旁路（见图 7-3）。有的机组未设计"高压加热器出口阀关闭联锁关闭高压加热器入口三通阀"的逻辑。当高压加热器出口电动门误关，高压加热器入口三通阀不能及时关闭即会导致给水中断跳机。

高压加热器出口阀的状态表征也很关键。某厂出现因高压加热器出口电动阀故障关闭，但关反馈未发出，没能及时触发高压加热器入口三通阀关闭逻辑，导致断水跳机。

因此可以通过增加开反馈取非条件来提高高压加热器出口阀关状态表征的可信性。但采用"与"逻辑还是"或"逻辑，需要根据实际情况进行分析。如果采用与逻辑，可防止高压加热器入口三通阀误联关，但高压加热器出口阀反馈任一个故障，即会导致高压加热器入口三通阀联锁关闭拒动，给水有中断风险。如果采用或逻辑，即关反馈或开反馈取非，虽然高压加热器入口三通阀误联关可能性大，但即使误关闭，给水仍可通过旁路管道供水，联锁误发造成的影响远小于联锁拒动。因此建议采用高压加热器出口阀关反馈或开反馈取非，联锁关闭高压加热器入口三通阀的逻辑设计。

6. 重要辅机启动允许逻辑的优化

辅机启动允许条件，基本是根据生产厂家要求设计，因此常容易被忽视，而生产厂家往往在保护本机方面考虑得较多，对整个系统的影响则考虑不足。实际上，启动允许条件设置不当或限制条件过多，往往可能导致事故紧急情况下，备用辅机无法启动而导致事故扩大。例如，许多辅机都设置有电机绕组温度不高、轴承温度不高、振动不高等启动允许条件。在备用辅机停运情况下，绕组温度、轴承温度、振动值等参数不可能高，除非信号误报。而信号误报将导致备用辅机失去备用功能。某厂曾发生过因循环水泵轴承温度接线松动，触发启动允许条件闭锁，导致备用循环水泵自动退出备用状态。因此这些不必要的闭锁条件可通过优化予以剔除。

另外，允许条件的设置还应权衡本机损失和系统损失，如果辅机强启可避免系统损失扩大，则应尽量放宽辅机启动允许条件。例如，汽轮机润滑油泵、EH 油泵、定子冷却水

泵、风机润滑油泵等。

就地存在二次控制回路的辅机，应重视对二次控制回路的梳理，保证其就地二次回路逻辑与 DCS 系统逻辑一致。以某厂 EH 油泵为例，DCS 逻辑中无 EH 油泵跳闸条件，但就地二次回路中，当 EH 油温低于 20℃ 或油位低三值，会切断油泵启动自保持回路，导致油泵跳闸。综合考虑下，电气专业将就地二次控制回路中 EH 油温低、油位低跳闸回路取消，并取消了油温低禁止启动回路。

7. 自动解除条件的逻辑优化

有些单回路小自动的切除条件和报警设置容易被忽略，若运行人员发现不及时，容易引发事故。例如，发电机氢冷却器进水调节阀、发电机定子水冷却器进水调节阀、汽轮机润滑油冷却器进水调节阀、给水泵汽轮机 A/B 冷油器进水调节阀等，当调节门故障或卡涩情况下，调节门指令与反馈长时间偏差大，若不能及时发出报警并切除自动，且运行人员未及时发现，就可能发生积分饱和、被冷却对象严重超温等情况。另外，除氧器上水调节门，高、低压加热器水位调节阀等出现故障情况时，若发现不及时，均可能造成水位超限引发辅机退备或跳机。因此，建议重要执行机构应设计指令与反馈偏差大报警或解除相关自动的逻辑。

8. 炉水循环泵联锁逻辑优化

炉水循环泵是超临界直流炉干湿态转换的关键辅机，一旦发生故障会直接影响机组启动和滑停。由于其为内置式电动机，在干态情况下启动极易导致电动机损坏。炉水循环泵联锁启动条件，一般设为"机组实际出力小于某功率值触发联启指令"。某厂曾因功率信号故障导致炉水循环泵干态情况下异常启动，造成炉水循环泵损坏。为避免此类情况发生，应通过增加辅助条件提高功率信号的表征可靠性（以超临界 600MW 直流炉为例，可将炉水循环泵联锁启动条件修改为"机组实际出力小于 240MW，同时汽轮机调节级压力小于 8MPa，延时 10s"）。

9. 备用辅机单点联锁逻辑的优化

热控专业针对单点保护的优化已做了很多工作，但针对重要辅机单点联锁的优化关注则较少，实际上一些关键备用辅机不能及时联锁启动的话，同样会引发设备异常、机组非停等事故，例如给水泵汽轮机润滑油泵、定子冷却水泵、EH 油泵、火焰检测冷却风机、6 大风机油站油泵等。传统的逻辑设置一般为运行辅机事故跳闸联锁启动备用辅机，或者运行辅机停反馈信号发出联锁启动备用辅机。但是当运行人员误发停指令情况下运行辅机事故跳闸，或当运行辅机停反馈信号故障情况下，都不能触发联启备用辅机，存在引发 RB 或非停的可能。

综合考虑，如果备用辅机误启动的危害小于备用辅机拒动的危害，可将备用辅机的联启条件修改为"运行辅机事故跳闸、运行辅机停状态发出、运行辅机启反馈消失任一条件满足联启备用辅机"。

另外，有些联锁条件采用调节型执行机构的反馈信号与定值比较后触发方式。如果模拟量反馈信号出现故障或干扰跳变，极易造成联锁的误发或拒动。例如，高旁减温水隔离阀联开条件为高旁减温水调节阀反馈大于 5%，可以考虑采用高旁减温水调节阀指令大于 5% 替代。

10. 等离子冷却水泵联锁逻辑优化

等离子冷却水泵是保护等离子系统不超温的关键设备。等离子冷却水压力一旦低于保护值会立即出发等离子跳闸保护。某厂等离子系统设置有两台等离子冷却水泵，互为备用，等离子系统自带一套 PLC 控制系统，DCS 指令通过 PLC 控制就地设备。后电气专业在等离子冷却水泵改造中，取消了等离子冷却水泵互为备用硬联锁回路。在一次机组启动过程中，由于电气开关倒闸失败，造成等离子冷却水泵跳闸，虽然备用等离子冷却水泵联启成功，但冷却水压力仍低于保护值导致等离子跳闸，锅炉 MFT。通过外接录波仪重新试验发现，从运行泵停反馈返回到备用泵接受到联启指令的时间长达 3s，原因为信号经过 PLC 通信传输后，信号反应时间延长导致备用泵联启不及时。将等离子冷却水泵指令及状态直接连接 DCS 系统后，联启时间缩短至 1s 以内，等离子冷却水泵备用联锁功能恢复正常。同时由电气专业恢复了被取消的等离子冷却水泵电气硬回路联锁功能。此外需要注意两点：

（1）润滑油泵、EH 油泵、定子冷却水泵等关键辅机，宜设置电气硬回路联锁，以缩短备用泵联启时间及避免在控制系统失灵情况下联启失败。

（2）利用检修机会，对给水泵汽轮机润滑油泵、EH 油泵、等离子冷却水泵等辅机联锁进行带负荷联动试验，以检验系统的保压能力和备用联启时间满足运行要求。

三、 热控功能优化与完善

在 2017 年事故案例中我们将大量的与组态优化相关的案例列入本书的第三章第五节

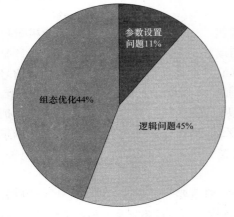

图 7-4　组态软件问题分析图

中，其实与优化相关的案例也不仅仅在这一章节，其他一些案例也有与优化相关的。这些案例有部分属于其他专业考核的事件。从图 7-4 可以看到有 45％的组态案例与控制优化相关。

在机组试运行阶段，已经完成大量的系统自动化的调试和整定工作，但是这些自动化协调控制是按照规定的场景来完成的，而在日常的运行过程中，经常会遇到一些特殊工况，导致自动化协调控制失调的现象。如第三章第五节案例二和案例三，就是明显的案例。在日常工作中经常会遇到类似的情况发生，但由于没有酿成事故，则没有收录到本书中。因此针对特定机组的经常性的完善调节功能，优化协调控制是十分必需的。

1. 重要控制操作面板操作限值优化

在 DCS 系统画面组态设计中，为防止运行人员误操作，操作面板一般均设置为两级操作，但自动画面操作面板的输入限值一般默认为最大量程值。正常情况下，运行人员通过键盘输入数值，经确认无误后点击确认键，将指令发出。但是在紧急情况下或运行人员习惯性点击确认，极容易发生输入错误值后直接确认发出指令。某厂在机组启动初期，引风机并列操作过程中，运行人员在输入炉膛负压自动目标值时，将－100Pa 错误的输入为－1000Pa，未经核对直接确认发出指令，炉膛负压发生剧烈扰动，后续处理不当导致锅炉 MFT。

宜在重要自动控制系统的操作面板的输入逻辑中，增加一定的限制值。当面板输入框中输入超限值时，自动闭锁指令确认键，防止因误操作导致指令输出超限。例如，将炉膛负压设定值限制在－300～300Pa 之间。

2. 自动调节系统控制功能完善

尚未完善的自动调节系统中在异常工况下的手/自动切除、报警功能是自动调节系统重要的安全手段。该功能保证在自动调节系统发生调节偏差大、执行机构偏差大等异常时，及时退出自动控制。但在自动调节系统切除后，应更加注重相关报警显示，在控制参数手动调整时期，应避免机组运行工况恶化。在恢复自动控制后，应将相关工况记录下来，作为下一阶段完善自动调节功能的任务。在汽轮机调节阀检修、锅炉系统改造、控制系统改造等工作后，建议开展自动调节系统动态试验，在控制对象或执行机构调节特性发生变化时，通过定值扰动、变负荷等试验，对比例、积分、微分、前馈系数等控制参数进行重新验证，若控制功能异常时，需重新整定相关控制参数，提高自动调节系统的控制品质。

3. 优化机网协调控制

汽轮机调速系统是发电机组热力系统参与机网协调控制的纽带，机网协调控制总体分为机组并网前的转速控制和并网后的负荷控制两个阶段。相应的，发电机组应做好机组解列后的超速控制（OPC）和并网后的甩负荷控制。

完善线路开关"偷跳"后的控制。部分机组具备 OPC 控制功能，即汽轮机转速大于 3090r/min 后快速关闭汽轮机进汽调节阀，抑制发电机组的飞升转速。通常，构成 OPC 触发条件包括转速大于 3090r/min 和发电机组解列。当前，需重点关注的问题是，发电机组在外部线路跳闸后，OPC 功能正常投用的问题。需增加对机组有功功率快速衰减的判断，并将之等效为发电机解列，从而使 OPC 功能快速动作，防止汽轮机超速。对于配置零功率切机保护的机组，可增加 DEH 系统与零功率保护装置的信号交接，将电气零功率切机保护中识别出的零功率切机判据传递给 DEH 系统，协同 OPC 控制与电气零功率切机保护，快速参与电气线路开关"偷跳"时发电机组的转速控制。该等效信号可进一步应用于旁路系统、汽水系统、风烟系统、制粉系统等控制中，协调机组热力系统的控制，保障机组安全运行。对于没有 OPC 功能的机组，零功率信号是 DEH 系统从负荷调节模式转换为转速控制模式的重要参数，否则，DEH 系统不能快速转换控制模式，汽轮机进汽阀不能快速关闭，将危及机组安全运行。

完善机组机械功率与电负荷不平衡时的控制。甩负荷控制大体分为中压调节阀快关和高压调节阀调节两种。前者通过判断中低压缸连通管压力（表征汽轮机机械功率）与电功率差值（通常设置为 30％额定负荷），快速关闭中压调节阀，瞬时中断中低压缸进汽，平衡机组机械功能与电功率，快速应对线路甩负荷或发电机单相接地故障。但部分机组取消了此项功能，在此工况下，汽轮机调速系统不能快速动作，机组只能通过超速、汽包水位、主汽压力等热力参数保护进行控制，时效性较差。相关机组在此种工况下，机网协调控制实际上是缺失的，不能快速有效参与协调控制，应对 CIV 功能进行深入探讨，在确保机组安全的前提下，完善瞬时甩负荷功能。

进一步完善甩负荷控制逻辑。西门子 600、1000MW 等级机组 DEH 系统均具备甩负荷功能。如西门子公司 1000MW 超超临界机组 DEH 逻辑中甩负荷识别模件 LAW 能通过识别有功功率的衰减速率判断机组运行状态，进行短时甩负荷控制或转速控制。控制逻辑把甩负荷分为两个阶段，第一阶段是瞬时负荷中断 KU（所谓的短甩负荷），机组的功率信号出现两种情况，即可认为机组发生瞬时负荷中断 KU：

（1）瞬时降低的负荷量超过甩负荷识别极限值 GPLSP（约为 70％）728MW。

（2）机组出力较低，此时瞬时降低的负荷量可能不会超过 GPLSP（728MW），但同时满足以下 4 个条件：

1）发电机出口开关和主变高压侧开关闭合（正常运行时 GLSE＝1）。

2）实际负荷低于两倍厂用电负荷的限值 GP2EB（104MW）。

3）实际负荷高于逆功率值 GPNEG（－26MW）。

4）有效负荷设定值 PSW 与实际负荷 PEL 的差值大于两倍厂用电负荷的限值 GP2EB。

瞬时负荷中断信号 KU 发出 2s 后，机组负荷还是很低（发生 KU 的条件 2 依然满足），则发出甩负荷信号 LAW。KU 和 LAW 都送至转速/负荷调节器 NPR，另外 LAW 还送至转速设定模块。

但在实际运行过程中，GPLSP、GP2EB、GPNEG 以及 KU 后延时时间仅为理论整定初始值，与机组实际运行性能不相匹配，造成在长甩功能触发后，机组不能恢复为原正常的负荷控制，造成机组逆功率跳闸。因此，相关控制参数以及长甩控制逻辑需进行优化整定，正常投用机组甩负荷功能。

第二节　环境与现场设备故障预防与对策

一、做好现场安全防护管理

1. 做好防雨防潮工作

现场安装的执行机构、接线盒以及各类变送器、压力开关等易受潮湿与沿海地区盐雾等的侵入。潮湿和盐雾会使金属元件腐蚀，并能促使形成一些电解作用。它们的另一个有害影响是会在非金属元件上形成一层表面膜，这种膜构成了漏电通道，从而使这些材料的绝缘和介电性能下降。另外，绝缘材料的吸潮会使吸潮材料的体积、导电率和损耗系数大大增加。因此，检修中要及时更换锈蚀的元器件，做好密封措施，保证元器件具有良好工作环境。

提高和改善热控设备的环境条件，就地设备接线盒（如执行机构）要求密封防雨、防潮、防腐蚀，有条件的话加装防雨罩。热控设备安装尽量远离热源、辐射、干扰；热控设备尽量安装在仪表柜内加强对热工现场设备漏水、积水防护的规划性检查，对电缆入口朝向不合理的行程开关进行位置调整或防护，消除渗漏隐患。

在大雨、大雾天气或过后，应对现场安装的热控设备进行检查、测量或试验，以便及时掌握设备状况，保障安全运行。对安装在比较潮湿、具有腐蚀性环境下的热控设备，还应适当增加测试次数。

2. 做好防寒防冻技术改造工作

加强伴热保温措施的监督管理。需对给水、蒸汽、风烟、化水等系统中就地仪表防护措施建立完善的技术台账，杜绝伴热疏漏的现象。在检修过程中，应依据伴热系统的使用情况，安排检修计划和检修项目，保证其完好性。重视仪表柜入口部位的局部保温，冬季来临前（南方地区，要密切关注气候突然降温情况）应制定伴热投退制度和巡检措施，及时投用现场仪表伴热系统，通过定点、定时的现场巡视，监督检查伴热系统的正常投用状态。要严密监视主汽压力、给水流量、汽包水位等信号的运行状态，及早发现仪表管受冻的征兆，以便迅速处理受冻的就地仪表，严防测压管路冻裂、冻堵事件发生。

开展技术改造，提升伴热系统的可靠性。通过在伴热管线上加装测温元件，实时监测仪表管实际温度，准确获取仪表管伴热保温效果。在此基础上，将检测温度运用于伴热切投自动控制，提升伴热系统自动化水平。相关信号可接入 DCS 系统，实现远程监视，提高伴热系统技术监督水平。

提升伴热系统的适应性。为了有效应对极寒天气的影响，伴热系统的设计应具备一定的裕度，以满足正常环境和偶发恶劣天气的要求。可设置多回路电伴热、蒸汽伴热措施，使伴热系统具备可调节的伴热等级，依据环境温度需要，选择适当的伴热系统投用方式。在管理工作中，建立极寒天气应急预案，制定临时性的防寒防冻措施，并储备相应的物资，提前准备实施计划。

加强伴热保温措施的维护。在日常检修过程中，应及时消除伴热带开路、短路、绝缘下降、蒸汽伴热管道锈蚀、阀门泄漏等问题，保证伴热系统的完好性。在严寒天气时，严密监视主汽压力、给水流量、汽包水位等信号的运行状态，及早发现仪表管受冻的征兆，以便迅速处理。

3. 严防粗劣性维修

检修维护过程也存在降低设备固有可靠性的可能性，特别是频繁的保养性检修维护或粗劣地检修维护所带来的过多装卸会使系统的可靠性降低。

检修维护中，检修维护人员对设备不熟悉，粗心大意或任务紧迫，放松监督，引起设备留存缺陷或隐患。

（1）装配中遗留下杂物，如热电偶、热电阻校验时，抽出元件后未及时装上盖，导致杂物进入。

（2）螺栓旋得不紧或过紧、插销未分开，如执行机构连接开口销未开口，导致运行中连接脱落；螺栓固定未放弹簧片引起接线连接处松动。

（3）元件更换不当，如测量元件在护套中插入不到位，更换设备错误。

（4）污染，TSI 传感器延伸电缆连接头未加热缩管，除引起接头松动、碰地外，接头接触点易被污染引起阻抗变化而影响测量信号准确性；火焰检测信号因传感器头部积灰影响测量灵敏度。

（5）装错或接错，串并连压力开关盒盖错，用错材料，接线错误。

因此，应有对应的技术措施预防上述错误，包括加强对外包维修人员技术水平的评价与鉴别，认真做好这类外包维修工作的验收把关工作，以降低一些技术水平低、待遇差的外包维修人员可能造成的热控设备可靠性下降的影响。

机组就地紧停操作按钮信号采用常闭接点串接进入保护回路，任一接点松动即引起保护动作。需要加强日常检查，必要时将操作按钮移至可靠的位置。

机组真空及给水泵汽轮机排汽压力测量取样回路的布置情况，确保倾斜向上，避免取样管路的 U 形布置，且取样管径应适当加大，保证凝结水流动不影响测量取样的准确性。

4. 加强信号电缆的检修维护

信号电缆外皮破损、电缆敷设不当、老化及绝缘破损、槽盒进水、电缆中间接头锈蚀、现场接线柱受潮、端子生锈等，都会诱发信号受干扰影响。接线松动（特别是刚完成的检修测点）、虚接往往导致信号跳变、失真，使信号准确性下降，产生虚假信号。电缆屏蔽问题（如多点接地、电缆外皮破损屏蔽层接触桥架、DCS 机柜不按规定要求接地等），易使模拟量信号引入外部干扰，导致模拟量控制指令产生偏差，破坏原有系统的平衡。电缆损伤有可能导致开关量指令误发，产生错误的启动/停止指令，触发联锁保护误动或辅助设备的异常启停。因此，应做好以下预防工作：

（1）做好检修后热工控制柜内接线的紧固检查、回路绝缘检查。对二次回路中涉及的电缆屏蔽、接线端子应制定定期检测、紧固制度并实施。防止航空插头松动和航空插头虚焊、探头延伸电缆连接处防护不当、靠近高温油且采用自黏胶带密封不严带来的接头松动、接头内含有杂质以及就地和机柜接线端子松动或接线端子氧化情况的发生。

（2）应尽可能避免同一端子上接入 3 个及以上信号线，以免虚接带来信号异常情况发生，如同一信号必须接多个信号线时，宜采用扩展端子，实施不了时，应采用线鼻子压接方式（但注意独根与多股信号线，应采用不同的工业标准线鼻子，如用多股线缆的线鼻子压接独股线时，易产生信号不稳定现象）。

（3）将检查接插件、电缆接线、通信电缆接头、接线规范性（松动、毛刺、信号线拆除后未及时恢复等现象）、重要系统电缆的绝缘测量等，列入机组检修的热工常规检修项目中，检修后进行抽查验收，用手松拉接线确认紧固，如发现松动等不规范问题时，扩大抽查面直至全面检查，确保消除因接线松动等而引发保护系统误动的隐患。

（4）重要保护联锁和控制电缆，汽轮机和锅炉处在高温、潮湿等恶劣环境下的热控设备电缆，在机组检修期间应进行电缆绝缘检测，记录绝缘电阻并建档，且和上次检修时所测的绝缘电阻进行比较，如有明显变化应立即查明原因，必要时应及时更换问题电缆，以减少因为电缆短路、断路而造成的热控系统误动、拒动事件的发生。

二、 执行机构故障预控措施

智能型电动执行机构虽然给操作和调试带来便捷，但其在抗干扰、耐高温、防误动等方面不如机械式电动执行机构。近几年，随着电子元器件的老化，智能型电动执行机构故障率增加，主要故障类型大致有开关反馈消失或误发、指令旋钮误碰动作、无指令误开或误关、拒动、阀位丢失或跑位，如某厂除氧器上水调节门前电动门在无指令发出的情况下自动全关而导致凝结水中断，低压加热器出口门在无指令发出情况下自动关闭（更换控制主板和计数器后恢复正常），某厂卫生清扫人员误碰关闭氢气冷却器冷却水调节门（机组最终因氢气温度过高跳机），某机组高压加热器出口电动门误关闭且关反馈信号未发出（未能联锁打开旁路门，导致给水断水停机），某机组四抽电动门误发关反馈并联锁关闭四抽供给水泵汽轮机电动门（导致汽动给水泵断汽）。其中无指令误动和开关反馈异常危害了机组的正常运行。为此，针对这些问题，结合我们的经验，研究分析后给出以下建议：

（1）关键部位的开关型电动执行机构应尽量采用机械式电动执行机构或可靠性高的电动执行机构。在高温环境下，尽量采用分体机械式电动执行机构（尤其是凝结水系统和给水系统主管道上的开关式电动门，以及四段抽汽电动门）。如果已采用了可靠性不高的智能型电动执行机构，建议将正常运行期间无操作需求且误动后会引发非停的电动门采取可靠性预防措施（如给水前置泵入口电动门、轴封冷却器出入口电动门、锅炉侧主给水电动门、除氧器上水调节门前后电动门等）。

（2）定期检查采用旋转式操作的电动执行机构的开关旋钮和远方就地切换钮的状态，确保电动执行机构的开关操作旋钮置于停止位，并采取机械方式锁位的方法杜绝误碰。

（3）若无特殊需求，可取消电动执行机构的自保持功能。这样可以防止因信号干扰等因素引发的偶发性短脉冲指令误发导致的电动门全行程误动作。但上位机驱动级相应改为长脉冲指令。

（4）根据实际运行需求，优化电动门反馈的表征逻辑（例如，采用开反馈取非与关反馈，可防止反馈信号误发导致的联锁误动；采用开反馈取非或关反馈，可防止反馈信号未及时发出导致的联锁拒动）。

（5）有条件情况下，在阀杆处可增加机械式限位开关来增加阀门反馈的可靠性（如定子冷却水调节门和氢气冷却器冷却水调节门在阀杆处增加最小开度限位块，在调节门误关闭情况下仍能保证一定的冷却水流量）。

另应根据《发电厂热工故障分析处理与预控措施（2016 年专辑）》第七章中执行机构故障应对对策，应继续做好以下工作：

梳理厂内重要或公用系统的电动和气动执行机构，应具有断电/断气/断信号保位功能，在失电、失气、失信号时，执行机构的开关状态和开度保持不变（或动作至预置的安全状态）。热控专业在设备管理过程中，应通过执行器"三失"性能实际试验，对不具备保位功能且直接影响机组安全运行的阀门定位器、执行器进行改造。重点开展调节型、开关型气动执行器的"三失"性能试验工作，依据执行器"三失"特性，合理选择执行器开、关类型，在定位器、仪用气源故障时，将气动执行器置于安全的缺省工作位置，为运行调整和检修赢得时间。电动执行器应重视重新上电时执行器状态信号的检查，防止重新上电时信号出现翻转，触发保护联锁误动作。对于出现开、关信号瞬时跳变的执行器，应及时更换执行器控制模块或在软件组态上增加延迟处理等防范措施，防止执行器状态翻转引起主要辅机设备跳闸。此外对电动门的操作保持功能进行检查，防止点动后设备单向持续动作影响机组正常运行。

检查重要阀门或挡板在失电后的状态输出情况，对失电后开反馈和关反馈均失去的设备应确认其反馈状态用于联锁逻辑完善，避免状态失去联锁其他设备误动作。

将重要阀门挡板与执行器间连杆、各类行程开关反馈连杆、执行器定位器反馈连杆、气动执行器气缸固定销、执行器底座固定螺丝等列入检修检查内容，做好防止松脱、卡涩、弯曲变形等措施。应在定期巡视检查内容中，增加重要阀门挡板与执行器连杆、各类行程开关反馈连杆、执行器定位器反馈连杆、气动执行器气缸固定销、执行器底座固定螺栓和操作按钮防人为误动措施等可靠性检查，同时提高振动较大地点设备的巡检频次。

三、　TSI 探头检修维护

与汽轮机保护相关的振动、转速、位移传感器工作环境复杂，大多安装在环境温度高、振动大、油污重的环境中，易造成传感器损坏；此类信号的强度又属于最弱一类，易受到大型或变频设备启停的谐波、雷电、励磁系统、对讲机、移动电话等设备的电磁干扰，加上原设计配置的不合理、基建安装调试过程中的不规范施工、检修维护过程中不细心等原因，常使汽轮机监视与保护系统隐存一些缺陷，如电源不冗余、控制逻辑不完善、保护信号的硬件配置不合理、电缆安装及检修维护不规范等，这给汽轮机的安全运行带来了很大的隐患，也造成了多起机组跳闸事故和设备异常事件的发生，为避免类似设备故障的再次发生，在 DL/T 261 的基础上，提出以下细化措施供改进参考：

1. 选型

（1）就地测量元件在选型过程中，应根据汽轮机厂家的运行限值、系统测量精度、现场情况选取量程、最大线性误差、温漂合适、抗干扰性能好、耐高温性能高的传感器。

（2）尽量选取传感器与延伸电缆一体化（不带中间接头）且为铠装电缆的传感器；如采用中间接头的话，安装前用丙酮或其他挥发性强的液体清洗接头，接头确保拧紧并用热缩套管进行绝缘密封处理。

（3）测量位移值时，要保证电涡流传感器的线性范围大于被测间隙的 15% 以上。

（4）对于多点保护的测量信号，应选用型号相同、量程相同、灵敏度相同的传感器。

2. 设计

（1）配备两路可靠接地的 220V AC 冗余电源，并且通过双路电源模件进行供电。各检测模件用 24V 电源，尽量采用同层监视器电源冗余及上、下层间监视器电源冗余的布置方式，实现电源无扰切换，并有失电报警输出。电源切换时间不大于 5ms，保证切换过程中各个监测回路正常无误。

（2）保证电源接通或断开瞬间，电源监视模件应具有通、断电抑制功能，不会误发信号。

（3）带保护信号应设置断线自动退出保护逻辑判断的功能；保护动作输出继电器的跳机信号，宜采用常开信号即继电器闭合跳机。

（4）超速保护信号应由每个超速保护卡件，通过单独的继电器输出保护信号至 ETS，进行三取二逻辑判断。

（5）TSI 保护动作信号，应采用冗余判别逻辑，其保护动作信号后的复归方式应设置为自动方式。

3. 安装

（1）安装前进行外观检查，无明显缺陷情况下，用万用表测量其直流阻抗应符合规定。

（2）安装位置应选择在满足测量要求的前提下，尽量避开振动大、高温区域和轴封漏汽的区域。

（3）传感器支架的自振频率应大于被测量工频 10 倍以上；当探头保护套管的长度大于 300mm，设置防止套管共振的辅助支承；保证传感器与侧面的间隙达到安装要求避免造成对传感器感应线圈的干扰；传感器支架设计和安装应使传感器垂直对准被测面表面，误差不超过 ±2°。

（4）传感器与电缆采用航空插头连接的，焊接时要用焊锡焊牢，拧紧航空插头接头，航空插头电缆出线用耐油密封胶密封牢固。

（5）轴振延伸电缆加装线码紧固在轴承外壳上，电缆敷设尽可能独立走线，避开油流冲击的路线和高电压、交流信号等可能引起的干扰，且固定和走向应不存在磨损的隐患。延伸电缆不宜用 PVC 扎带进行捆扎和固定，以防浸油扎带脆化，应采用 $1mm^2$ 的铜线进行捆扎。延伸电缆至接线盒全程应避开高温区域。

（6）严格按照厂家要求进行安装，间隙电压误差不超过 ±0.25V，磁阻式传感器间隙值误差不超过 ±0.1mm；为防止传感器在机组运行中松动，尽量采用两个锁紧螺母锁紧。

（7）为确保测量的准确性，轴向位移、差胀传感器的调试必须向机务确认转子位置，并做全行程试验，所有传感器的安装都必须做好记录，记录间隙电压和间隙值。

（8）传感器外壳应接地，发电机、励磁机的轴振和瓦振安装时，底部应垫绝缘层并用胶木螺栓固定，铠装电缆不能与外壳直接接触。

（9）前置器不与接地的金属接线盒直接接触，应浮空安装。电缆的屏蔽层应全程连通，无断层存在。屏蔽电缆的两头屏蔽层分别连接到前置器和测量仪表端子排的 COM 端，不与大地相连。TSI 机柜地线单独接入电气接地网。

4．维护

首次安装前或者检定周期到期后，应送具有检定资质的机构送检，出具正式的检验合格报告。经实验室检定合格的传感器在实际测量现场要根据 DL/T 1012《火力发电厂汽轮机监视和保护系统验收测试规程》利用真实物理量对每个测量回路进行校准。

定期检查各传感器的间隙电压和历史曲线，有信号异常及时检查处理，机组停机期间紧固各测点的套筒、螺母，偏离标准间隙电压较大的测点在条件允许的情况下，应重新安装。

假如穿缸接头密封不好，润滑油会在穿缸接头处渗漏到地面造成环境污染或者顺延延伸电缆渗入接头二造成接触不良。穿缸接头的位置尽量选择在油流冲击小的地方；穿缸接头可以采用在缸内加装向下的导流管引导润滑油回流到轴承箱内；接头密封和尾线穿出可以加工螺纹密封接头和橡胶块加密封胶进行密封，带铠装的电缆可以把穿缸部分铠装剥去，具体方法如图 7-5 所示。

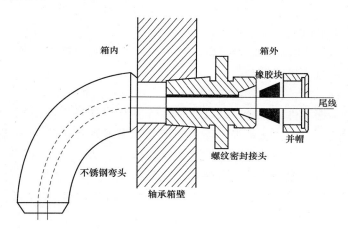

图 7-5　TSI 元件穿缸接头密封工艺图

为防止电源故障、电缆受力或振动造成接线松动隐患，应将接线端子紧固和老化的接线端子更换、电源切换试验和有劣变趋势的电源模块更换、电缆绝缘检查，列入检修常规项目。

加强日常巡检，保证设备运行安全、通风正常，定期对高温区域电缆进行测温检查。一旦出现信号扰动要做全面检查。

5．轴承振动保护设计优化

轴承振动保护原设计大多采用单点保护，这种模式下，传感器和卡件故障、信号干扰都可能造成机组误动，也违反热工保护"二取二"或者"三取二"的设计原则。下面以 epro 公司 MMS 6500 系统为例（见图 7-6）分析原设计的不合理及改进方案，为轴振保护模式的改进提供一个参考。

从图 7-6 中可以看出，某瓦轴振 X、Y 向振动传感器测量数值传输至轴振卡件，瓦振传感器测量数值传输至瓦振卡件，轴振卡件和瓦振卡件输出 4～20mA 信号至 DCS 供监视使用，输出振动信号至 TDM 供振动分析使用。卡件经过判断发出报警和危险信号，而 X 向轴振、Y 向轴振、瓦振的报警信号和危险信号通过卡件之间的环线分别输出开关量信号

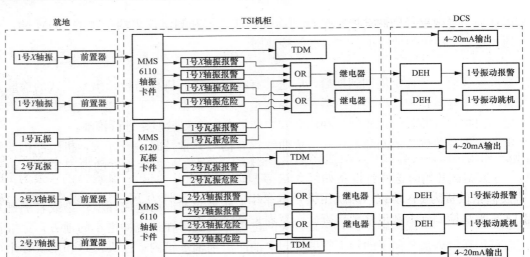

图 7-6   MMS6500 原设计轴承振动控制回路

至报警继电器和危险继电器，由继电器输出至 DEH，再由 DEH 送至 ETS 进行保护。当 X 向轴振、Y 向轴振以及瓦振任一危险报警信号发出都能使机组跳闸，单点保护并且瓦振信号参与保护易受干扰造成机组误动。

通过分析和咨询厂家，提出如图 7-7 所示的改进方案。把 $1X$ 轴振、$2X$ 轴振传感器测量信号传输至一个轴振卡件，$1Y$ 轴振、$2Y$ 轴振传感器测量信号传输至一个轴振卡件。通过加装继电器和拆除环线的方法把卡件输出的每个轴振报警和危险开关量信号都通过单独的继电器输出至 DEH。在 DEH 中进行逻辑判断，同瓦的 X（Y）向报警与 Y（X）向危险相与输出轴振跳机信号。取消瓦振信号保护，只做监视使用。同时两个保护信号取至两个不同的卡件，做到了取样点的独立，减少了卡件损坏造成的机组误动的概率。

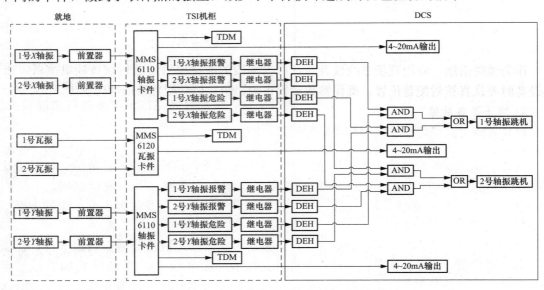

图 7-7   MMS6500 改进后轴承振动控制回路

四、 现场总线技术应用故障预防

当前火电厂应用比较多的现场总线技术是 PROFIBUS（Process Fieldbus）和 FF-H1（Foundation Fieldbus）。其中 PROFIBUS 又有 DP（Decentralized Periphery）和 PA（Process Automation）两个规约。不同的 DCS 厂家采用的总线技术主要有两种方式，DP＋PA 架构和 DP＋FF H1 架构。在设计与实施过程中，应防范以下问题发生：

1. 防止设备类型使用错误

型号用错带来系统异常（某机组测量设计为 DP 仪表，实际安装设备型号为 Modbus RTU，导致调试开始时这两台设备始终无法与 DCS 实现正常通信）；某设计的仪表为 FF H1 协议但错供货为 PA 协议（某机组循环水泵出入口压力设计为 FF H1 协议变送器，调试时 DCS 无法检测到参数但就地检查变送器表头有数值显示）。

作为预防措施，安装时应认真核对设备类型和通信协议，防止错用带来系统异常。

2. 防止设备参数设置不当

设备参数设置不当，引起使用不当，导致系统工作不正常是一种常见故障，如：

某机组汽轮机闭式泵入口电动门使用瑞基产品，调试完成后重新修改该网段的波特率时造成电动门突然失去通信。经电动门进行断电、上电后通信恢复正常，原因是瑞基电动门在修改波特率后必须断电、上电进行重启才能正常使用。

某锅炉密封风机进口调节门采用 EMG 品牌，DCS 虽检测到该设备但无法控制，原因是该类型设备采用调节型时，其中"自动方式"必须设置为"1"但未设置"1"。修改该设置并下装控制器后问题解决。

某总线型电动门通信故障时误动造成问题扩大，原因是电动门通信故障设置时，未设置为停止（保位）引起。

某机组测量柜波形显示震荡收敛，经检查在 DB9 针接头上未将终端电阻设置为 ON。

某闭式循环冷却水膨胀水箱液位回零，检查分析是由于 FF H1 协议的西门子变送器自身原因造成，使用 475 手操器将阻尼时间由 0 秒修改为 3 秒后问题解决。

锅炉壁温 IDAS 的一些数据画面显示负值，原因是数据结构应是高字节在前、低字节在后的 Word 型，参数配置中将低字节的数据取成了有符号的整数造成。

作为预防措施，应用现场总线仪表时，修改网段的波特率后应进行设备断电重启，更换设备时要认真核对配置位置，确保参数设置正确，防止信息配置错误情况发生。

3. 防止设备故障

设备故障也是现场总线应用常发生的问题，如：

某磨煤机灭火用气减压阀采用川仪调节型电动门，上电后 A 口和 B 口均无数据，更换电动门后问题消除。地址为 11 的门只要接入 DP 电缆会造成该条网段上所有总线数据出现混乱，厂家更换这两台电动门的通信接线板后通信恢复。

某机组 DCS 与整个网段所有设备通信离线，原因是 DP 光电转换器故障，更换后恢复正常。

某汽轮机某控制柜的通信柜，在电子间检测不到数据，是由于通信柜一根光纤跳线不通，更换光纤跳线后恢复正常。

某 A4 卡件 P2 通信口 5 台 FF H1 设备数据停止刷新，使用专用工具 FBT-6 检测设备

供电正常，DCS 也能够检测到设备，对所有设备断电和上电后仍然没有效果。专业人员重启 DCS 的 A4 槽位的 FF H1 卡件后，恢复正常。

由于现场总线设备选择余地小，无法根据设备现场应用情况选择可靠性高的设备作为预防措施，现场可做的是保证应用环境符合要求，防止外界因素导致设备损坏。

4. 防止接线或设置错误

现场 DP 设备电缆施工中，应认真核对电缆颜色，确保红线（B）接电动门上的＋端子，绿线（A）接电动门上的一端子（现场施工中，红、绿线接反的情况时有发生）。

DP 电缆安装后，不但应测量 A 与 B 之间的阻值，还应测量 A、B 与屏蔽层之间的阻值，发现不符合标称值情况及时处理（某机组现场总线调试，启动系统疏水箱排污电动门时无反应，测量 DP 总线时发现 A 和 B 线短路；某辅机循环水泵房系统显示通信不稳定，经检查 A 与屏蔽层之间出现短路，之前安装公司对 DP 电缆只测量 A 与 B 之间的阻值，未测量 A 或 B 与屏蔽层之间的阻值）。

应防止 DCS 数据库的反馈信息位置错误带来设备运行异常（某机组现场 DP 设备某电动门反馈无规则变化，原因是 DCS 数据库的反馈信息位置错误）；保证回路部件间连接应可靠（一条冗余 DP 网段连接 8 台 EMG 电动门，但 3 台设备搜索不到，经检查是由于 3 台设备的通信板与主控板插针接触不好造成，经将盖板压紧后，问题消除）。

作为预防措施，应用现场总线仪表时，重视电缆接线的正确性，防止线路短路、松动，接触不良等情况的发生。

第三节　热控系统可靠性管理

一、做好 DCS 管理

电厂应重视设备日常巡检，制定设备巡检管理制度，编制日常巡检卡，巡检卡中要对巡检路线、巡检内容和巡检方法进行细化、明确，管理人员对巡检质量要加强现场监督和检查。

1. 确保 DCS 工作的环境条件

DCS 各种模件主要是由电子元器件组成的，环境温度、湿度对这些电子元器件都存在影响。高温会加速电子元器件质量老化而影响设备的性能和使用寿命，过湿以致结露则会导致现代高密度电子元器件绝缘下降、工作异常或增加线路板的腐蚀，过于干燥会易于产生静电直接损坏模件。灰尘堆积不仅会腐蚀线路板，而且会引起短路现象发生而损坏模件。而振动则会引起模件接插件松动，接触不良，甚至脱落危险。

因此，应完善 DCS 工作环境监测，通过日常巡检及时发现问题并处理，确保 DCS 工作环境条件满足要求，并借助红外热成像仪定期对电源模件、电源电缆及重要接线端子的运行温度情况进行检测并建立档案，通过对比发现温度变化及时处理。

2. 配置合理的冗余设备

发电机组在建设初期已经配置了大量的冗余设备，如电源、人机接口站、控制器、路由器、通信网络、部分参与保护的信号测点。但 2017 年的控制系统故障案例中，仍有机组在投入生产运行后，由于部分保护测点没有全程冗余配置，而因测点或信号电缆的问题造成了机组非停。

冗余测量、冗余转换、冗余判断、冗余控制等是提升热控设备可靠性的基本方法。因此，除了重视取源部件的分散安装、取压管路与信号电缆的独立布置，以避免测量源头的信号干扰外，应不断总结提炼内部和外部的控制系统运行经验与教训，深入核查控制系统逻辑，确保涉及机组运行安全的保护、联锁、重要测量指标及重要控制回路的测量与控制信号均为全程可靠冗余配置。对于采用越限判断、补偿计算的控制算法，应避免采用选择模块算法对信号进行处理，而应对模拟量信号分别进行独立运算，防止选择算法模块异常时，误发高、低越限报警信号。

DCS 控制系统中，控制器应按照热力系统进行分别配置，避免给水系统、风烟系统、制粉系统等控制对象集中布置于同一对控制器中，以防止由于控制器离线、死机造成系统失控，使机组失去有效控制。

3. 做好 DCS 运行与维护管理

（1）完善 DCS 系统设备台账，包括设备的使用时间、设备的性能、设备的软硬件版本（包括备品备件）、设备异常/故障情况登记表、DCS 设备投停档案及装置模件损坏、更换、维护档案。定期分析 DCS 系统运行情况和存在问题，开展模件设备寿命评估，不断提高系统的可靠性。

（2）有效的管理 DCS 系统软件和应用软件的版本。评估厂家推荐的软硬件版本的升级方案，必要时进行软件的修改、更新、升级工作。对专用键盘要严格规定权限，以免造成误操作。

（3）认真履行每天的例行巡视检查工作，认真记录 DCS 电子间的电源、CPU、I/O 以及现场设备的工作状况，查阅 DCS 系统事件记录、系统报警信息以及详细报告，应对新发生的事件格外关注，发现异常及时处理。应根据各厂的具体情况制定应特别关注的设备或信息清单，保证巡回检查不流于形式，坚持看、听、摸、测、查、调的现场设备巡检法，切实将现场设备的隐患消灭在萌芽状态之中。

（4）根据 DCS 特点制定相应的运行维护方法。如工作站停电时一定要先执行软件停机程序后再断电，严禁随意进行工作站停、送电操作。要加强数据高速公路的维护保养，不得随意触动数据高速公路的接插件，更不允许碰撞数据高速公路线缆，以免威胁机组的安全运行。

4. 加强 DCS 检修管理

DCS 的检修应健全规范化的检修工艺和流程，做好风险评估和防范措施，注意 DCS 停送电顺序、模件拔插、绝缘测试及通道测试，以防静电或串入高电压损坏模件。

（1）机组检修时，确保拔插模件及吹扫时的防静电措施可靠，吹扫的压缩空气有过滤措施（保持干燥度，最好采用氮气），吹扫后保证模件及插槽内清洁，以防止模件清扫后故障率升高。将控制系统内的风扇运转、模件状态等情况的检查列入巡检内容。

（2）检修时应重点做好如下检修维护工作：控制模件标志和地址检查，组态拷贝，清除废弃软件；检查屏蔽接地及系统接地，端子接线紧固检查，电源电压等级及接地电阻测试；冗余设备的切换试验；报警及保护功能测试；模件精度校验等。认真做好检修、测试记录，并对检修后 DCS 的总体状况做出评估。

（3）电源线路及元件也要仔细检修和清扫，组装后的系统要进行切换试验和性能测试。

一定要仔细检查电源模件的冷却风扇工作状况是否良好，并对其积灰进行清洗、吹扫，发现异常及时更换，以防运行中因机柜温度过高，诱发模件工作不稳定或故障发生。

（4）通信系统的检修。通信系统是DCS的重要组成部分，检修中检查数据高速公路接插件的连接情况，清除积灰及污垢，检修结束后进行切换试验，确保通信系统有效。

（5）操作员站检修维护。操作员站检修内容包括清扫、画面切换时间和操作响应时间测试等。操作员站的硬件检查程序、受电试验、诊断、软件装载试验等应严格按照厂家程序进行。

（6）加强外围DCS及公用系统的检修隔离措施检查，避免相邻机组或设备在检修施工中的对热工信号的相互干扰影响。

二、 做好防止人为误动管理

随着机组容量的不断增大，越来越多的辅机控制纳入DCS进行控制。热控设备的保护、测点、自动回路、顺序控制系统数目也相应增多，且程序复杂，发生由于人员误操作的事件将随之增大，应该吸取相关教训，加强现场风险管理，特别是管理人员风险管控。本书在第六章里收录了2017年的案例，具有一定的借鉴意义。不少的案例显现现场操作制定的技术措施不够完善，工作人员制度准守不严谨。因此当在现场开展计划性作业，必须由有资质的人员制定详尽的技术措施，在监护人员监护下严格落实；进一步加强全员技术培训，规范热控人员的正确操作方法，提升班组人员责任心。结合现场的实际情况，对热控防止误动工作要注意以下相关事项：

1. 严格 DCS 及保护操作

对DCS控制系统设置操作权限，划分相应的操作级别，并严格的管理权限密码，严防逾越权限发生操作，严禁在历史站对设备进行操作。

投、退热控保护及校验、修改热控保护定值（是热控人员经常进行的操作），应制定有详细的热控保护投退及热控保护定值校验修改操作方法（如制作投退保护操作卡、操作人员与监护人员职责等），并经实际验证正确可靠；规范和统一热控检修人员的标准操作行为，防止误投、误退保护和误修改保护定值事件发生。

对于热控保护与自动调节共用变送器，测量水位、压力、流量等信号并经三取二逻辑实现保护逻辑功能的系统，在进行变送器处理前，应进行核对名称并确认，保证自动和保护系统的投退正确，严禁在运行过程中随意对变送器的测量取样管路进行排污。

总结热控检修人员防误操作的方法、经验与教训，并贯穿于平时技术培训工作中，提高检修人员安全意识及防误能力。

2. 标识的完善

热控系统控制柜中一般都布置有交、直流电源，直流电源通过交直流电源模块进行转换。部分控制柜中的交流系统端子排与直流系统端子排分解并不清晰，在对机柜进行测量、接线等维护工作时，容易发生交流电源串入直流电源的情况，导致元件损坏，甚至引发非停。建议采用直流接线挂牌的方式对控制柜内的交直流电进行区分标识，防止人员误碰、误操作。

对测点的安全属性进行分类标识，尤其是就地带保护及重要联锁信号的表计标识牌均应有明显标识，例如，保护系统表计用红色标识、联锁系统和自动系统表计用黄色标识。

就地仪表阀的标识同样重要，许多并列布置的压力取样测点管路被包裹在同一保温内，若仪表阀标记不清楚，在机组运行期间进行隔绝会面临较大风险，尤其是高温高压取样管路的一次阀。

应利用机组检修机会，认真排查梳理仪表阀标识牌的准确性。对测点所属安全进行分类，如按带保护测点、带自动控制测点、带报警测点等，对设备、就地变送器柜及压力开关柜进行分级管理和标识，带保护设备标志用红色，带联锁与报警的设备标志用黄色，仅提供显示的设备标志不标注颜色；在 DCS 机柜接线端子表中将带有保护、联锁的接线通道用红色字体标红，防止热控人员误拆除带保护、联锁的接线端子；让热控人员在检查设备时，通过警示标志牌，能够分清测点等级，减少误动设备。

3. 进行安全风险有效识别

分散控制系统、ETS 系统、DEH 系统、TSI 系统等是与热控保护联锁密切相关的主要系统，实现对热控保护联锁功能，相关系统的正常运行对机组安全稳定运行起到至关重要的作用。应通过技术监督管控，从人员、设备、技术等环节对热控系统存在的安全风险进行有效识别，对重要测量元件、信号回路、模件、软件功能进行排查，采取有针对性的风险防范措施并指导热控设备运行维护工作，提高风险预控能力。对于热控设备出现的故障缺陷，应严格执行缺陷管理制度，及时消缺并做好风险管控措施，防止故障影响范围扩大。在检修工作中，重视元件校验和系统定期试验工作，以周期性检定、校核、试验等手段保证热控设备的完好性。

在电力行标《热工自动化系统检修运行维护规程》的基础上，编写适合本电厂实际需求的热工自动化系统检修运行维护规程，付诸实施。编写并完善热工控制系统故障下的应急处理措施（控制系统故障、死机、重要控制系统冗余主副控制器均发生故障），使运行人员处理事故时有章可循。

4. 规范检修过程

对测点所属系统进行分类（如主汽系统的测点、易燃易爆的介质测点、与系统介质直接接触的测点等），有利于检修变送器或其他测量装置时，明确测点与就地系统的连接关系，及时采取可靠的防范措施，防止因错用工器具或检修方法错误而引发不安全现象（如检修氢气系统的测点时，必须使用铜制工具；检修燃油、润滑油管道或设备上的温度测点时，必须考虑测点是否直接插在油内，如果直接接触就不能擅自拆卸测点以防止跑油等）。

热控系统很多就地设备是相同的型号，在设备拆卸时应做好相应的标记，做好定值等相关原始记录，在接线端子拆线前应对每一根线都做好清晰的标记，在恢复接线过程中要防止漏接和接错线，造成设备误动或拒动。

实行热工逻辑修改、保护投撤、信号的强制与解除强制过程监护制（监护人对被监护人的操作进行核实和记录）。在机组检修期间对 DCS 系统控制逻辑的修改，应制定相关下装逻辑制度和三措两案并严格执行。对 DCS 控制逻辑下装及修改进行权限设定和密码保护，并由热控专人按相关管理制度执行；组态好的逻辑应及时编译，没有任何报错后进行下装，下装后要做好逻辑的备份。

严禁在历史站对设备进行操作；对 DCS 控制系统设置操作权限，划分相应的操作级别，并严格的管理权限密码，严防逾越权限发生操作。

三、 重视专业统计与配合工作

1. 加强故障统计、分析、上报工作

故障的统计、分析和上报对于总结经验、提高安全生产水平具有十分重要的作用。MIS、SIS 中蕴藏着大量的有用数据，要将测试数据同规程规定的值比，与出厂测试数据比，与历次测试数据比，与同类设备的测试数据比，从中了解数据的变化趋势，作出正确的综合分析、判断，然后采取有效的防范措施。

要消除各自为政、闭门造车以及故障或事故发生后存在的信息反馈不及时、瞒报、不报甚至歪曲事实真相的恶劣现象，这种做法不利于全面统计分析、寻找规律和总结经验，不利于其他电厂及时吸取教训，少走弯路。更不利于上级主管单位及时把握情况，提出科学的决策安排。

随着热控系统覆盖范围的扩大、设备数量增加及使用寿命增长，其"故障"率也越来越高。尽管人们千方百计地采用先进的设备、完美的设计和巧妙的控制策略，但是按照可靠性理论，没有不出"故障"的设备，没有不"犯错"的人，但故障与事故之间并没有必然关系，对故障也不是没有防范措施，关键在于如何不断查找、识别、分析热控系统存在的不安全因素，并不断管控、治理、纠正和快速消除，并且加强各专业之间的协作，建立更加完善的、常态的、有效地热控系统风险管制机制，提升热控人员的整体素质和反违章工作力度，增强人员的安全风险意识，责任意识，规范作业行为，只有这样才能确保热控系统故障的预控、可控、能控、在控，实现发电机组长周期稳定运行，保障电网安全。

2. 做好设备可靠性管理

随着运行时间的增加，一些仪控设备会因机械磨损、接触不良、电容失效、绝缘下降等老化现象导致性能下降，不利机组的安全运行。根据国内外经验反馈及电子元器件老化机理的分析研究，结合发电厂多年老化数据收集分析，部分元器件寿命会小于其所服务的整体设备的设计寿命，使整体设备提前老化失效而导致机组跳闸事件发生。另外，随着发电厂的运行时间延长以及仪控设备产品更新换代，一些仪控设备备件昂贵，有的甚至停产难以采购。因此，应开展仪控设备可靠性及老化管理。

仪控设备寿命与其内部所有元器件老化、质量下降有关，最短寿命的元器件通常决定仪控设备的寿命。老化管理的目的，是通过相关工作（如进行仪控设备老化降质和寿命评估）能够识别重要仪控设备的老化，对电厂安全可靠性和经济运行可能造成的任何潜在的影响，并及时采取相应措施予以处理消除，提高电厂仪控设备的运行可靠性和机组可用率。

老化管理建议采用 DL/T 261《火力发电厂热工自动化系统可靠性评估技术导则》中基于可靠性的方法来甄别筛选仪控设备，对仪控设备按 A、B、C 3 个级别进行管理，并列出所有系统和设备，并识别出安全重要仪控设备及影响机组可用率的设备，通过分析直接或间接导致降低或丧失安全功能或影响机组可用率的这些设备中的元部件并以识别，然后定期对热控系统可靠性进行评估，对评估中问题采取不同的更换、升级、改造策略进行处理，如涉及国家、行业标准发生了变化，已明确应淘汰或改造的设备按有关标准执行，其他设备的整改视问题的严重等级，在规定时间内进行整改或改造。对于共性和疑难问题，应组织多专业配合处理或专题整治，必要时联系外部技术力量立项攻关，尽可能取得老化风险控制和成本控制的最佳效益。

3. 做好专业间配合工作

热工保护系统误动作的次数，与有关部门的配合、运行人员对事故的处理能力密切相关，类似的故障有的转危为安，有的导致机组停机。一些异常工况出现或辅机保护动作，若运行操作得当，本可以避免 MFT 动作。如某厂除氧器上水调节门前电动门在无指令发出的情况下自动全关，导致凝结水中断。所幸凝结水泵再循环及时联开，凝结水泵未跳闸，运行人员发现及时，迅速将除氧器上水调节门前电动门再次开启，避免了一次非停。某机组四抽电动门误发关反馈，联锁关闭四抽供给水泵汽轮机电动门，导致汽动给水泵断汽，运行人员处理及时避免了给水断水非停。

此外有关部门与热工良好的配合，可减少误动或加速一些误动隐患的消除；因此要减少机组跳闸次数，除热工需在提高设备可靠性和自身因素方面努力外，需要热工和机务的协调配合和有效工作，达到对热工自动化设备的全方位管理。需要运行人员做好事故预想，完善相关事故操作指导，提高监盘和事故处理能力。

热控设备和逻辑的可靠性，在热控人的不懈努力下，本着细致、严谨、科学的工作精神，不断总结经验和教训，举一反三，采取针对性的反事故措施，可靠性控制效果一定会更好。

后　记

　　本书通过汇总 2017 年电力行业热控设备原因导致机组非停的典型案例，通过这些案例的事件过程、原因查找与分析、防范措施和治理经验，进一步佐证了提高热工自动化系统的可靠性，不仅涉及热工测量、信号取样、控制设备与逻辑的可靠性，还与热工系统设计、安装调试、检修运行维护质量密切相关。本书最后探讨了优化完善控制逻辑、规范制度和加强技术管理，提高热控系统可靠性、消除热控系统存在的潜在隐患的预控措施，希望能为进一步改善热控系统的安全健康状况，遏制机组跳闸事件的发生提供参考，以共同促进电力行业进步。

　　在编写本书的过程中，各发电集团，电厂和电力研究院的专业人员提给予了大力支持，在此对国网浙江省电力公司电力科学研究院、西安热工院有限公司、浙江省能源集团有限公司、大唐集团技术研究院华东分院、浙江浙能宁夏枣泉发电有限责任公司、国电科学技术研究院、浙能镇海发电有限责任公司、国家电力投资集团公司、中国华能集团公司、中国华电集团公司、中国大唐集团公司、国家电力投资集团公司东北电力公司、中国神华集团国华电力公司、北京京能集团有限责任公司华电电力科学研究院、广东省粤电集团有限公司、浙江浙能技术研究院有限公司、国网河南省电力公司电力科学研究院、浙江浙能台州第二发电有限责任公司、内蒙古电网电力科学研究院、国网湖南省电力公司电力科学研究院、华润电力控股有限公司、江苏方天电力技术有限公司、贵州电网有限责任公司电力科学研究院、深圳能源集团股份有限公司、浙江大唐乌沙山发电有限责任公司、华能海南发电股份有限公司电力检修分公司、华能长兴发电厂、华电滕州新源热电有限公司、国电投宁夏能源铝业临河发电有限公司、神华国神技术研究院表示衷心感谢。

　　与此同时，各发电集团，一些电厂、研究院和专业人员提供的大量素材中，有相当部分未能提供人员的详细信息，因此书中也未列出素材来源，在此对那些关注热工专业发展、提供素材的幕后专业人员一并表示衷心感谢。